닌텐도 컴플리트 가이드

컴퓨터 게임 편

야마자키 이사오 지음 | 정우열 옮김

닌텐도의 매력은 '오락을 통해 모두가 행복해지는 것'이라 생각한다. 아이부터 어른까지 누구나 즐길 수 있는 닌텐도 게임은 플레이하는 사람들에게 놀라움과 즐거움을 주는 것은 물론 행복하게 만드는 힘이 있다. 살벌한 내용이 없고 압도적으로 밝다. 광고를 봐도 제품의 특징과 기능이 아닌, 사람들이 즐기는 모습을 보여준다. 어렸을 적부터 닌텐도 게임을 플레이했던 나는 다행히도 닌텐도의 게임을 리얼 타임으로 접할 수 있었다. 디스크 시스템도 사테라뷰도 버철보이도 64DD도…. 그 시대의 설렘은 대단했다고 생각한다. 이제 어른이 되어 플레이할 시간은 크게 줄었지만, 닌텐도의 새로운 제품을 볼 때마다 뜨거운 추억이 솟아오른다. 이번 작업을 하면서 거의 모든 제품을 만져보고 새삼 느낀 것은 내가 플레이에 열광했던 시대의 뒤편에서도 이렇게 많은 멋진 게임이 만들어졌다는 것. 그때 몰랐던 매력이 지금 와서 사랑스럽게 느껴지는 것도 있다. 이 책을 펼쳐보며 당시의 설렘을 기억해내거나 다른 어떤 것을 발견하는 등, 많은 이들이 각자의 방식으로 행복해졌으면 하는 바람이다.

이 책을 집필하기에 앞서 기꺼이 자료 제공과 취재에 응해주신 많은 분들에게 신세를 졌다. 이 자리를 빌어 깊은 감사의 마음을 표한다.

2019년 길일

KB041103

라의눈

[본서에 대해서]

- 다음과 같은 약칭을 쓸 때가 있습니다. 패미컴→FC, 게임보이→GB, 게임보이 포켓
→GB 포켓, 게임보이 컬러→GB 컬러, 슈퍼 패미컴→SFC, 버철보이→VB, 닌텐도
64→N64(혹은 64), 게임보이 어드밴스→GBA, 게임보이 어드밴스SP→GBA SP, 게
임보이 미크로→GB미크로, 닌텐도 게임큐브→GC, 닌텐도DS→DS, 닌텐도DS
Lite→DSL(혹은 DS Lite), 닌텐도DSi→DSi, 닌텐도DSi LL(XL)→DSi LL 혹은 DSi XL

- 출처가 확실하지 않은 이야기나 진위불명의 정보에 대해서는 기본적으로 기록을 보
류하고 있으며, 책에 게재된 발매일과 가격은 모두 독자 조사에 의한 것입니다.

- 경어, 사명, 소속, 직위는 당시의 것을 게재했습니다.

- 가격표시는 당시 제조사 표기를 기준으로 했기 때문에 소비세 별도/포함 가격이 섞여
있습니다. 일부의 경우 편의성 우선으로 인해 당시 표기에 맞지 않을 수도 있습니다.

- 수록된 게임기, 소프트, 기타 상품에 대해서는 개인 수집품을 촬영했지만 각종 권리
는 닌텐도 및 각 회사에 소속되어 있고 각사의 상표 혹은 등록상표입니다. 또한 각
사로의 문의는 삼가주십시오.

패밀리
컴퓨터 편

모두가 패미컴에 빠졌다!
컴퓨터 게임을 거실에 침투시킨 공로자!

집에서도 아케이드와 같은 본격적인 컴퓨터 게임을 즐길 수 있게 되었다.
패미컴의 등장은 오락산업 그 자체를 바꾸었다.

패밀리 컴퓨터(한국명: 컴보이)

발매일 / 1983년 7월 15일   가격 / 14,800엔   ※한국판: 1988년 혹은 1989년

가정용 게임기를 세상에 뿌리내렸다

닌텐도의 첫 소프트 교환식 게임기. 당시의 게임기들에 비해 압도적인 그래픽 성능을 저렴하게 실현하여 인기를 모았다. '패미컴'이라는 애칭으로 붐을 일으키며 가정용 게임기의 대명사로 자리 잡았다. 본체에 탈착 스위치, 컨트롤러에는 십자버튼, 마이크를 장착한 것도 획기적이다. 본체 가격을 낮추고 소프트의 매출로 비용을 회수한다는 원가 구조를 채택한 원조이기도 하다. 또한 고품질 소프트를 제공하기 위해 라이선스 제도를 도입했고, 지금까지 이어지는 게임 비즈니스를 만든 것도 패미컴이 처음이다. 『슈퍼마리오 브라더스』를 필두로 한 히트작과 서드파티의 지지로, 일본에서 1250개 이상의 대응 소프트가 발매되었다. 게임기도 20년 이상 생산되었는데 판매량은 일본에서 1935만 대, 전 세계에서 6191만 대에 이른다.

초기형의 A · B버튼은 사각형 고무였지만, 버튼이 빠지는 문제가 있어 나중에 동그란 플라스틱으로 바뀌었다.

스펙

■ CPU/6502계열 커스텀 마이크로프로세서(1.79MHz) ■ 메모리/메인 메모리 8kb, 비디오 메모리 64kb ■ 그래픽/52색중 25색 동시발색, 해상도 256x240, 스프라이트 표시 1화면 동시 64개 표시, 스프라이트 표시 사이즈/8x8 혹은 8x16 ■ 사운드/PSG 음원 3채널, 노이즈 1채널, 디지털 모듈레이션 음원 1채널

AV 사양 패밀리 컴퓨터

발매일 / 1993년 12월 1일 가격 / 7,000엔

AV 케이블이 동봉된 통칭 뉴 패미컴. 게임팩의 탈착장치가 삭제되고 컨트롤러는 슈퍼 패미컴의 디자인을 반영해 손에 잡기 쉽게 개량되었다. 2P 측의 마이크는 없어졌지만 기능은 남아 있다.

패미컴 박스

발매일 / 1986년 가격 / 월 2,350엔×5년 리스계약

호텔과 숙박업소 등에 설치된 아케이드용 패미컴. 본체 안에 최대 15게임을 넣을 수 있었고, 동전을 넣으면 일정 시간 플레이할 수 있었다. 컨트롤러와 소프트의 생김새는 해외판 패미컴인 NES와 같지만 호환되지는 않는다.

닌텐도 클래식 미니 패밀리 컴퓨터

발매일 / 2016년 11월 10일 가격 / 5,980엔

손바닥 사이즈로 작아진 패미컴. 당시의 인기 소프트 30개를 내장했고 HDMI 단자를 채용하여 HDTV에서 플레이할 수 있었다(브라운관 TV와 같은 화면효과도 사용 가능). 강제 세이브도 가능해 크게 화제가 되었다.

닌텐도 클래식 미니 패밀리 컴퓨터 주간 소년점프 50주년 기념 버전

발매일 / 2018년 7월 7일 가격 / 7,980엔

『닌텐도 클래식 미니 패밀리 컴퓨터』에 주간 소년점프와 관련된 패미컴 게임 20개가 내장되었다. 본체는 금색으로 도장되었고 패키지는 잡지를 본뜬 디자인이다.

동키콩

발매일 / 1983년 7월 15일 가격 / 3,800엔

▌기념할 만한 패미컴 소프트 제1탄, 마리오의 데뷔작

패미컴과 동시 발매되어 본체 보급에 어느 정도 공헌했다. 동키콩에게 잡혀 있는 여성을 구출하는 액션 게임으로 마리오를 조작해 점프와 사다리를 이용해 장애물을 피해가며 진행한다. 건설 중인 공사 현장을 무대로 구성이 다른 3개의 스테이지를 공략해 나간다. 아케이드 이식작이지만 용량상 일부 스테이지와 데모가 삭제되었다. 간단한 스테이지 반복이 많았던 당시 게임들 중에서 스토리성을 살린 점이 참신했고, 최초의 점프 액션 게임으로 일본과 미국에서 히트를 기록했다. 게임 크리에이터인 미야모토 시게루의 처녀작으로도 유명하다.

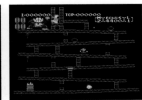
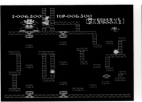
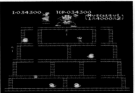

슈퍼마리오 브라더스

발매일 / 1985년 9월 13일 가격 / 4,900엔

▌모두가 흠뻑 빠질 정도로 즐겼다! 화면의 우측에는 로망이 있다!

세계에서 가장 많이 팔린 게임으로 기네스북에 오른 액션 게임. 패미컴의 인기를 부동의 위치에 올려놓은 명작이다. 납치당한 피치공주를 구하기 위해 마리오와 루이지를 조작해 지상과 지하, 수중 스테이지를 탐험한다. 개성 있는 캐릭터, 점프와 달리기, 수영 등의 풍부한 액션, 귀에 남는 BGM도 매력적이며 버섯으로 커지는 기믹에는 모두가 감탄했다. 총 8개의 월드/32스테이지를 고작 32KB라는 용량에 넣었으며, 워프존 등의 다양한 장치와 무한증식, 월드9이라는 비기도 화제가 되었다. 일본에서 단일 소프트웨어로는 역대 1위 판매량인 681만 개를 기록했다.

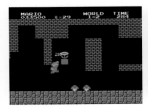
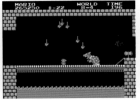

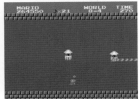

마리오 브라더스

발매일 / 1983년 9월 9일 가격 / 3,800엔

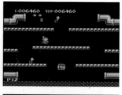

닌텐도의 얼굴인 마리오와 루이지가 주인공으로 처음 등장한 액션 게임. 바닥 아래에서 적을 점프 박치기로 기절시키고, 가까이 다가가서 접촉하면 발로 차서 화면 밖으로 떨어뜨린다. 거북, 게, 파리 등이 적으로 나오는데 마지막 한 마리가 남으면 빨리 다가온다. 파이어볼과 코인도 처음 등장한다. 패미컴 최초의 2인 동시 플레이 게임으로 서로 협력 혹은 방해할 수 있다.

아이스 클라이머

발매일 / 1985년 1월 30일 가격 / 4,500엔

해머로 얼음을 깨뜨리며 설산의 정상을 올라가는 액션 게임. 점프의 곡선이 독특한데 바닥이 얼음이라 옆으로 이동하는 것도 힘들다. 고속으로 움직이는 구름과 바닥은 딛는 곳이 좁아 보이게 하지만 이것이 오히려 도전 욕구를 북돋웠다. 정상의 콘돌을 잡으면 스테이지 클리어. 둘이서 때로는 돕지만, 대부분은 자신이 먼저 올라가 상대방을 죽이는 플레이가 정석이었다.

슈퍼마리오 브라더스3

발매일 / 1988년 10월 23일 가격 / 6,500엔

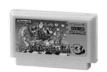

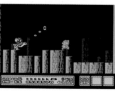

전작에서 스테이지와 액션이 크게 진화했다. 사막과 얼음, 거인국이라는 다채로운 스테이지가 채용됐고 가고 싶은 코스를 지도에서 선택할 수 있게 되었다. 적의 종류도 늘어났고, 너구리나 개구리 마리오 등으로 변신하여 8개 월드를 공략한다. 시리즈 중에서 가장 인기가 높아 패미컴 소프트 판매량 역대 2위인 384만 개를 기록했다.

별의 커비 꿈의 샘 이야기

발매일 / 1993년 3월 23일 가격 / 6,500엔

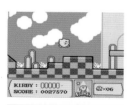

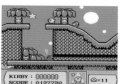

시리즈 첫 작품인 게임보이 버전에 이은 두 번째 작품. 적의 능력을 복사하거나 믹스한 능력을 사용할 수 있다. 이후 시리즈에 채용된 달리기와 슬라이딩이 이번 작품에서 처음 등장했다. 아기자기한 세계관으로 여성들에게도 인기가 있었던 게임으로, 7레벨에 39스테이지(+α)를 진행한다. 실제 개발사는 HAL연구소.

동키콩 JR.(주니어)

발매일 / 1983년 7월 15일 가격 / 3,800엔

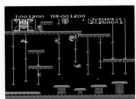 

동키콩 주니어를 조작해서 마리오에게 붙잡힌 아빠 동키콩을 구출하는 액션 게임. 줄을 오르내리면서 적의 공격을 피하고 과일을 떨어뜨려서 적을 물리친다. 전체 4스테이지 구성으로 2인용은 교대로 플레이한다.

뽀빠이

발매일 / 1983년 7월 15일 가격 / 3,800엔

뽀빠이를 조작해서 올리브가 던지는 하트 등을 잡는 액션 게임. 브루투스가 던지는 병을 깨고 시금치로 날려버리는 액션이 호쾌하다. 게임B에는 해골 아줌마가 등장한다.

오목 연주

발매일 / 1983년 8월 27일 가격 / 3,800엔

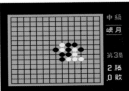 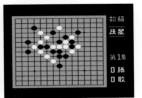

바둑 도구를 사용한 테이블 게임. 바둑판 위에 검정과 흰 돌을 교대로 놓으며 상하좌우 및 대각선으로 5개를 연결하는 쪽이 이긴다. 규칙은 앞 순번, 뒤 순번의 균형을 맞춘 「연주」를 따른다. 컴퓨터전과 2인 대전 모드가 있다.

마작

발매일 / 1983년 8월 27일 가격 / 3,800엔

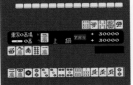 

패미컴의 첫 마작 소프트. CPU와 겨루는 2인 마작으로, 초급에서 상급까지 난이도는 3단계이다. 마작 게임 중 최다 판매 타이틀로 총 판매량 213만 개를 기록했다. 당시에 게임기를 가진 아이들의 아빠들이 주로 플레이했다고 한다.

뽀빠이의 영어 놀이

발매일 / 1983년 11월 22일 가격 / 3,800엔

학습 소프트. 일본어를 표현하는 영어 단어의 스펠링을 순서대로 맞추는 게임A와 문자의 수만으로 영어 단어를 맞추는 난이도 높은 게임B가 준비되어 있다. 2인용 모드에서는 영어 단어를 빨리 모아서 완성한 쪽이 이긴다.

베이스볼

발매일 / 1983년 12월 7일 가격 / 3,800엔

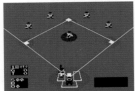 

패미컴의 첫 야구 게임으로 2인 대전 플레이가 가능하다. 수비 실책이 많은 등 문제가 있었지만, 야구 게임의 기본을 갖췄으며 이후에 나온 야구 게임에 큰 영향을 미쳤다. 정석에 가까운 타이틀로 235만 개가 판매되었다.

동키콩 JR.(주니어)의 산수 놀이

발매일 / 1983년 12월 12일 가격 / 3,800엔

학습 소프트 제2탄. 『JR.』의 스테이지를 바탕으로 숫자와 기호를 모으면서 계산을 반복해서 답을 완성하는 2인용 게임, 그리고 네모 칸에 숫자를 채워 계산식을 완성하는 게임의 두 가지 모드를 즐길 수 있다.

테니스

발매일 / 1984년 1월 14일 가격 / 3,800엔

패미컴의 첫 테니스 게임. 그때까지 탑뷰였던 테니스 화면을 비스듬히 내려다보는 형태로 바꾸어 리얼함과 다양한 플레이를 실현했다. 간단하면서 조작성이 좋아 대단히 높은 완성도를 자랑한다. 2인용은 복식경기로 CPU와 대전한다.

핀볼

발매일 / 1984년 2월 2일 가격 / 3,800엔

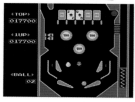
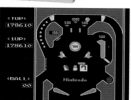

볼을 쳐서 올리고 다양한 장치에 맞춰서 고득점을 노린다. 핀볼대가 상하 2개 화면으로 스크롤하는 것이 특징이다. 보너스 스테이지에서는 마리오와 여성이 등장하여 빙고 램프를 맞춰 나간다.

와일드 건맨

발매일 / 1984년 2월 18일 가격 / 3,800엔

광선총 시리즈 제1탄. 미국 서부개척시대를 무대로 건맨들이 빨리 쏘기를 경쟁한다. 게임A에서는 빨리 쏘기, 게임B에서는 악당 두 명과의 대결이 펼쳐지고, 게임C에서는 문과 창문에서 나타나는 악당 10명을 물리친다.

덕 헌트(오리 사냥)

발매일 / 1984년 4월 21일 가격 / 3,800엔

광선총 시리즈 제2탄. 오리사냥 모드, 크레이 사격 모드가 있다. 오리를 잡으면 사냥개가 떨어진 오리를 잡아 올리지만, 오리를 놓치게 되면 그 유명한 사냥개가 비웃는 장면이 등장한다. 검은 오리보다 빨간 오리의 점수가 높다.

골프

발매일 / 1984년 5월 1일 가격 / 3,800엔

패미컴의 첫 골프 게임으로 2인 대전이 가능하다. 바람의 방향을 읽고 적절한 클럽을 골라 18홀을 진행한다. 샷 조작 등의 게임 시스템은 이후 모든 골프 게임의 바탕이 되었다. 총 246만 개가 판매되었다.

호건즈 앨리
발매일 / 1984년 6월 12일 가격 / 3,800엔

광선총 시리즈 제3탄. 화면에 나타난 패널 중에서 갱을 맞추는 게임A와 B, 빈 깡통을 떨어지지 않게 쏘아 화면 왼쪽까지 옮기는 게임C가 있다. 경찰이나 일반인을 맞추면 실패.

동키콩3
발매일 / 1984년 7월 4일 가격 / 3,800엔

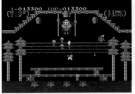

주인공 스탠리를 조작해 꽃을 빼앗으려 하는 동키콩 & 벌레를 살충제로 물리치는 액션 슈팅 게임. 파워 스프레이를 잡으면 일정 시간 강력한 공격을 할 수 있다. 동키콩을 끝까지 밀어 올리거나 벌레를 모두 잡으면 스테이지 클리어.

데빌 월드
발매일 / 1984년 10월 5일 가격 / 4,500엔

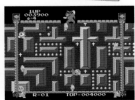

팩맨 스타일의 액션 게임. 주인공 타마곤을 조작해 적을 십자가 등으로 물리친다. 데빌의 지시에 따라 가로·세로로 화면 스크롤을 하는 것이 특징. 보너스 스테이지에서는 스크롤을 마음대로 조작할 수 있다.

4인 마작
발매일 / 1984년 11월 2일 가격 / 4,500엔

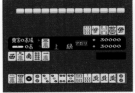

2인용이었던 마작을 4인용으로 바꾸었다. 플레이 모드는 CPU와 대결하는 1인용뿐이다. 시작할 때 '쿠이탕'의 유무를 고르고 셀렉트 버튼을 누르면 상대의 패를 전부 볼 수 있다. 실제 제작사는 허드슨.

F1 레이스
발매일 / 1984년 11월 2일 가격 / 4,500엔

패미컴 최초로 속도감 있는 유사 3D 레이스를 즐길 수 있었다. 순위와 시간은 없고, 제한시간 안에 빨리 골인하여 고득점을 노린다. 난이도는 3단계, 코스는 10종류가 준비되어 있고 터보를 거는 비기가 있다. 판매량은 총 152만 개.

어반 챔피언
발매일 / 1984년 11월 14일 가격 / 4,500엔

어퍼와 보디를 사용하여 적을 끝까지 몰아붙이는 1:1 격투 게임. 상대를 맨홀에 떨어뜨리면 승리다. 2층에서 떨어지는 화분과 경찰차가 지나갈 때 숨는 연출이 재미있다. 2인 대전이 가능하다.

쿠루쿠루 랜드
발매일 / 1984년 11월 22일 가격 / 4,500엔

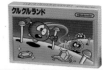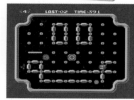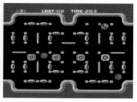

주인공 그루피를 조작해서 스테이지에 숨겨진 금괴를 찾는 퍼즐 액션 게임. 직진하는 그루피의 방향을 바꾸려면, 턴 포스트나 벽을 이용해서 튕겨내는 방법을 써야 한다. 전체 21스테이지로 2인 동시 플레이가 가능하다.

익사이트 바이크
발매일 / 1984년 11월 30일 가격 / 5,500엔

횡스크롤 방식의 오프로드 바이크 레이스. 바이크로 흙길과 장애물 코스를 달려간다. 터보 모드로 단숨에 상대방을 추월하거나 점프대에서 장애물을 뛰어넘는 호쾌함이 있다. 코스 에디트 기능도 존재한다.

벌룬 파이트
발매일 / 1985년 1월 22일 가격 / 4,500엔

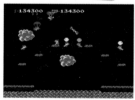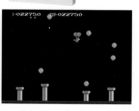

공중을 날아다니며 상대의 풍선을 터뜨리는 게임. 벼락과 비눗방울이 방해하기도 하고, 물 근처를 날면 물고기에게 먹히는 연출도 있다. 18년 뒤 닌텐도의 사장이 될 이와타 사토루가 프로그래머로서 참여한 작품. 2인 대전이 가능하다.

사커
발매일 / 1985년 4월 9일 가격 / 4,900엔

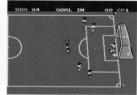

패미컴의 첫 축구 게임. 선수 5명과 골키퍼 1명을 조작해서 경기를 진행한다. 2화면 분량의 필드에서 공과 가까이 있는 선수를 교체해가며 조작한다. 2인 동시 플레이가 가능하다.

레킹 크루
발매일 / 1985년 6월 18일 가격 / 5,500엔

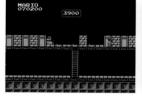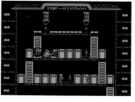

빌딩 철거원이 된 마리오와 루이지를 조작해서 모든 벽을 부수는 액션 게임. 해머와 폭탄으로 벽을 부수고 적으로 설정된 브라키를 피하면서 전체 100스테이지를 공략한다. 에디트 기능도 존재한다.

스파르탄X
발매일 / 1985년 6월 21일 가격 / 4,900엔

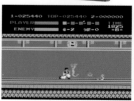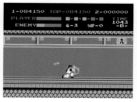

성룡 주연 영화를 바탕으로 만들어진 횡스크롤 액션 게임. 아이렘의 아케이드판을 이식했으며 조작성이 좋다. 각 스테이지에 등장하는 개성 넘치는 보스와 음성 합성 등의 요소가 유명했던 대히트 작품이다.

블록 세트

발매일 / 1985년 7월 26일 가격 / 4,800엔

패미컴 로봇 시리즈 제1탄. 주변기기인 로봇과 연동시켜 플레이한다. 플레이어는 박사를 조작해서 키보드에 올라탄 로봇에게 신호를 보낸다. 지시대로 로봇을 움직여 블록을 무너뜨리지 않고 쌓아 올려야 한다.

자이로 세트

발매일 / 1985년 8월 13일 가격 / 5,800엔

패미컴 로봇 시리즈 제2탄. 박사를 조작해서 다이너마이트를 전부 제거한다는 설정이다. 2P의 버튼과 로봇을 연동시켜, 로봇이 회전하는 패를 밀어 떨어뜨리면서 게이트를 여닫는다는 참신한 아이디어가 실현된 작품.

마하 라이더

발매일 / 1985년 11월 21일 가격 / 4,900엔

슈팅 요소가 추가된 바이크 레이스. 장애물을 피하면서 머신건으로 적을 격파한다. 백미러로 등 뒤의 적을 확인할 수 있고, 수동 기어로 변속함으로써 가속할 수 있다. 전체 20코스가 있으며 에디트 기능도 준비되어 있다.

마이크 타이슨의 펀치아웃

발매일 / 1987년 11월 21일 가격 / 5,500엔

라운드당 3분 규칙의 복싱 게임. 펀치와 보디 블로우로 공격하고 막기와 스웨이로 피한다. 적에게 연속 대미지를 주면 강력한 어퍼컷을 넣을 수 있다. 마지막에 경품 버전에는 없었던 마이크 타이슨이 등장한다.

은하의 3인

발매일 / 1987년 12월 15일 가격 / 5,000엔

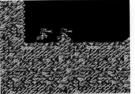

에닉스의 일본 PC용 RPG『지구전사 라이자』를 이식했다. 전투는 커맨드 형식인데 빔과 ESP라는 특수 능력으로 싸운다. 중후한 스토리가 캐릭터를 받쳐 주며 숨겨진 명작이라 일컬어진다. 패키지 디자인은 나가이 고가 담당했다.

패미컴 워즈

발매일 / 1988년 8월 12일 가격 / 5,500엔

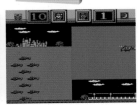

현대 병기에 의한 전쟁을 소재로 한 전쟁 시뮬레이션 게임. 전차와 항공기 등을 개별 유니트로 해서 장기의 말처럼 전략을 짜서 싸운다. 진입이 어려운 장르를 초보자도 쉽게 플레이할 수 있도록 만들었다. 독특한 TV 광고도 주목받았다.

MOTHER

발매일 / 1989년 7월 27일 가격 / 6,500엔

이토이 시게사토가 제작한 닌텐도의 첫 번째 RPG. 1900년대 초의 미국을 무대로 다른 별에서 온 기그의 습격에 대항해 전 세계의 친구들과 힘을 합쳐 싸운다. 비틀린 대사와 독특한 분위기가 매력으로 탄탄한 인기를 누렸다.

파이어 엠블렘 암흑룡과 빛의 검

발매일 / 1990년 4월 20일 가격 / 6,000엔

시뮬레이션 RPG의 기초를 닦은 명작. 주인공 마르스를 조작하여 동료와 협력하며 싸운다. 장대한 시나리오와 육성 요소로 캐릭터성을 높였고, 장기와 같은 전략성, 사망 시 부활 불가 등의 규칙을 확립했다.

닥터 마리오

발매일 / 1990년 7월 27일 가격 / 4,900엔

의사가 된 마리오가 주인공인 낙하형 퍼즐 게임. 캡슐을 이용해 병 안에 번식한 바이러스를 물리친다. 같은 색의 캡슐을 4개 이상 연속시키면 바이러스를 지울 수 있다. 색깔을 맞추어 지우는 시스템이 참신했다.

신 4인 마작 역만 천국

발매일 / 1991년 6월 28일 가격 / 6,500엔

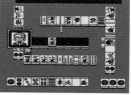

메인인 월드 모드에서는 세계 7개 도시를 돌며 21명과 대결하여 상금을 벌어들인다. 역만으로 나면 신경쇠약을 플레이할 수 있다. 프리 모드에서는 대전 상대를 마음대로 고를 수 있다. 일러스트는 사쿠라 타마키치가 담당했다.

마리오 오픈 골프

발매일 / 1991년 9월 20일 가격 / 6,000엔

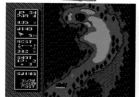

기본 시스템은 『골프 JAPAN 코스』와 같다. 전체 18홀의 타수를 겨루는 스트로크 플레이와 홀마다 승패를 겨루는 매치 플레이가 있다. 세계 각지의 5개 코스를 플레이할 수 있고, 2인 플레이 때는 마리오와 루이지를 사용할 수 있다.

요시의 알

발매일 / 1991년 12월 14일 가격 / 4,900엔

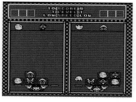

굼바, 징오징오 등 4종류의 캐릭터를 연속시켜서 지우는 낙하형 퍼즐 게임. 옆의 캐릭터를 바꿔 넣어서 지우는 규칙이 참신했다. 위아래 알껍데기 사이에 끼워지면 요시가 태어나서 득점이 올라간다. 2인 대전도 가능하다.

파이어 엠블렘 외전

발매일 / 1992년 3월 14일 가격 / 6,800엔

전작 『암흑룡과 빛의 검』과 세계관을 공유하지만 스토리에 직접적인 연결고리는 없다. 이번 작품에서는 남녀 주인공이 각자의 부대를 지휘해서 싸운다. 동시 진행을 살린 스토리성과 캐릭터의 육성 등 몰입도가 높다.

슈퍼마리오 USA

발매일 / 1992년 9월 14일 가격 / 4,900엔

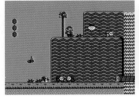

『꿈 공장 두근두근 패닉』의 캐릭터를 마리오로 바꾼 해외판 『슈퍼마리오 브라더스2』를 일본에 역수입했다. 마리오 외에도 루이지, 피치 등을 선택할 수 있는데 각각 캐릭터는 고유의 특성을 갖고 있다.

요시의 쿠키

발매일 / 1992년 11월 21일 가격 / 4,900엔

같은 모양의 쿠키를 가로·세로 1열로 나열하여 지워가는 퍼즐 게임. 각 종류의 쿠키 게이지가 모이면 만능 '요시 쿠키'가 나타난다. 2인 대전에서는 쿠키를 바꾸며 서로의 플레이를 방해할 수 있다.

조이 메카 파이트

발매일 / 1993년 5월 21일 가격 / 4,900엔

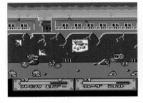
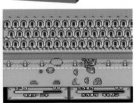

관절이 없는 로봇을 조작해서 싸우는 격투 액션. 부품을 개별적으로 움직이게 해서 부드러운 동작을 구현했다. 펀치와 킥 등의 기본 조작은 물론, 하늘을 나는 도구 등 캐릭터 고유의 필살기도 준비되어 있다.

테트리스 플래시

발매일 / 1993년 9월 21일 가격 / 5,900엔

『테트리스』에 새로운 규칙을 추가한 작품. 낙하하는 3가지 색의 블록을 움직여, 같은 색상의 블록을 3개 이상 연속시켜서 플래시 블록을 지우면 화면에 있는 같은 색상의 블록이 모두 지워진다.

젤다의 전설1

발매일 / 1994년 2월 19일 가격 / 4,900엔

디스크 버전 『젤다의 전설』을 롬팩으로 발매한 작품. 게임 내용은 같지만 서체와 일부 데이터가 다르고, BGM의 음질은 디스크 버전이 더 좋다. 숨겨진 내용으로 구성된 '우라 젤다'도 수록되어 있다.

와리오의 숲

발매일 / 1994년 2월 19일   가격 / 4,900엔

키노피오가 주인공인 액션 퍼즐 게임. 낙하하는 폭탄과 몬스터를 움직여 같은 색을 3개 이상 연결하여 지운다. 일정 시간이 지나면 와리오가 방해하기 위해 등장한다. 닌텐도 최후의 패미컴 소프트이다.

패밀리 컴퓨터 챠르메라 버전

발매일 / 1986년경   가격 / 비매품

제과업체 묘죠의 챠르메라 발매 20주년 캠페인 상품. 추첨을 통해 패미컴, 디스크 시스템 본체, 디스크 카드 등 4개 세트를 1,500명에게 배포했다. 일반 패미컴과의 차이는 스티커 하나로 「챠르메라 아저씨」 스티커가 붙어 있었다. 제2탄도 있다.

일반 패미컴 본체 라벨(왼쪽), 챠르메라 버전(오른쪽)

해외판 패미컴 『NES』

일본에서 대성공한 패미컴은 북미에서는 1985년 10월, 유럽에서는 1986년에 『NES(Nintendo Entertainment System)』라는 이름으로 발매되었다. 하지만 우여곡절이 있었다. 미국 현지법인 닌텐도 오브 아메리카(NOA)는 당시 아케이드 사업이 막 궤도에 오른 상태라 가정용 게임기 판매처를 가지고 있지 않았다. 처음에는 미국 콜레코의 가정용 게임기 『콜레코 비전』을 닌텐도 브랜드로 팔려고 접근했다. 그 후엔 가정용 게임기 『아타리VCS』로 미국을 평정한 아타리 브랜드로 판매를 시도했지만 아타리쇼크(※)에 의한 가정용 게임기 시장 침체와 『동키콩』 이식을 둘러싼 판권 문제로 NOA가 직접 발매할 수밖에 없었다. 아타리 쇼크의 영향도 있어 미국의 판매점들은 새로운 게임기 판매에 소극적이었다. 그래서 NOA는 NES를 단순한 게임기가 아닌, 여러 놀이를 즐길 수 있는 종합 오락 상품으로 홍보한다. 「컴퓨터」라는 말을 쓰지 않고 '엔터테인먼트 머신'으로 판매한 것이다. 비디오데크 같은 디자인에 차분한 회색을 채용했으며, 「디럭스 세트」와 염가판 「액션 세트」의 2종류를 준비한다. 둘 다 광선총과 대응 소프트 『덕 헌트』가 동봉되었고, 디럭스 세트에는 「로봇」과 「자이로 세트」, 액션 세트에는 「슈퍼마리오 브라더스」가 동봉되었다. 게임도 즐길 수 있다는 것으로 시작한 NES는 『슈퍼마리오 브라더스』에 힘입어 미국에서 큰 인기를 얻었고, 가정용 게임기 시장에 활기를 불어넣었다. 현지에서는 「Nintendo」라는 이름으로 널리 알려졌으며 전 세계에 6000만 대가 보급되었다.

※1982년 미국의 연말 특수를 기점으로 한 가정용 게임기의 판매 부진 현상인 「Video game crash of 1983」을 말한다. 아타리가 소프트 개발을 오픈해버려서 조악한 제품이 시장에 퍼져 게임 시장의 붕괴에 이르렀다고 한다. (『아타리VCS』 이외도 포함). 닌텐도는 아타리의 실패를 교훈 삼아 라이센스 제도를 도입했고 이는 패미컴 소프트의 품질 유지를 통한 시장에서의 성공을 이끌었다.

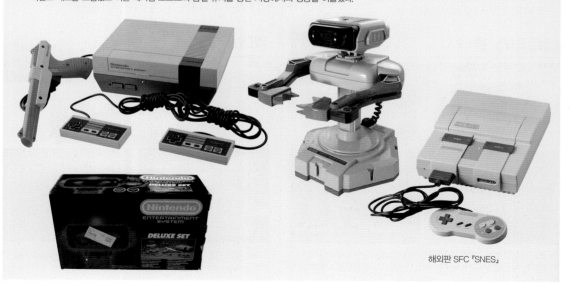

해외판 SFC 『SNES』

패밀리 컴퓨터 디스크 시스템

발매일 / 1986년 2월 21일 가격 / 15,000엔

소프트 덮어쓰기가 가능한 패미컴의 주변기기

주변기기로서 하나의 플랫폼을 구축했다. 소프트 매체에 자기 디스크를 채용해 패미컴 소프트의 3배가 넘는 용량과 저장 기능을 갖추고도 가격은 롬팩의 절반 정도였다. 디스크 카드는 전국의 주요 완구점에 설치된 『디스크 라이터』를 통해 다른 게임으로 덮어쓸 수 있었는데 그 비용은 500엔이었다. 또한 데이터를 저장한 디스크를 『디스크 팩스』에 입력해 게임 전국 대회에 참가할 수도 있었다. 하지만 롬팩의 대용량화와 배터리 백업 기능이 실현되자 디스크 시장은 내리막길을 걷게 되었다. 1993년경 디스크 라이터는 판매점에서 철거되었고, 닌텐도 본사와 각 영업소에서 실시되던 덮어쓰기 서비스도 2003년 9월에 종료된다. 대응 소프트는 198개, 본체는 400만 대 이상 판매되었다.

디스크 시스템 기동 화면

디스크 라이터의 데모 화면

디스크 카드

디스크 카드에는 A면과 B면이 있다. 황색은 필름이 노출되어 있어 만지면 망가질 수 있다. 청색은 휴대를 전제로 한 보호 셔터가 부착되어 있다. NINTENDO라고 새겨진 글씨 부분이 본체 드라이브와 맞물려서 정품으로 인식되었다.

하면 할수록 디스크 시스템♪

마스코트 캐릭터 디스쿤

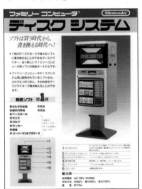

디스크 라이터의 광고지

전국의 주요 완구점에 설치된 디스크 덮어쓰기 기기. 판매원에게 부탁해 덮어쓰기를 했다.

디스크 팩스의 광고지

전국의 주요 완구점에 설치된 디스크의 통신 기기. 판매원에게 부탁해 게임 스코어 등을 송신했다.

트윈 패미컴

발매일 / 1986년 가격 / 32,000엔 제조사 / 샤프

AV 출력단자를 갖춘 패미컴과 디스크 시스템의 일체형. 따로 단품을 구입하는 것보다 비쌌다. 본체 컬러는 빨강과 검정이며, 후기 타입은 컨트롤러에 연사 기능이 채용되었다.

젤다의 전설

발매일 / 1986년 2월 21일 가격 / 2,600엔

■ 디스크 시스템 제1탄.
모두에겐 비밀이야

디스크 시스템과 동시 발매된 시리즈 첫 작품. 주인공 링크를 조작해 돌을 밀고, 폭탄을 깔고, 나무를 불태워서 숨겨진 방을 발견하는 등, 수많은 힌트를 통해 문제를 풀어간다. 방대한 필드 맵(128화면)을 하나씩 스크롤하는 설렘과 아이템 발견의 즐거움이 크다. 디스크 버전의 사운드가 좋았고, 클리어 뒤의 우라 젤다(게임 시작 시 이름을 'ZELDA'로 입력해도 플레이 가능)에 놀란 사람도 많았다. 압도적인 볼륨감과 높은 완성도, 세이브 기능까지 가진 젤다의 전설은 액션 RPG(공식적으로는 액션 어드벤처)의 원조로서 디스크 시스템 보급에 크게 공헌했다.

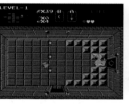

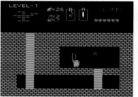
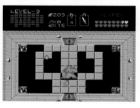
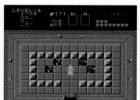

슈퍼마리오 브라더스2

발매일 / 1986년 6월 3일 가격 / 2,500엔

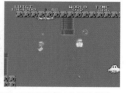

첫 작품의 마이너 체인지 버전. 마리오와 루이지에게 능력 차가 생겼고, 독버섯과 돌풍 등 새로운 요소가 추가되었다. 세이브 기능을 살려 클리어 횟수와 하이 스코어를 기록할 수 있었고, 숨겨진 스테이지인 월드9과 스페셜 월드도 유명했다. 시리즈 중에서도 가장 높은 난이도를 자랑했는데 월드4에서는 게임을 포기하는 사람이 속출했다.

메트로이드

발매일 / 1986년 8월 6일 가격 / 2,600엔

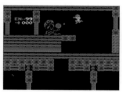

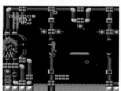

진지하고 어두운 SF 호러 액션. 주인공인 사무스가 혹성 제베스의 3개 지역을 공략하고, 방대한 맵을 탐색하며 퍼즐에 도전한다. 아이템과 통로를 찾아내면 행동 범위가 점점 넓어지고 게임 진행에 맞춰 액션도 풍부해진다. 클리어 시간에 따라 바뀌는 멀티 엔딩을 채용했다.

슈퍼마리오 브라더스

발매일 / 1986년 2월 21일 가격 / 2,500엔

롬팩 버전과 같은 게임이다. 롬팩 버전으로부터 5개월 만에 발매되었고, 대략 반값으로 살 수 있었다. 패미컴 소프트 최대 판매량인 681만 개(롬팩 버전 포함)를 기록했다.

골프

발매일 / 1986년 2월 21일 가격 / 2,500엔

롬팩 버전과 같은 게임이다. 한쪽 면에 수록되었으며 롬팩 버전보다 저렴하게 살 수 있었다. 약 246만 개(롬팩 버전 포함)가 판매되어, 패미컴 스포츠 게임의 정석으로 오랫동안 사랑받았다.

사커

발매일 / 1986년 2월 21일 가격 / 2,500엔

롬팩 버전과 같은 게임이다. 롬팩 버전으로부터 10개월 뒤에 발매되었다. 한쪽 면에 수록되었으며 롬팩 버전보다 저렴하게 살 수 있었다. 약 153만 개(롬팩 버전 포함)가 판매되었다.

테니스

발매일 / 1986년 2월 21일 가격 / 2,500엔

롬팩 버전과 같은 게임이다. 한쪽 면에 수록되었으며 롬팩 버전보다 저렴하게 살 수 있었다. 약 156만 개(롬팩 버전 포함)가 판매되었다.

베이스볼

발매일 / 1986년 2월 21일 가격 / 2,500엔

롬팩 버전과 같은 게임이다. 한쪽 면에 기록되었으며 롬팩 버전보다 저렴하게 살 수 있었다. 약 235만 개(롬팩 버전 포함)가 판매되었다.

마작

발매일 / 1986년 2월 21일 가격 / 2,500엔

롬팩 버전과 같은 게임이다. 한쪽 면에 기록되었으며 롬팩 버전보다 저렴하게 살 수 있었다. 주로 아빠들이 즐기는 경우가 많았다고 한다. 약 213만 개(롬팩 버전 포함)가 판매되었다.

수수께끼의 무라사메 성

발매일 / 1986년 4월 14일 가격 / 2,600엔

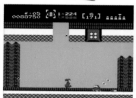
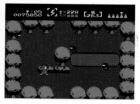

에도시대를 무대로, 타카마루를 조작해서 4개의 성과 무라사메 성을 공략하는 액션 게임. 칼과 나는 도구, 인술을 써서 적들을 물리쳐 나간다. 적인 닌자와 보스는 까다롭고 난이도도 높지만 음악이 흥겁고 템포가 좋다.

발리볼

발매일 / 1986년 7월 21일 가격 / 2,500엔

페인트 모션과 속공, 크로스 어택 등 실전 감각의 플레이가 가능하다. 개념만 잡으면 뜨거운 공방을 즐길 수 있어 닌텐도 스포츠 게임 중에서도 평가가 좋다. 젤다보다 많은 198만 개가 판매되었다.

프로레슬링

발매일 / 1986년 10월 21일 가격 / 2,500엔

개성 있는 레슬러 6명 중에서 1명을 선택해 일대일 싱글 매치를 진행한다. 상대와 힘 싸움이 시작되면 버튼을 연타해서 필살기로 승부수를 띄운다. 레슬러의 헐떡임으로 체력을 판단하고 폴을 시도하여 승리한다. 2인 대전도 가능하다.

광신화 팔테나의 거울

발매일 / 1986년 12월 19일 가격 / 2,600엔

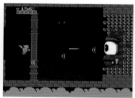

피트를 조작해서 화살과 점프를 이용해 명계, 신전 등 4개의 스테이지를 공략하는 액션 게임. 그리스 신화를 바탕으로 했지만 코믹하게 연출되어 있다. 가지를 쓰는 자가 상당한 난적이었다.

링크의 모험

발매일 / 1987년 1월 14일 가격 / 2,600엔

젤다 시리즈 중에서도 이색적인 게임. 필드를 걷다가 적과 접촉하면 사이드 뷰 액션으로 바뀐다. 마법과 점프, 위아래 찌르기 등 액션이 풍부하다. 난이도는 높지만 열광적인 팬이 많다.

골프 JAPAN 코스

발매일 / 1987년 2월 21일 가격 / 3,500엔

디스크 팩스를 통해 전국의 플레이어들과 겨루는 청 디스크 1탄. 패미컴 초기에 나왔던 『골프』의 업그레이드판으로, 전체 18홀 4라운드에서 점수를 겨룬다. 랭킹 상위자에게 골드 디스크를 증정했다.

스매시 핑퐁

발매일 / 1987년 5월 30일 가격 / 2,500엔

라켓을 휘둘러 플레이하는 탁구 게임. 심플하면서 조작성이 좋아 속도감 있는 플레이를 즐길 수 있는데, 십자버튼만으로 스매시와 컷 같은 테크닉을 쓸 수 있는 것이 특징이다. 코나미가 개발했다.

골프 US 코스

발매일 / 1987년 6월 14일 가격 / 3,500엔

전국의 플레이어들과 스코어를 겨루는 제2회 패미컴 골프 토너먼트용 소프트. 기본 조작은 『골프 JAPAN 코스』와 같지만 소소한 부분이 개선되어 4인 동시 플레이가 가능하다. 경품은 골드 사양의 『펀치아웃』.

패미컴 옛날이야기
신 오니가시마 전편

발매일 / 1987년 9월 4일 가격 / 2,600엔

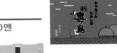

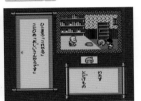

옛날이야기를 모티브로 한 텍스트 타입의 장편 어드벤처. 남녀 주인공을 바꿔가며 이야기를 진행한다. 디스크 최초로 전·후편으로 발매되었는데 전편은 제1~4장까지 수록되었다. 제4장의 남자 주인공이 성인이 되는 타이밍에서 끝난다.

패미컴 옛날이야기
신 오니가시마 후편

발매일 / 1987년 9월 30일 가격 / 2,500엔

전편에서 이어지는 내용으로 제5~9장까지 수록되었다. 후편에서는 남녀 주인공의 출생의 비밀이 밝혀진다. 수수께끼 풀이와 따스한 분위기, 독특한 개그 센스를 융합시킨 스토리가 재밌다. 전편이 없으면 플레이할 수 없다.

패미컴 그랑프리
F1 레이스

발매일 / 1987년 10월 30일 가격 / 3,500엔

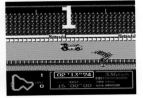

가게에서 F1 머신을 구입하고 레이스에서 6위 이내에 들면 상금을 받는다. 상금으로 보다 좋은 머신을 사서 챔피언을 목표로 달린다. 디스크 팩스를 사용한 전국 대회도 열렸으며 상위 입상자에게 상품이 증정되었다.

나카야마 미호의
두근두근 하이스쿨

발매일 / 1987년 12월 1일 가격 / 3,500엔

인기 아이돌이었던 나카야마 미호와의 연애 어드벤처 게임. 커맨드 외에도 표정을 선택해서 이야기를 진행한다. 화면에 등장하는 번호에 전화를 건다는 텔레폰 서비스가 참신했다. 클리어 후의 응모 이벤트로 경품을 받을 수 있었다.

아이스하키

발매일 / 1988년 1월 21일　가격 / 2,500엔

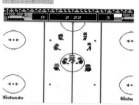

심플한 아이스하키 게임. 6개국 중에서 팀을 선택하고 속도와 시간을 설정하여 플레이를 즐긴다. 조작할 수 있는 것은 4명 중 점멸하는 선수뿐이다. 선수에겐 3가지 체격 중 하나가 부여되어서 속도와 파워가 달라진다.

동키콩

발매일 / 1988년 4월 8일　가격 / 500엔

덮어쓰기 전용

패미컴의 런칭 소프트인 『동키콩』의 디스크 버전. 게임 내용은 롬팩 버전과 동일하다. 롬팩 버전이 나온 후 5년 만에 덮어쓰기용 게임으로 나온 것이다. 한쪽 면에만 기록되고 라벨 디자인은 패미컴 초창기처럼 심플하다.

패미컴 그랑프리 II
3D 핫 랠리

발매일 / 1988년 4월 14일　가격 / 3,500엔

디스크 팩스를 이용한 패미컴 대회 지정 소프트. 이벤트용 코스에서 베스트 타임을 겨룬다. 핫 대시를 사용하면 초고속이라도 미끄러지지 않고 15초 동안 달릴 수 있었다. HAL연구소가 개발했으며 3D시스템에 대응한다.

패미컴 탐정 클럽
사라진 후계자 전편

발매일 / 1988년 4월 27일　가격 / 2,600엔

닌텐도 최초의 본격 어드벤처 게임. 플레이어는 탐정의 조수가 되어 마을의 기묘한 전설이 얽힌 수수께끼와 사건을 풀어간다. 스토리 전개와 연출, 배경음악이 탁월하다. 한 통의 전화로 후편과 연결되는 구조도 훌륭하다.

패미컴 탐정 클럽
사라진 후계자 후편

발매일 / 1988년 6월 14일　가격 / 2,600엔

전편에서 이어지는 이야기. 아야시로 가문의 후계자가 연달아 살해되는 등 의외의 전개와 모든 의문이 풀리는 마지막은 압권이다. 커맨드 선택 방식이 기본이지만 문자 입력 장면과 3D 던전도 존재한다. 감정 이입이 쉬워 열광적인 팬이 많다.

동키콩 JR.(주니어)

발매일 / 1988년 7월 19일　가격 / 500엔

덮어쓰기 전용

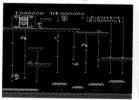
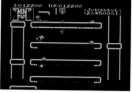

패미컴 초기 게임인 『동키콩 JR.(주니어)』의 디스크 버전. 게임 내용은 롬팩 버전과 동일하다. 덮어쓰기 전용 소프트로 한쪽에 기록되는데, 완구점에서 덮어쓰면 A4 사이즈의 매뉴얼 한 장이 딸려 왔다.

아이스 클라이머
발매일 / 1988년 11월 18일 가격 / 500엔

덮어쓰기 전용

아케이드판 『아이스 클라이머』의 이식작. 롬팩 버전과 비교해 스테이지가 30개에서 48개로 늘어났으며 슈퍼 보너스 스테이지가 추가되었다. 조작성과 적 캐릭터, 채소 종류가 다르며 눈보라 치는 스테이지 등이 있다.

돌아온 마리오 브라더스
발매일 / 1988년 11월 30일 가격 / 400엔

덮어쓰기 전용

아케이드판 『마리오 브라더스』에 가까워진 작품. 화면에 나가타니엔의 광고가 삽입되어 다른 게임보다 100엔 저렴했다. 엔카 가수 키타지마 사부로의 등장과 캠페인 응모가 가능한 '나가타니엔 월드'가 특징이다.

VS. 익사이트 바이크
발매일 / 1988년 12월 9일 가격 / 2,500엔

아케이드판 『익사이트 바이크』의 어레인지 이식작이다. 모터크로스 레이스에는 예선과 본선이 준비되어 있는데, 본선에서는 대항 모터크로스와 경쟁하여 상위 입상을 노린다. 2인 대전 모드와 VS에디트 모드가 있다.

레킹 크루
발매일 / 1989년 2월 3일 가격 / 500엔

덮어쓰기 전용

 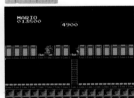

마리오가 해머로 벽을 부수는 패미컴용 액션 게임 『레킹 크루』의 디스크 버전. 게임 내용은 롬팩 버전과 같다. 디스크 버전은 한쪽 면에 기록되었고 디자인 모드에서 만든 스테이지를 저장할 수 있다.

패미컴 탐정 클럽 PARTII 뒤에 선 소녀 전편
발매일 / 1989년 5월 23일 가격 / 2,600엔

시리즈 제2탄. 여고생 살해사건이 일어난 학교를 무대로 『뒤에 선 소녀』라 이름 붙여진 학교의 괴담과 과거에 일어난 전혀 다른 사건과의 연결고리를 풀어 나간다. 전편은 아유미 앞에서 의식을 잃고 종료된다.

핀볼
발매일 / 1989년 5월 30일 가격 / 500엔

덮어쓰기 전용

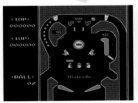 

공을 튕겨내어 목표물에 맞추는 패미컴용 소프트 『핀볼』의 디스크 버전. 게임 내용은 롬팩 버전과 같고 한쪽 면에 수록되었다. HAL연구소가 개발했으며, 후일 닌텐도 사장이 되는 이와타 사토루가 프로그래밍을 담당했다.

패미컴 탐정 클럽 PARTII
뒤에 선 소녀 후편

발매일 / 1989년 6월 30일 가격 / 2,600엔

전편에서 이어지는 기분 나쁜 세계관과 배경음악, 좋은 템포, 연속되는 반전 등 전체적으로 정성 들여 만들어진 작품. 가장 좋아하는 어드벤처라 말하는 팬도 많다. 마지막의 충격적 연출은 기억에 남는 명장면으로 꼽힌다.

패미컴 옛날이야기
유유기 전편

발매일 / 1989년 10월 14일 가격 / 2,600엔

패미컴 옛날이야기 시리즈 제2탄. 서유기를 소재로 한 코믹한 어드벤처 게임. 기본 시스템은 전작과 같으며 조작할 수 있는 캐릭터가 5명으로 늘어났다. 전편은 제5장에서 손오공이 우마왕 앞으로 날려가면서 끝난다.

패미컴 옛날이야기
유유기 후편

발매일 / 1989년 11월 14일 가격 / 2,600엔

전편에서 이어지는 이야기. 후편은 우마왕을 물리치는 여행을 바탕으로 오공의 성장과 개그가 섞인 로맨스를 그리고 있다. 미니게임과 퀴즈 등의 재밌는 이벤트가 추가되어 전작의 어려운 수수께끼 풀이는 줄어들고 난이도는 내려갔다

나이트 무브

발매일 / 1990년 6월 5일 가격 / 2,600엔

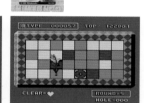

체스의 나이트를 조작해 장기의 말과 같은 움직임으로 패널을 밟는 퍼즐 게임. 전체 32장의 패널을 3번 밟으면 구멍이 나면서 점수가 올라가지만, 구멍에 떨어지면 실패가 된다. 두 가지 모드가 있으며 2인 대전이 가능하다.

백개먼

발매일 / 1990년 9월 7일 가격 / 2,600엔

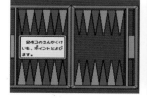

전 세계가 사랑하는 고전 보드게임. 주사위를 던져 나온 숫자만큼 말을 진행하여 특정 지점에 들어가면 이긴다. 쌍육과 비슷한 시스템을 채용하고 있으며 스기야마 코이치가 회장으로 있는 일본 백개먼협회가 감수했다.

타임 트위스트 역사의 한 켠에서…
전편

발매일 / 1991년 7월 26일 가격 / 2,600엔

닌텐도의 마지막 디스크 오리지널 타이틀. 악마에게 몸을 빼앗긴 주인공이 과거의 여러 시대 인물들에게 옮겨 붙으며 자신의 몸을 되찾는다는 어드벤처 게임이다. 실제로 일어난 비극의 역사를 무대로 했다.

타임 트위스트 역사의 한 켠에서…
후편

발매일 / 1991년 7월 26일　가격 / 2,600엔

전편에서 이어지는 이야기. 인간의 선함과 욕망이라는 모순을 드러낸 중후한 스토리이지만 사랑스러운 캐릭터와 유머 넘치는 대사가 분위기를 밝게 해준다. 플레이어에게 소중한 무언가를 느끼게 해주는 숨겨진 명작이라 일컬어진다.

쿠루쿠루 랜드

발매일 / 1992년 4월 28일　가격 / 600엔

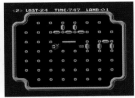

아케이드판 『쿠루쿠루 랜드』와 거의 같다. 롬팩 버전에는 없었던 배경음악과 보스 유니라, 익스퍼트 모드가 존재한다. 닌텐도 최후의 디스크 게임으로 덮어쓰기 수량은 얼마 되지 않았다고 한다.

디스크 시스템 덮어쓰기용 취급설명서

디스크 시스템의 취급설명서(이하 『설명서』)에는 패키지 버전 외에도 덮어쓰기 전용 버전이 존재한다. 덮어쓰기 전용 게임의 설명서는 당초 패키지 버전과 같은 것이 100엔(얇은 설명서는 무료)에 판매되었지만, 원가 절감을 목적으로 간이책자로 바뀌었다. 후기에는 거의 A3 혹은 A4 1장짜리로 통일되었다. 패키지 버전, 간이책자, 1장짜리의 3가지 버전을 가진 타이틀도 있다. 간이책자와 1장짜리 버전의 설명서는 덮어쓰기 판

매 수량이 감소해 물량이 적다고 한다. 재고가 소진되면 복사본이 제공되기도 했다. 덮어쓰기 서비스는 1993년경에 끝났지만, 닌텐도 본사 및 각 영업소에 보내면 500엔(반송료와 소비세 포함)에 서비스가 가능했다(2003년에 종료). 설명서의 단품 판매는 없었으므로 어느 버전을 보낼지는 알 수 없었다. 또한 덮어쓸 때는 디스크 카드에 붙이는 라벨이 동봉되었는데, 재고가 없을 때는 고객이 직접 쓰는 범용 타입이 제공되었다.

『나카야마 미호의 두근두근 하이스쿨』

패키지 버전(왼쪽)과 다운로드 전용 버전(오른쪽). 오른쪽은 얇고 색상도 소박하다.

『발리볼』

얇은 패키지 버전(왼쪽)이 후기에는 A4 사이즈 종이 1장으로 바뀐다.

『쿠루쿠루 랜드』

디스크 말기에 조용히 덮어쓰기 전용으로 등장한 『쿠루쿠루 랜드』

『동키콩 JR.』

패미컴에서의 이식작 『동키콩』의 설명서는 A3 사이즈 종이 1장이다.

『타임 트위스트』

『타임 트위스트』는 조금 큰 팜플렛이 배포되었다.

『메트로이드』

『메트로이드』(후기판)는 A3 사이즈의 설명서가 동봉되었다. 뒷면에는 모든 지도를 수록했다.

광선총 시리즈 건

발매일: 1984년 2월 18일   가격: 3,000엔   모델: HVC-005

패미컴의 광선총 대응 소프트를 플레이하기 위한 총. 게임 화면의 목표물을 향해 쏘면 총구의 센서를 감지해 목표물이 반응한다. 대응 소프트는 3개로 「피스톨」이라는 이름의 패키지도 있었다.

광선총 시리즈 홀스터

발매일: 1984년 2월 18일   가격: 1,000엔   모델: HVC-006

광선총을 허리에 차는 닌텐도 순정 홀스터. 합성가죽과 금속 재질로 제대로 만들어져 장난감이란 생각이 들지 않을 정도다. 허리에 차고 총을 뽑아들면 건맨이 된 듯한 느낌이라 게임 분위기를 띄우는 역할을 했다.

패밀리 베이직

발매일: 1984년 6월 21일   가격: 14,800엔   모델: HVC-BS

베이직 언어를 수록한 롬팩과 전용 키보드가 세트인 주변기기. 베이직에 따른 간단한 프로그램을 스스로 만들 수 있다. 다음해에는 메모리를 늘린 「V3」가 나왔지만 많이 보급되진 않았다.

데이터 레코더

발매일: 1984년 6월 21일   가격: 9,800엔   모델: HVC-008

『패밀리 베이직』으로 만든 프로그램을 카세트테이프에 저장하기 위한 주변기기. 샘플 프로그램이 들어간 팩이 동봉되었는데, 타 회사에서도 대응 팩이 여럿 발매되었다. 데이터용뿐 아니라 음악 재생용으로도 쓰였다.

패밀리 베이직 V3

발매일: 1985년 2월 21일   가격: 9,800엔

패밀리 베이직 전용의 확장팩. 메모리 용량을 2배로 늘리고 게임 4개를 수록했다. 2P의 마이크로 플레이하는 게임도 있었다. 프로그램을 열람 및 개량할 수 있었지만 기능이 부족해 인기가 별로였다고 한다.

패밀리 컴퓨터 로봇

발매일: 1985년 7월 26일   가격: 9,800엔   모델: 불명

로봇의 눈이 TV 화면의 빛 신호를 감지해 게임 화면과 연동해 움직인다. 로봇에 연결된 전선이 없는데 움직인다는 점이 재미있다. 참신한 아이디어였지만 일본에서는 대응 소프트가 달랑 2개로 끝난다. 해외에서는 나름 건투했다고.

디스크 드라이브 전용 AC 어댑터

발매일: 1986년 2월 21일   가격: 1,500엔   모델: HVC-025

디스크 시스템 전용 AC 어댑터. 패미컴 본체의 AC 어댑터보다 작고 본체와 연결하는 플러그가 빨간색이다. 본체에 쓰는 AA 전지 2개를 대체했는데 콘센트에 꽂아두면 사용하지 않아도 계속 전기를 소모한다.

디스크 카드 클리너 세트

발매일: 1986년   가격: 3,000엔   모델: 불명

디스크 카드 전용 청소 세트. 클리너에 카트리지를 세팅하고 디스크 카드를 넣어서 돌려주면 디스크의 자기 필름에 묻은 오물이 청소된다.

헤드 클리너 세트

발매일: 1986년   가격: 2,000엔   모델: 불명

디스크 시스템 본체의 디스크 드라이브를 청소하는 키트. 클리닝 카드에 클리닝 액을 넣고 본체에 꽂는다. 본체를 켜고 회전시키면 헤드가 깨끗해진다.

패밀리 컴퓨터 3D 시스템

발매일: 1987년 10월 21일   가격: 6,000엔   모델: HVC-3DS

전용 고글로 게임 화면을 입체 화면으로 보여주는 주변기기. 두 눈의 시차에 의한 영상으로 원근감을 구현하고 입체적으로 보이게 한다. 다른 주변기기를 연결하는 단자도 있다. 대응 소프트는 7개.

통신 어댑터 세트

발매일: 1988년 7월 25일   가격: 19,800엔   모델: HVC-FCNS-A-01

패미컴 본체를 전화 회선에 연결하여 주식 거래와 은행 거래가 가능하게 한 통신 어댑터. 각 증권회사에 대응하는 통신 카드를 사용한다. 통신대전 게임 등의 구상도 있었지만 실현되지는 않았다.

AC 어댑터

발매일: 1983년 7월 15일   가격: 1,500엔   모델: HVC-002

본체에 동봉된 것과 같은 제품. 1988년 이후에는 라벨에 FF 마크가 들어가 있다. 패키지가 없는 벌크 상태로 판매되었는데 콘센트에 꽂아두면 사용하지 않아도 계속 전기를 소모한다.

RF 스위치

발매일: 1983년 7월 15일   가격: 1,500엔   모델: HVC-003

패미컴 본체에 동봉된 것과 같은 제품. TV 안테나 단자에 연결하여 채널을 맞추면 영상을 출력한다. 패키지 없이 벌크 상태로 판매되었다.

75Ω/300Ω 변환기

발매일: 1983년 7월 15일   가격: 300엔   모델: HVC-004

VHF 단자의 안테나선을 평형(平型: 300Ω의 필터 선)으로 직접 연결하는 경우 RF 스위치에 부착하는 변환기. 패미컴 본체에 동봉되었다. (시기에 따라 동봉되지 않은 경우도 있다.)

RF 모듈레이터

발매일: 1993년 12월 1일   가격: 1,500엔   모델: HVC-103

AV 단자의 신호를 RF로 바꿔주는 주변기기. RF 스위치로 AV 사양 패미컴 (또는 슈퍼패미컴)을 연결할 때 사용한다.

광고지 갤러리

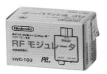

패밀리 컴퓨터 본체의 광고지

패밀리 베이직의 광고지

광선총 시리즈 와일드 건맨 세트

발매일 / 1984년 2월 18일 가격 / 7,800엔

패미컴 소프트 『와일드 건맨』과 광선총 『건』, 허리에 차는 벨트 『홀스터』가 세트인 한정판. 『건』이 『피스톨』로 표기된 패키지도 있었다.

올 나이트 닛폰 슈퍼마리오 브라더스

발매일 / 1986년 12월 가격 / 3,500엔

라디오 방송인 『올 나이트 닛폰』 20주년을 맞아 청취자 선물(3,000명)로 증정된 닛폰 방송과의 콜라보 소프트. 적 캐릭터의 일부가 당시 진행자로 바뀌어 있다. 방송국 매점에서도 판매되었다.

골프 PRIZE CARD

발매일 / 1987년 9월 가격 / 비매품

 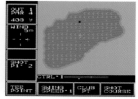

패미컴 디스크 시스템 소프트 『골프 USA 코스』의 게임 대회에서 골드 『펀치아웃』을 놓친 사람에게 증정되었다고는 하지만 자세한 사정은 알 수 없다. 『스페셜 코스』가 들어간 골드 디스크로 디스쿤 케이스에 들어 있다.

펀치아웃!! 골든 카트리지

발매일 / 1987년 9월 가격 / 비매품

FC 디스크 시스템 소프트 『골프 US 코스』의 게임 대회에서 10,000명(상위 입상자 5천 명+추첨 5천 명)에게 증정된 골드 사양의 『펀치아웃!!』. 이후에 마이크 타이슨의 이름으로 시판되었다.

골프 골든 디스크 카드

발매일 / 1987년 5월 가격 / 비매품

 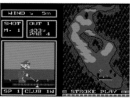

패미컴 디스크 시스템의 소프트인 『골프 JAPAN 코스』의 게임 대회에서 5,100명(상위 입상자 500명+추첨 4,600명)에게 증정된. 오리지널 코스가 들어간 골드 디스크. 디스쿤 케이스에 들어 있다.

동키콩 JR. & JR. 산수 레슨

발매일 / 1983년 10월 가격 / 비매품 퍼블리셔 / 샤프

샤프의 패미컴 일체형 TV 『마이 컴퓨터 TV C1』에 동봉된 패미컴 소프트. 『동키콩 JR.』의 1, 4 스테이지와 『동키콩 JR.의 산수 놀이』의 일부를 수록했다. 패키지는 존재하지 않는다.

패키지 없음

게임보이 편

NINTENDO
COMPLETE
GUIDE

화려한 겉모습보다 내용으로 승부한 게임보이,
휴대용 게임기라는 새로운 시장을 만들었다!

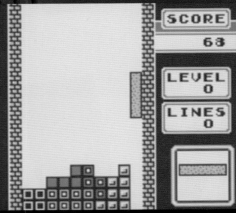

집에서만 플레이할 수 있다는 가정용 게임기의 약점을 훌륭하게 극복했
다. 통신대전 기능도 갖춘 게임보이에 전 세계의 소년들이 열광했다.

게임보이

발매일 / 1989년 4월 21일 가격 / 12,500엔

전 세계에 1억대 이상 판매된 휴대용 게임기의 시조

게임&워치에서 9년 뒤, 패미컴에 가까운 성능을 실현했다. '달리는 자전거에서 떨어져도 고장 나지 않을' 정도로 튼튼하게 만들어졌고 전지 구동시간이 길면서 패미컴보다 낮은 가격을 실현하기 위해 흑백 액정을 채용했다. AA 전지 4개로 약 35시간 플레이 가능. 액정에는 컨트라스트를 조정하는 다이얼, 본체 옆면에는 볼륨 다이얼, 본체 아래에는 이어폰 단자가 있다. 화려한 영상과 음성 대신 게임성이 우수한 소프트가 많이 나왔고 패미컴과는 다른 시장을 개척했다. 게임기로는 일찍이 다양한 색상을 라인업한 점도 참신했다. 『테트리스』와 『포켓몬스터』 등의 히트작에 힘입어 21세기까지 이어진 장수 게임기가 되었다. 일본 기준으로 대응 소프트는 1262개, 게임기 판매량은 일본에서 3247만 대, 전 세계에서 1억 1869만 대였다.

스펙

■CPU/샤프 LR35902 4.19 MHz ■그래픽/모노 4단계, 해상도 160x144, 액정은 2.6인치 STN 규격 ■메모리/메인메모리 8k byte, 비디오메모리 8k byte SRAM ■사운드/PSG 음원 3채널 ■본체 사이즈/세로 148 x 가로 90 x 두께 32mm ■무게/약 300g(AA 전지 4개 포함) ■ 연속사용시간/망간 전지 사용시 약 15시간, 알카라인 전지 사용시 약 35시간

염가판

발매일 / 1994년 6월 6일
가격 / 9,800엔

지금까지 동봉되었던 『전용 스테레오 헤드폰』이 별매가 되어 패키지도 다시 디자인되었다. 최종 8,000엔까지 가격 인하되었다.

게임보이 브로스 컬러 배리에이션

게임보이 브로스

발매일 / 1994년 11월 21일
가격 / 8,000엔

게임보이의 컬러 라인업. 본체 사이즈와 사양은 기존 게임보이와 같지만 가격은 저렴해졌다. 전체 6가지 색상 중 최다 판매는 『녹색』, 내부 기판이 보이는 『스켈레톤』도 주목받았고 가장 인기가 없었던 것이 『화이트』였다고 한다. SMAP의 키무라 타쿠야가 나온 TV 광고도 인기였다.

그린

화이트

블랙

게임보이 브로스의 광고지

레드

옐로우

스켈레톤

광고지 갤러리

골프 US 코스의 광고지

나카야마 미호의
두근두근 하이스쿨의 광고지

패미컴 워즈의 광고지

MOTHER의 광고지

패미컴 탐정 클럽
사라진 후계자의 광고지

MOTHER2의 광고지

사테라뷰의 광고지

파이어 엠블렘 문장의 비밀의 광고지

3D 시스템의 광고지

게임보이 포켓

발매일 / 1996년 7월 21일   가격 / 6,800엔

크기는 포켓 사이즈로,
가격은 저렴하게

게임보이의 소형 경량판. 본체가 얇고 작아졌으며 액
정화면의 시인성이 좋아졌다. AA 전지에서 AAA 전
지로 바뀌었고 처음에 없던 전지 잔량 램프가 추가되
었다. 알카라인 전지 2개로 약 10시간 구동. 또한 통
신단자가 작아졌고 먼지 막이 커버가 없어졌다. 본체
가격은 6,800엔이었는데 1998년 2월에는 5,800엔
에서 다시 3,800엔으로 인하되었다. 게임보이 브로
스와 같이 5가지 색상이 준비되었는데 1996년 10월
에 실버, 1997년 4월에 골드 색상이 추가되었다. 이
어서 7월에는 「여자아이도 게임보이」라는 광고와 함
께 핑크가 등장했고 11월에는 클리어 퍼플이 발매되
었다. 타사와의 콜라보도 이루어져 오리지널 사양의
게임보이 포켓도 다수 등장했다. 같은 시기에 발매된
『포켓몬스터』와의 상승효과로 죽어가던 게임보이 시
장이 다시 살아났다.

그레이

게임보이 포켓의 광고지

스펙

■본체 사이즈/세로 127.6 x 가로 77.6 x 두께 25.3mm
■무게/약 150g(AAA 전지 2개 포함) ■연속사용시간/
알카라인 전지 사용시 약 10시간

게임보이 포켓 컬러 베리에이션①

레드

옐로

그린

블랙

발매일 / 1997년 7월 11일
가격 / 6,800엔

핑크

게임보이 포켓
핑크의 광고지

게임보이 포켓 컬러 배리에이션②

실버(초기형)
발매일 / 1996년 10월 19일 가격 / 7,800엔

골드
발매일 / 1996년 10월 19일 가격 / 7,800엔

클리어 퍼플
발매일 / 1997년 11월 21일 가격 / 6,800엔

게임보이 포켓
클리어 퍼플의 광고지

게임보이 포켓
골드의 광고지

실버 (후기형)

발매일 / 불명 가격 / 7,800엔

미국 판매 제품을 일본에서도 발매했다. 금속 질감으로 도색되었고 특제 플라스틱 케이스에 들어 있었다. 실버의 초기형만 액정화면의 베젤이 미러 사양이다.

게임보이 라이트

발매일 / 1998년 4월 14일 가격 / 6,800엔

이불 속에서도 플레이 가능!
백라이트 탑재형

게임보이의 백라이트 탑재 모델. 시리즈 중 유일하게 어두운 곳에서도 플레이할 수 있다. 전원 스위치를 한 번 더 입력해주면 녹색의 EL 백라이트를 켜고 끌 수 있다. AA 알카라인 전지 2개로 구동됨에도 불구하고, 게임보이 포켓보다 오래 플레이할 수 있다. 백라이트 사용 시 약 12시간, 백라이트 미사용 시 약 20시간 연속 사용이 가능하다. 본체 사이즈가 게임보이 포켓보다 커졌고, 실버와 골드가 표준 색상으로 채용되었다. 게임보이와의 호환성을 유지하면서 게임보이 포켓과 같은 외부 확장 단자를 사용하였다. 본체 가격은 게임보이 포켓과 같은 6,800엔. 하지만 불과 반년 후에 게임보이 컬러가 발매되어 존재감이 사라졌다. 다른 시리즈에 비해 출하 수량이 적고 해외판도 나오지 않아 지금은 매우 귀한 존재이다.

실버

골드

게임보이 라이트의 광고지

스펙

■본체 사이즈/세로 135 x 가로 80 x 두께 29mm ■무게/약 190g(AA 전지 2개 포함) ■연속사용시간/알카라인 전지로 백라이트 사용시 약 12시간, 백라이트 미사용시 약 20시간

게임보이 컬러

발매일 / 1998년 10월 21일 가격 / 8,900엔

모노로 나온 게임도 선명한 컬러로 환골탈태!

컬러 액정을 채용한 게임보이. 반사형 TFT 컬러 액정에 32,000색 중 56색을 동시에 표시할 수 있다. 액정의 잔상이 적어 움직임이 빠른 액션 게임도 또렷하게 보인다. AA 전지 2개로 약 20시간 플레이 가능. 적외선 통신 기능이 채용되어 통신 플레이뿐 아니라 TV 리모콘과 주변기기의 신호도 읽을 수 있다. 또한 극소수를 제외한 게임보이 소프트와 호환되어 4~10색 컬러로 플레이할 수 있다. 게임보이 및 게임보이 컬러 공통 소프트는 일부 예외를 빼고 팩 하우징을 검정색으로, 컬러 전용 소프트는 투명으로 구별했다. 본체 가격은 8,900엔에서 이후 6,800엔으로 내려갔다. 본체 사이즈는 게임보이 포켓과 거의 같고 열쇠고리 구멍도 있다. 세계에서 2000만 대 이상이 판매되었고, 일본에서는 클리어 퍼플이 가장 인기 있었다.

퍼플

게임보이 컬러의 광고지

스펙

■CPU/샤프 LR35902 4.19/8.34 MHz ■메모리/메인 메모리 256k, 비디오 메모리 128k SRAM ■그래픽/32,768색 중 56색 동시발색, 해상도 160*144. 액정은 2.6인치 TFT 규격 ■본체 사이즈/세로 133.5 x 가로 78 x 두께 27.4mm ■무게/약 188g(AA 전지 2개 포함) ■연속사용시간/알카라인 전지 사용시 약 20시간

게임보이 컬러 배리에이션

레드

옐로

블루

클리어 퍼플

클리어

게임보이 컬러의 광고지

포켓몬스터 레드

발매일 / 1996년 2월 27일　가격 / 3,900엔

**포켓몬을 획득해서
키우고 교환하는 게임!**

몬스터 볼로 잡은 포켓몬을 수집, 육성하는 RPG로 게임 프리크가 개발했다. 레드와 그린 버전이 동시 발매되었는데 등장하는 포켓몬이 달라서 통신 케이블로 교환할 수 있었다. 서로의 포켓몬을 교환함으로써 비로소 전체 150종류를 모을 수 있었다. 초도 생산분에는 전설의 포켓몬 「뮤」가 나타나는 버그가 있었다고 한다. 제작 기간 6년이 걸린 이번 작품은 입소문으로 시작한 강력한 뒷심을 바탕으로 전 세계에 포켓몬 붐을 일으켰고, 이 게임 하나로 버철보이 실패 이후 침체되었던 게임보이 시장을 부활시켰다. 레드는 418만 개, 그린은 404만 개 판매.

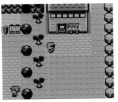

슈퍼마리오 랜드

발매일 / 1989년 4월 21일　가격 / 2,600엔

게임보이와 동시 발매된 런칭 소프트. 사라사 랜드의 데이지 공주를 구하기 위해 마리오가 4개의 나라를 여행한다. 기본은 횡스크롤 액션이지만, 잠수함으로 적을 격파하는 슈팅 요소가 존재한다. 꽃을 얻으면 슈퍼볼을 던질 수 있는데 벽과 지면에 튕겨 나가면서 적을 물리친다. 게임보이 소프트 판매량 역대 2위인 419만 개를 기록했다.

테트리스

발매일 / 1989년 6월 14일　가격 / 2,600엔

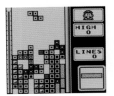

전 세계에서 대히트한 낙하형 퍼즐 게임. 위에서 떨어지는 블록을 회전 및 이동시키면서 쌓아올리고 가로 1줄을 지우는 간단한 게임이지만 몰입도가 높다. 테트리스 사상 최초의 2인 대전을 도입했다. 424만 개가 판매된 게임보이 초기의 킬러 타이틀로서 기기 보급에 크게 공헌했다.

베이스볼

발매일 / 1989년 4월 21일 가격 / 2,600엔

간단한 야구 게임. 일본 모드와 USA 모드의 두 팀이 준비되어 있는데, 각 팀의 선수 능력이 다르다. 수비는 기본적인 플레이어 조작 외에 자동 수비도 지원한다. 통신 케이블로 대전할 수도 있다.

역만

발매일 / 1989년 4월 21일 가격 / 2,600엔

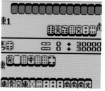

개성 있는 5명의 마작사와 대전하는 마작 게임. 기본 규칙은 반장(동남장)이지만 취향에 따라 규칙을 바꿀 수도 있다. 강력한 공격력을 가진 '역만 선인'이 최강의 적이다. 통신 케이블로 2인 대전도 가능하다.

얼레이웨이

발매일 / 1989년 4월 21일 가격 / 2,600엔

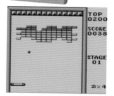

고전적인 블록 깨기 게임. 좌우로 움직이는 블록과 천정에서 내려오는 블록 등 다양한 장치가 마련되어 있다. 전체 32스테이지 중에서 8개가 보너스 스테이지이다. 1,000점마다 잔기가 1대 추가된다.

테니스

발매일 / 1989년 5월 29일 가격 / 2,600엔

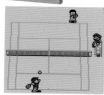

4단계 레벨과 3세트 매치 선택이 가능한 테니스 게임. 발리와 로빙, 스매시 등 다양한 샷을 쓸 수 있다. 심판 자리에는 마리오가 앉아 있으며 통신 케이블을 사용한 2인 대전에서는 각자의 뒤쪽을 바라보며(아랫면에서) 플레이한다.

골프

발매일 / 1989년 11월 28일 가격 / 2,600엔

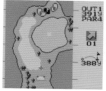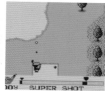

심플하면서도 본격적인 골프 게임. 바람 방향과 세기를 보고 적절한 클럽을 골라 샷을 한다. 재팬 코스와 USA 코스를 합쳐 36홀이 준비되어 있으며, 스트로크 플레이와 통신 케이블을 사용한 2인 대전 모드를 즐길 수 있다.

솔라 스트라이커

발매일 / 1990년 1월 26일 가격 / 2,600엔

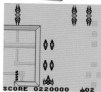

심플한 종스크롤 슈팅 게임. 파워업 아이템으로 4단계까지 파워업이 가능하다. 전체 6스테이지 구성으로 각 스테이지 마지막에는 보스전이 준비되어 있고, 클리어 후에는 하드 모드가 추가된다.

퀵스
발매일 / 1990년 4월 13일 가격 / 2,600엔

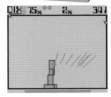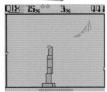

타이토의 아케이드 게임을 이식했다. 마커를 움직여서 선을 긋고 둘러싼 영역을 넓혀가는 땅따먹기 게임. 선을 따라오는 적들을 피하면서 점유율 99%를 노린다. 닌텐도가 제작해서인지 마리오와 피치 공주도 등장한다.

닥터 마리오
발매일 / 1990년 7월 27일 가격 / 2,600엔

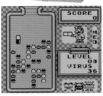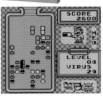

캡슐을 이용해 병 안에 들어 있는 바이러스를 퇴치하는 낙하형 퍼즐 게임. 패미컴 버전과 같이 발매되었다. 같은 색상의 캡슐을 4개 이상 연결하면 바이러스가 소멸한다. 통신 케이블을 이용하면 2인 대전도 가능하다.

레이더 미션
발매일 / 1990년 10월 23일 가격 / 2,600엔

적의 전함이 있는 곳을 예측하여 블록 공격을 하는 전략 시뮬레이션 게임. 잠수함을 조작하여 적의 전함을 격침하는 슈팅 게임, 두 가지 모드가 있다. 게임보이의 한계를 극복하고 잠수함전의 소리와 긴장감을 리얼하게 재현했다.

F1 레이스
발매일 / 1990년 11월 9일 가격 / 2,600엔

3종류의 게임 모드와 2가지 세팅 머신 중에서 선택하는 심플한 레이싱 게임. 시속 250km를 넘으면 터보가 걸리고 최고 속도가 올라간다. 4인용 어댑터를 사용한 4인 대전도 지원한다.

게임보이 워즈
발매일 / 1991년 5월 21일 가격 / 3,500엔

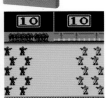

『패미컴 워즈』의 속편. 항공모함과 잠수함 등이 추가되었고 전투에서는 캐릭터들이 움직인다. 2인 대전에서는 턴마다 서로에게 본체를 건네면서 플레이하고, 상급자용 탐색 모드도 있다. CPU AI의 연산 시간이 길다.

요시의 알
발매일 / 1991년 12월 14일 가격 / 2,600엔

굼바와 징오징오 등 4종류의 캐릭터를 바꿔가며 지우는 퍼즐 게임. 위아래 알껍데기 사이에 끼우면 요시가 태어나고 점수가 올라간다. 패미컴 버전보다 세로 1열이 짧아졌고, 통신 케이블로 2인 대전을 지원한다.

메트로이드Ⅱ
RETURN OF SAMUS

발매일 / 1992년 1월 21일 가격 / 3,500엔

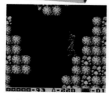 

메트로이드 시리즈 제2탄. 이번에는 메트로이드가 주축으로, 사무스가 진화하는 메트로이드를 섬멸한다. 액션과 아이템 수가 늘어서 이후 작품에 단골로 등장하는 경우가 많았다. TV 광고 「메트로이드, 오모로이드」도 화제였다.

별의 커비

발매일 / 1992년 4월 27일 가격 / 2,900엔

전설의 시리즈 제1탄. 커비를 조작해서 입으로 흡입하고 뱉어내거나 하늘을 나는 액션으로 스테이지를 클리어한다. 강화된 적이 나오는 엑스트라 모드는 난이도가 높았다.

X(엑스)

발매일 / 1992년 5월 29일 가격 / 3,900엔

와이어 프레임으로 그려진 3D 액션 슈팅 게임. 전차를 조작해 사령관이 보내는 10가지 미션을 수행한다. 폭탄 파괴와 공중전 등 다채로운 미션이 준비되어 있다. BGM의 평이 좋다.

개구리를 위해 종은 울린다

발매일 / 1992년 9월 14일 가격 / 3,900엔

주인공 개구리가 뱀으로 변신하면서 모험하는 액션 RPG. 필드에서는 탑뷰, 던전에서는 횡스크롤 액션으로 전개되며 전투는 오토 배틀로 진행된다. 패러디가 많은 것으로 유명하며 숨겨진 명작으로 일컬어진다.

슈퍼마리오 랜드2
6개의 금화

발매일 / 1992년 10월 21일 가격 / 3,900엔

슈퍼마리오 랜드 시리즈 제2탄. 월드 맵에서 가고 싶은 길을 선택하고 6개의 금화를 모아서 시리즈에서 처음 등장한 와리오를 물리친다. 마리오는 2단계로 변신하는데 코인을 모으면 슬롯을 플레이할 수 있다. 초보자용 이지 모드도 있다.

요시의 쿠키

발매일 / 1992년 11월 21일 가격 / 2,900엔

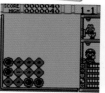 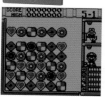

쿠키 5종류를 움직여서 연결하는 퍼즐 게임. 화면에 배치된 쿠키를 움직여서 같은 종류를 가로·세로로 연결하면 사라진다. 이때 요시 쿠키를 만능으로 쓸 수 있다. VS모드에는 2~4인 대전이 준비되어 있다.

젤다의 전설 꿈꾸는 섬

발매일 / 1993년 6월 6일 가격 / 3,900엔

시리즈 제4탄. 슈퍼 패미컴용 『신들의 트라이포스』의 후속작으로 스토리가 강화되었다. 닌텐도 캐릭터의 패러디가 등장하며 음악과 스토리가 밀접한 관계를 갖고 있다. 2019년에 닌텐도 스위치로 리메이크되었다.

슈퍼마리오 랜드3 와리오 랜드

발매일 / 1994년 1월 21일 가격 / 3,900엔

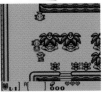

슈퍼마리오 랜드 시리즈 제3탄. 주인공인 와리오를 조작해서 보물을 모아가는 횡스크롤 액션 게임. 마리오를 기본으로 태클과 잡아 던지기 등 독자적인 액션이 추가되었다. 각 스테이지 클리어에는 코인 10개가 필요하다.

테트리스 플래시

발매일 / 1994년 6월 14일 가격 / 2,900엔

1989년 나온 『테트리스』의 어레인지 버전. 같은 색상의 블록을 3개 이상 연결해 지우는데, 플래시 블록은 화면 전체의 같은 색상 블록을 모두 지운다. 패미컴 버전에는 없는 퍼즐 모드가 추가되어 통신 케이블을 통한 2인 대전을 지원.

커비의 핀볼

발매일 / 1993년 11월 27일 가격 / 2,900엔

핀볼의 공이 된 커비를 굴리는 핀볼게임. 전체 3스테이지는 각 3단계로 나뉘어 있으며, 적과 스위치 등에 커비를 맞추면 점수가 올라간다. 마지막에는 디디디 대왕과 대결한다.

동키콩

발매일 / 1994년 6월 14일 가격 / 3,900엔

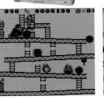

패미컴 버전을 대폭 어레인지한 퍼즐 액션 게임. 마리오를 조작해 열쇠를 찾아 위로 올라간다. 스테이지는 100개 이상이고, 마리오의 액션에는 물구나무서기와 백 점프, 봉술 등이 있다. 슈퍼 게임보이의 컬러 화면에 대응한다.

마리오의 피크로스

발매일 / 1995년 3월 14일 가격 / 3,900엔

『네모네모 로직』을 바탕으로 만들어진 퍼즐 게임. 가로세로의 숫자를 힌트로 그림을 완성해 나간다. 초보자용 「이지 피크로스」를 시작으로 「스타 코스」 등 4개 모드가 준비되어 있고, 전체 256문제를 수록했다.

별의 커비2

발매일 / 1995년 3월 21일 가격 / 3,900엔

패미컴 버전의 속편인 시리즈 제3탄. 복사 능력과 아울러 새로운 동료 3명을 합체시켜 싸울 수 있게 되었다. 최종 보스는 일정 조건을 채우면 등장하지만 디디디 대왕 급으로 강하다.

슈퍼 동키콩GB

발매일 / 1995년 7월 27일 가격 / 3,900엔

슈퍼 패미컴의 화려한 그래픽을 게임보이로 재현한 작품. 동키와 디디를 교대로 사용하면서 새로운 스테이지에 도전한다. 코뿔소와 타조도 동료로 등장하지만 핸드 스트랩은 불가능하다.

커비의 블록 볼

발매일 / 1995년 12월 14일 가격 / 3,900엔

볼이 된 커비가 블록 깨기에 도전한다. 복사 능력을 살려 스테이지에 있는 적과 블록을 처리한다. 총 11개 스테이지가 있고 각 스테이지마다 보스가 등장하는데 스위치 블록을 깨뜨려야 보너스 스테이지로 갈 수 있다.

포켓몬스터 그린

발매일 / 1996년 2월 27일 가격 / 3,900엔

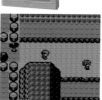

『레드』 버전과 동시 발매. 시나리오는 같지만 등장하는 포켓몬의 종류와 출현율이 다르다. 포켓몬을 모아 포켓몬 도감을 완성하는 것이 목표. 『레드』와 함께 822만 개가 판매되었고 이후 2가지 버전의 동시 발매가 흐름이 되었다.

두더쥐냐

발매일 / 1996년 7월 21일 가격 / 3,900엔

두더쥐를 조작해 납치된 가족을 구출하는 액션 퍼즐 게임. 필드에 구멍을 파서 지상과 지하를 오가고 목적지를 막는 블록을 깨뜨린다. 아이템을 적절히 활용하는 것이 중요하다. 스테이지는 총 200개 이상이다.

포켓몬스터 블루

발매일 / 1996년 10월 15일 가격 / 3,000엔

기본은 『레드/그린』과 같지만 그래픽과 포켓몬 출현율, 트레이너와의 교환 조건 등이 다르다. 처음엔 『코로코로 코믹』을 비롯한 쇼가쿠칸 출판사의 책에 동봉된 신청서를 통해 통신 판매를 했는데 나중에는 일반 판매도 이루어졌다.

피크로스2

발매일 / 1996년 10월 19일 가격 / 3,000엔

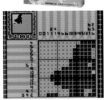

『마리오의 피크로스』 속편. 전작의 15x15칸 문제뿐 아니라 30x30과 60x60 이라는 거대 피크로스가 등장했다. 힌트를 주는 마리오와 방해하는 와리오 의 2가지 모드가 있다. 슈퍼 게임보이에서는 2인 동시 플레이가 가능하다.

요시의 파네퐁

발매일 / 1996년 10월 26일 가격 / 3,000엔

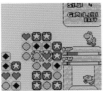
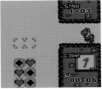

슈퍼 패미컴 버전 『패널로 퐁』의 캐릭터를 요시로 바꾼 마이너 체인지 버전. 화면은 12단에서 9단으로 축소되었고 배경음악이 바뀌었다. 5가지 모드 중 「VS컴퓨터」에서는 요시와 쿠파가 대결한다.

동키콩 랜드

발매일 / 1996년 11월 23일 가격 / 3,000엔

슈퍼 패미컴 버전 『슈퍼 동키콩2』를 이식했다. 게임보이 사양에 맞춰 그래 픽과 배경음악, 소소한 사양이 변경되었다. 팀플레이가 안 되기 때문에 디 디와 딕시를 교대해가며 진행해야 한다.

커비의 반짝반짝 키즈

발매일 / 1997년 1월 25일 가격 / 3,000엔

낙하하는 2개의 블록을 움직여서, 같은 종류의 블록 사이에 별 블록을 끼워 서 지우는 퍼즐 게임. 폭탄과 암석 블록 등도 나온다. 4가지 모드가 있으며 통신 케이블로 대전이 가능하다. 후에 슈퍼 패미컴으로 이식되었다.

게임보이 갤러리

발매일 / 1997년 2월 1일 가격 / 3,000엔

게임&워치로 발매되었던 『파이어』『옥토퍼스』『맨홀』『오일 패닉』 4종을 현 대풍으로 어레인지 했다. 「오리지널」 모드에서는 원작을 충실히 재현하고 있으며, 그 외에도 갤러리 코너가 준비되어 있다.

게임보이 갤러리2

발매일 / 1997년 9월 27일 가격 / 3,000엔

게임보이 갤러리 시리즈 제2탄. 게임&워치의 『파라슈트』『헬멧』『쉐프』『버 민』『동키콩』 5종을 현대풍으로 어레인지 했다. 「오리지널」 모드로도 플레 이할 수 있으며, 숨겨진 게임 『볼』도 준비되어 있다.

포켓몬스터 피카츄

발매일 / 1998년 9월 12일 가격 / 3,000엔

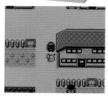

애니메이션 스토리를 반영한 『레드/그린』의 마이너 체인지판. 게임 시작부
터 피카츄가 나오는 등 여러 가지가 어레인지 되었다. 피카츄에는 친밀도
수치가 있으며, 파도타기를 배우두면 미니게임을 플레이할 수 있다.

테트리스 디럭스

발매일 / 1998년 10월 21일 가격 / 3,500엔

1989년 나온 『테트리스』의 어레인지 버전. 회전 보정과 블록이 바닥에 닿은 후
에도 옮길 수 있는 등, 조작 계통이 개선되었으며 중단 세이브도 추가되었다. 2
인 대전은 물론 친구의 플레이 데이터를 받아 고스트 대전도 플레이할 수 있다.

포켓몬 카드GB

발매일 / 1998년 12월 18일 가격 / 3,500엔

트레이딩 카드인 포켓몬 카드를 게임화 한 것. 전설의 포켓몬 카드를 찾아 카
드 배틀을 벌여서 덱을 강화하고, 총 8명의 클럽 마스터에 도전한다. 카드는
200종 이상이 있으며 통신 기능을 사용해 대전과 카드 교환을 할 수 있다.

와리오 랜드2
도둑맞은 재보

발매일 / 1998년 10월 21일 가격 / 3,500엔

전작 마리오 랜드3에서 독립한 와리오가 주인공인 속편. 와리오의 액션이
보다 호쾌해지고 불사신인 것이 특징인데, 불덩어리가 되거나 좀비화 되는
리액션도 있다. 스테이지는 탐색 요소가 강하고 미니게임도 준비되어 있다.

젤다의 전설
꿈꾸는 섬DX

발매일 / 1998년 12월 12일 가격 / 3,500엔

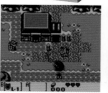

흑백으로 나왔던 『젤다의 전설 꿈꾸는 섬』의 리메이크 버전. 내용은 거의 같
지만, 게임보이 컬러에서 플레이했을 때 숨겨진 던전과 색깔이 다른 옷이
등장한다. 주변기기 『포켓 프린터』로 사진을 인쇄할 수 있다.

게임보이 갤러리3
(게임보이 컬러 본체 동봉판)

발매일 / 1999년 4월 8일 가격 / 10,000엔

※소프트 단품
발매일 / 1998년 5월
1일
가격 / 3,500엔

시리즈 제3탄. 게임&워치의 『에그』 『그린 하우스』 『터틀 브릿지』 『마리오 브
라더스』 『동키콩 JR』 5종을 수록했다. 『플래그 맨』 등 5가지 숨겨진 게임의
『오리지널』 모드도 즐길 수 있다.

포켓몬 핀볼

발매일 / 1999년 4월 14일 가격 / 3,800엔

몬스터 볼을 움직여 포켓몬을 얻는 핀볼 게임. 레드, 블루 핀볼대가 준비되어 있는데 각기 포켓몬의 출현율이 다르다. 포켓몬은 151종류가 등장하며 다채로운 보너스 스테이지도 있다. 게임보이에서 처음으로 진동 기능을 사용했다.

마리오 골프GB

발매일 / 1999년 8월 10일 가격 / 3,800엔

닌텐도 최초의 게임보이 컬러 전용 게임. 스토리 모드에서는 자신의 캐릭터를 육성해서 최강의 골퍼인 마리오와 싸운다. 『마리오 골프64』와 같은 시기에 발매되어 데이터를 연동시킬 수 있다. 2인 대전이 가능하다.

포켓몬스터 골드

발매일 / 1999년 11월 21일 가격 / 3,800엔

※한국판 발매일:
2002년 4월 24일

2세대 포켓몬스터. 전작에서 3년 후라는 설정으로 성도 지방이 무대이다. 포켓몬 100종이 늘어나 총 251종이 되었고, 전작의 포켓몬이 진화해 알과 색상이 다른 포켓몬이 등장한다. 게임과 연동되는 시계 기능이 장착되었다.

포켓몬스터 실버

발매일 / 1999년 11월 21일   가격 / 3,800엔

※한국판 발매일:
2002년 4월 24일

『골드』와 동시 발매. 시나리오는 같지만 포켓몬의 종류와 출현율, 그래픽 등이 다르다. 포켓몬 도감을 완성하려면 1세대 레드/그린에서 통신 연결로 포켓몬을 데려와야 된다. 일본 내 판매량은 『골드/실버』 합쳐 약 720만 개.

동키콩GB
딩키콩 & 딕시콩

발매일 / 2000년 1월 28일 가격 / 3,800엔

슈퍼 패미컴 버전 『슈퍼 동키콩3』를 어레인지 이식했다. 딩키와 딕시를 교대하면서 코스를 공략해 나간다. 맵과 스테이지 구성, 코스는 오리지널과 거의 같고, 이벤트 요소는 바뀐 부분이 많다.

트레이드 & 배틀
카드 히어로

발매일 / 2000년 2월 21일 가격 / 3,800엔

주인공 히로시가 카드 배틀 마스터를 꿈꾼다는 이야기. 용돈으로 카드를 구입하고 트레이드와 합성을 통해 강한 덱을 만들어 가는데, 스톤을 두고 방심할 수 없는 공방이 펼쳐진다. 실제로 트레이딩 카드도 발매되었다.

슈퍼마리오 브라더스 디럭스

발매일 / 2000년 3월 1일　가격 / 1,000엔

 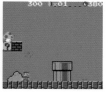

패미컴 버전 『슈퍼마리오』를 이식한 닌텐도 파워 전용 게임. 오리지널 외에도 도전과제와 VS게임 모드가 추가되었다. VS에서는 통신 케이블을 연결해 전용 코스에서 선착순 골인을 두고 동료와 경쟁한다. 숨겨진 게임 『2』도 수록.

벌룬 파이트GB 프리라이트 버전

발매일 / 2000년 7월 31일　가격 / 3,300엔

패미컴 버전을 어레인지 이식. 『벌룬 드립』에 횡스크롤이 추가된 액션 게임으로, 여자아이가 풍선을 타고 아기자기한 세계 속으로 동생을 도우러 간다. 2인 동시 플레이도 가능. 다운로드 전용 버전은 8월 1일 1,000엔에 발매되었다.

톳토코 햄타로 친구대작전이에요

발매일 / 2000년 9월 8일　가격 / 3,800엔

애니메이션 『톳토코 햄타로』를 소재로 한 친구를 모으는 게임. 운세와 점괘를 보며 친구를 늘려 나가는데, 내장된 시계 기능으로 햄타로가 활동한다. 게임보이 컬러의 적외선 통신 기능으로 친구 카드와 교환할 수 있다.

와리오 랜드3 이상한 오르골

발매일 / 2000년 3월 21일　가격 / 3,800엔

기본 시스템은 전작과 같지만, 새로운 리액션과 아이템 획득에 따른 파워업 및 낮밤의 개념 등이 추가되었다. 각각의 보스를 물리치고 총 25스테이지에 숨겨진 오르골 5개를 찾아내는 것이 게임의 목표다.

데굴데굴 커비

발매일 / 2000년 8월 23일　가격 / 4,500엔

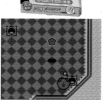 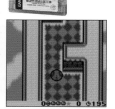

GB 본체를 기울여서 커비를 굴리는 액션 게임. 세계 최초로 가속도 센서를 채용했다. 본체의 움직임에 맞춰 좌우나 뒤로 구르고 점프하면서 스테이지를 클리어한다. 미니게임도 다양하게 준비되어 있다.

포켓몬으로 파네퐁

발매일 / 2000년 9월 21일　가격 / 3,800엔

닌텐도의 퍼즐 게임 『패널로 퐁』의 포켓몬 버전. 『포켓몬 골드/실버』의 캐릭터가 등장하고 어레인지된 배경음악이 나온다. 초보자용 데모와 연습 모드 등, 9가지 모드가 준비되어 있으며 2인 대전도 가능하다.

괴인 조나

발매일 / 2000년 10월 21일 가격 / 3,800엔

TV 예능 프로그램의 캐릭터를 게임화 했다. 플레이어는 어드벤처 형식으로 수수께끼 전투를 거듭하며 게임을 진행한다. 통신 기능을 이용한 대전과 교환이 가능하고, TV 리모콘의 신호를 받아 수수께끼로 변환할 수 있다.

마리오 테니스GB

발매일 / 2000년 11월 1일 가격 / 3,800엔

자신이 좋아하는 캐릭터를 키워 닌텐도64용 『마리오 테니스64』에 출전시킬 수 있다. 경험치를 쌓아서 스핀과 스피드 등 4가지 능력 중 하나를 강화시킨다. 미니게임과 단식 및 복식 팀으로의 대전도 지원한다.

몬스터 택틱스

발매일 / 2000년 11월 21일 가격 / 3,800엔

암흑 속에 숨는 몬스터를 찾아서 물리치는 RPG. 숨바꼭질 배틀이라 불린다. 물리친 적의 몬스터 태그를 모아 스킬로 바꾸거나 포켓 프린터로 인쇄할 수 있다. 통신 기능을 이용해 대전과 몬스터 태그를 선물하는 것이 가능했다.

포켓몬스터 크리스탈

발매일 / 2000년 12월 14일 가격 / 3,800엔

2세대인 『골드/실버』의 마이너 체인지 버전. 남녀 중 주인공을 선택할 수 있고 애니메이션 배틀 등 새로운 요소가 추가되었다. 『모바일 어댑터GB』를 사용해 교환과 대전은 물론 전설의 포켓몬 『세레비』를 동료로 만들 수 있었다.

동키콩 2001

발매일 / 2001년 1월 21일 가격 / 3,800엔

슈퍼 패미컴 버전 『슈퍼 동키콩』을 이식했다. 아무래도 성능이 부족한 게임보이 컬러에서 높은 이식도를 보여준 작품. 그린 바나나와 씰 등의 수집 요소가 추가되었고 낚시 등의 미니게임이 준비되어 있다.

젤다의 전설 이상한 나무 열매 ~대지의 장~

발매일 / 2001년 2월 27일 가격 / 3,800엔

계절을 변경하는 아이템으로 계절의 특징을 이용하면서 퍼즐을 풀어간다. 거대한 장치와 거대 보스전 등 액션을 중시한 게임이 되었는데 『시공의 장』의 암호를 입력하면 2개의 세계가 연결된다. 실제 개발사는 캡콤.

젤다의 전설 이상한 나무 열매 ~시공의 장~

발매일 / 2001년 2월 27일 가격 / 3,800엔

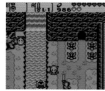

『대지의 장』과 동시 발매되었다. 어둠의 사제 베란을 물리치기 위해 현재와 과거를 오가면서 모험을 펼친다. 『대지의 장』의 암호를 입력하면 2개의 세계가 연결된다. 『대지의 장』보다 퍼즐 풀기 요소가 강하고 손맛이 좋은 것이 특징.

모바일 골프 +모바일 어댑터GB 세트

발매일 / 2001년 5월 11일 가격 / 5,800엔

『모바일 어댑터GB』의 통신 기능에 특화된 골프 게임. 새로운 코스, 새로운 캐릭터, 컴피티션 데이터 등이 유료로 제공되었다. 전국의 플레이어와 스코어를 겨루어 상위 입상자에게 부여되는 포인트로 특수한 클럽을 얻을 수 있었다.

톳토코 햄타로2 햄짱즈 대집합이에요

발매일 / 2001년 4월 21일 가격 / 3,800엔

시리즈 제2탄. 햄타로를 조작해서 총 86종의 햄스터 언어를 수집하고 햄스터들을 찾는 어드벤처 게임. 목적 달성에 따라 두 가지 엔딩을 볼 수 있다. 옷과 멜로디, 스타 수집 등 파고들기 요소가 많다.

고베의 어린이들에게 미소를

1995년 1월 17일 고베(한신) 대지진 직후에 닌텐도는 게임보이 본체와 『슈퍼마리오 랜드』, 『테트리스』, 『전용 스테레오 헤드폰』 5,000세트를 구호물자로 기부했다. 또한 트럼프도 1만 세트를 준비했다. 살던 집이 파괴되어 가설주택 등에서 살게 된 이재민들을 위로하려는 닌텐도 나름의 지원책이었다. 전용 헤드폰을 함께 기부한 이유는, 많은 이재민들이 공동생활을 하는 피난소에서 주변에 민폐가 되지 않도록 하려는 배려였다. 이 외에도 재난지역에 지원금을 기부했다고 한다.

광고지 갤러리

게임보이 갤러리의 광고지

슈퍼마리오 랜드2의 광고지

젤다의 전설 꿈꾸는 섬의 광고지

포켓몬스터 블루의 광고지

충전식 어댑터

발매일: 1989년 4월 21일   가격: 3,800엔   모델: DMG-03

가정용 콘센트에서 충전하면 약 10시간 쓸 수 있는 배터리. AC 어댑터로도 쓸 수 있다.

배터리 케이스

발매일: 1989년 4월 21일   가격: 1,400엔   모델: DMG-05

건전지를 사용하는 게임보이의 외부 배터리. CM전지 4개로 약 40시간 사용 가능하다. ※사진은 팜플렛에서 촬영.

4인용 어댑터

발매일: 1990년 11월 9일   가격: 3,000엔   모델: DMG-07

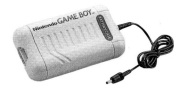

2~4대의 게임보이를 연결하는 어댑터. 2인 이상이 플레이할 때는 별도 인원만큼의 통신 케이블이 필요하다. 대응 소프트는 6개 정도로 게임보이에만 쓸 수 있다.

전용 스테레오 이어폰

발매일: 1993년 6월 6일   가격: 1,000엔   모델: DMG-02

게임보이에 연결하는 전용 이어폰. 모노였던 본체 스피커의 사운드를 스테레오로 들을 수 있다. 본체에도 동봉되었으나 가격이 인하되면서 별도로 판매되었다.

게임보이 전용 통신 케이블(전기형)

발매일: 1989년 4월 21일   가격: 1,500엔   모델: DMG-04

초기형 게임보이를 연결하는 통신 케이블. 대응 소프트로 통신 플레이를 지원함으로써 통신 대전, 교환이라는 새로운 놀이를 제공했다. 게임보이 포켓, 라이트, 컬러에는 대응하지 않는다.

소프트 케이스

발매일: 1989년   가격: 800엔   모델: DMG-06

게임보이 본체를 넣을 수 있는 청색 파우치. 닌텐도 순정 제품으로 패키지는 비닐 봉투였다.

전용 클리닝 키트

발매일: 1990년   가격: 800엔   모델: DMG-08

게임보이 본체와 소프트 등의 단자 부분을 청소하는 키트. 클리닝 팩, 스틱, 클리닝 카드, 와이퍼가 포함되어 있다. 패키지는 초기의 빨강과 게임보이 시리즈 공통인 파랑, 2가지이다.

게임보이 시리즈 전용 통신 케이블(후기형)

발매일: 불명   가격: 1,500엔   모델: DMG-04A

초기형 게임보이를 제외한 모든 게임보이에서 사용 가능한 통신 케이블. 좌우 단자 근처에 노이즈 필터가 부착되어 있다.

게임보이 포켓 전용
배터리팩 충전 세트

발매일: 1996년 7월 21일 가격: 3,500엔 모델: MGB-003

7~10시간 쓸 수 있는 배터리팩과 충전기 세트. 가정용 콘센트에서 충전할 수 있다. 단, 어댑터 단자 크기 때문에 초기 게임보이에는 쓸 수 없다.

게임보이 포켓 전용 배터리팩

발매일: 1997년 11월 21일 가격: 1,900엔 모델: MGB-002

게임보이 포켓 이후 모델에 쓸 수 있는 배터리팩. 별매되는 충전기를 써서 충전한다. 초기 게임보이에는 쓸 수 없다.

게임보이 포켓 전용
변환 커넥터

발매일: 1996년 7월 21일 가격: 800엔

『게임보이 전용 통신 케이블』을 게임보이 포켓, 라이트, 컬러와 연결하기 위한 변환 어댑터.

게임보이 포켓 전용 AC 어댑터

발매일: 1997년 4월 18일 가격: 1,500엔 모델: MGB-005(JPN)

게임보이 포켓 전용 AC 어댑터. 어댑터 단자 크기 때문에 초기 게임보이에는 쓸 수 없다.

게임보이 포켓 전용 통신 케이블

발매일: 1997년 8월 14일 가격: 1,500엔 모델: MGB-008

게임보이 포켓 이후 모델에 사용 가능한 통신 케이블. 커넥터 크기 때문에 초기 게임보이에는 쓸 수 없다.

포켓 카메라 클리어 퍼플

발매일: 1998년 2월 21일 가격: 5,500엔 모델: MGB-006

게임보이 포켓용 카메라. 찍은 사진에 낙서를 하거나 스탬프를 넣어 친구와 교환할 수 있다. 얼굴 사진으로 즐기는 게임 3종류와 음악을 추가할 수도 있다.

포켓 카메라 그린

발매일: 1998년 2월 21일 가격: 5,500엔 모델: MGB-006

『포켓 카메라』의 그린 버전. 게임보이 브로스 그린의 본체와 같은 색상이다.

포켓 카메라 옐로

발매일: 1998년 2월 21일 가격: 5,500엔 모델: MGB-006

『포켓 카메라』의 옐로 버전. 게임보이 브로스 옐로의 본체와 같은 색상이다.

포켓 카메라 레드

발매일: 1998년 2월 21일 가격: 5,500엔 모델: MGB-006

『포켓 카메라』의 빨강 버전. 게임보이 브로스 레드의 본체와 같은 색상이다.

포켓 프린터

발매일: 1998년 2월 21일 가격: 5,800엔 모델: MGB-007

게임보이의 영상을 씰에 인쇄하는 프린터. 『포켓 카메라』와 연동하면 자신만의 오리지널 씰을 만들 수 있다. 프린트 씰은 롤 형태의 전용 씰을 쓴다. AA 전지 6개로 구동된다.

포켓 프린터 전용 프린트 씰 화이트

발매일: 1998년 2월 21일 가격: 500엔 모델: MGB-009

롤 형태로 제작된 『포켓 프린터』 전용 감열지. 씰은 흰색인데 세피아(갈색) 색상으로 인쇄된다. 프린트 클럽(프리쿠라)처럼 잘라서 붙일 수 있다.

포켓 프린터 전용 프린트 씰 옐로

발매일: 1998년 2월 21일 가격: 500엔 모델: MGB-009

롤 형태로 제작된 『포켓 프린터』 전용 감열지. 씰은 노란색인데 검정색으로 인쇄된다.

포켓 프린터 전용 프린트 씰 블루

발매일: 1998년 2월 21일 가격: 500엔 모델: MGB-009

롤 형태로 제작된 『포켓 프린터』 전용 감열지. 씰은 파랑색인데 검정색으로 인쇄된다.

게임보이 시리즈 전용 클리닝 키트

발매일: 1998년 가격: 800엔 모델: DMG-08

게임보이 본체와 소프트 등의 팩 단자를 청소하는 키트. 클리닝 팩, 스틱, 클리닝 카드, 와이퍼로 구성되어 있다. 패키지는 초기의 빨강과 게임보이 주변기기 시리즈 공통인 파랑, 2가지가 있다.

게임보이 메모리 팩(카트리지)

발매일: 2000년 3월 1일 가격: 2,500엔 모델: DMG-P-MMSA(JPN)

소프트 다운로드 서비스인 『닌텐도 파워』에 사용되는 공팩. 8M bit의 플래시 메모리를 내장했다. 이미 게임 데이터가 들어가 있는 프리라이트 버전도 있었다.

게임보이 시리즈 전용 AC 어댑터

발매일: 불명 가격: 1,500엔 모델: MGB-005(JPN)

가정용 콘센트로부터 전원을 공급하는 전용 어댑터. 게임보이 포켓, 라이트, 컬러에 사용할 수 있다. 앞서 발매된 게임보이 포켓 전용 AC 어댑터에서 제품명만 변경되었다.

게임보이 시리즈 전용 배터리팩 충전 세트

발매일: 1996년 7월 21일　가격: 3,500엔　모델: MGB-003(JPN)

7~10시간 쓸 수 있는 배터리팩과 충전기 세트. 가정용 콘센트로 충전할 수 있다. 초기 게임보이에는 쓸 수 없으며, 본체에 'GAME BOY Pocket'이라 쓰여 있다.

게임보이 시리즈 전용 충전팩

발매일: 1998년 10월 21일　가격: 1,900엔　모델: MGB-002

초기 게임보이를 제외한 게임보이 포켓, 라이트, 컬러에 쓸 수 있는 배터리팩. 충전기가 있어야 충전이 가능하다. 1년 전에 나온 제품의 디자인을 그대로 썼는지 'GAME BOY Pocket'이라 쓰여 있다.

게임보이 시리즈 전용 변환 커넥터

발매일: 1999년　가격: 800엔　모델: MGB-004

초기형 게임보이를 위한 통신 케이블을 게임보이 포켓, 라이트, 컬러에 연결하기 위한 변환 커넥터. 내용물은 『게임보이 포켓 전용 변환 커넥터』와 같고 'GAME BOY Pocket'이라는 표기도 있다.

게임보이 시리즈 전용 통신 케이블

발매일: 불명　가격: 1,500엔　모델: CGB-003

게임보이 포켓, 라이트, 컬러를 연결할 수 있는 통신 케이블. 대응 소프트로 통신 플레이를 할 수 있다. 초기 게임보이와는 연결할 수 없다.

모바일 어댑터 GB 디지털 휴대전화 PDC 전용

발매일: 2001년 1월 27일　가격: 5,800엔　모델: CGB-005

게임보이 컬러 대응 소프트와 휴대폰을 연결해서 데이터 통신이 가능해졌다. NTT도코모의 mova에 대응했다. 코나미와 『모바일21』을 설립해서 소프트를 개발했지만 약 2년 만에 서비스가 종료되었다. 『모바일 골프』에도 동봉되었다.

모바일 어댑터 GB CDMA One 전용

발매일: 2001년 1월 27일　가격: 5,800엔　모델: CGB-005

제2·제3 세대 au 휴대폰에서 사용하는 CDMA One 방식용으로 만들어진 『모바일 어댑터GB』이다. au 숍 외의 상점에서는 휴대폰과 세트로 판매되었다고 한다.

모바일 어댑터 GB DDI 포켓 전화기 전용

발매일: 2001년 1월 27일　가격: 5,800엔　모델: CGB-005

DDI 포켓의 PHS에서 쓸 수 있는 『모바일 어댑터GB』이다. 3종류의 본체에는 전용팩 『모바일 트레이너』가 부속되어 있다. 대응 소프트는 총 21개이다.

광고지 갤러리

마리오 크래시의 광고지 / 버철보이 본체의 광고지

테트리스 통신 케이블 세트

발매일: 1989년 6월 14일 가격: 3,800엔

게임보이 소프트 『테트리스』와 통신 케이블을 세트로 구성한 한정품. 단품을 구입하는 것보다 저렴했다.

게임보이 포켓
토이저러스 한정모델 아이스블루

발매일: 1987년 7월 가격: 6,699엔

토이저러스 최초의 게임보이 포켓 한정모델. 게임보이 시리즈 최초의 한정판으로 등장했다. 토이저러스에서만 판매되었다.

게임보이 포켓
토이저러스 한정모델 에메랄드그린

발매일: 1998년 12월 가격: 3,799엔

토이저러스 한정으로 판매된 게임보이 포켓의 한정 색상. 버튼이 빨간색이다.

게임보이 포켓
ANA 한정모델 스켈레톤 블루

발매일: 1997년 가격: 비매품

1997년에 있었던 「ANA 마일리지 클럽 등록 150만 감사 캠페인」의 경품. 본체 아래에 ANA 로고가 프린트되어 있다.

게임보이 포켓
프리쿠라 포켓 아틀라스 버전 펄 블루

발매일: 1997년 10월 가격: 비매품

아틀라스의 판촉용 오리지널 색상. 게임보이 소프트 『프리쿠라 포켓』 발매와 주식 상장을 기념하여 각종 캠페인 경품으로 배포되었다. 무지 패키지에 들어 있는 본체의 액정 베젤에는 'PRI-CLA POCKET ATLUS'라고 쓰여 있다.

게임보이 포켓
빛나는 GAMEBOY pocket 에메랄드그린

발매일: 1997년 8월 25일 가격: 비매품

닌텐도64 『멀티 레이싱 챔피언십』(이머지니어)의 타임 트라이얼 캠페인 경품. 에메랄드그린 색상의 본체에는 야광 도료가 사용되어 어두운 곳에 가면 빛이 난다.

게임보이 포켓
세이부 라이온즈 블루

발매일: 1997년   가격: 6,800엔

세이부 라이온즈 기념품 매장과 세이부 백화점에서만 판매되었던 오리지널 게임보이 포켓. 본체에는 세이부 라이온즈의 로고가 프린트되어 있다. 오리지널 파우치도 포함되어 있다.

게임보이 포켓 헬로키티 핑크

발매일: 불명   가격: 6,800엔

키티가 프린트되어 있는 핑크색 게임보이 포켓. 본체 사양은 게임보이 소프트 『산리오 점괘 파티』와 같다.

게임보이 포켓
글리코 한정모델 클리어

발매일: 1997년   가격: 비매품

글리코 아이스의 경품. 응모엽서를 보내면 추첨을 통해 증정되었다. 패키지도 본체도 토이저러스 한정모델인 『게임보이 포켓 클리어』와 같다.

게임보이 포켓
헬로키티 산리오 점괘 파티 핑크

발매일: 1997년 12월 5일   가격: 9,800엔

게임보이 소프트 『산리오 점괘 파티』와 특별사양의 게임보이 포켓이 동봉된 한정품. 핑크색 본체에는 키티 일러스트가 프린트되어 있다.

게임보이 포켓
토이저러스 한정모델 클리어

발매일: 1997년 12월   가격: 6,699엔

토이저러스 한정으로 판매된 게임보이 포켓의 한정 색상.

게임보이 포켓 게임에서 발견!!
다마고치 핑크한 TAMAGOTCH 세트 핑크

발매일: 1997년 7월 11일   가격: 9,800엔

게임보이 소프트 『게임에서 발견!! 다마고치』(반다이)와 『게임보이 포켓 핑크』가 세트로 구성된 한정품. 특제 씰과 다마고치 앨범이 포함되었다.

게임보이 포켓 패미통 한정
MODEL-F 스켈레톤

발매일: 1997년 6월 가격: 7,000엔

종합 게임 잡지 『주간 패미통』의 통신판매를 통해 판매된 게임보이 포켓의
한정모델. 본체 하단의 베젤에 모델명이 프린트되어 있다.

게임보이 라이트 패미통 한정모델
MODEL-F02 이벤트 버전 스켈레톤

발매일: 1998년 7월 25일 가격: 6,800엔

종합 게임 잡지 『주간 패미통』 창간 500호 기념 이벤트 현장에서 판매된 게
임보이 라이트의 한정판. 시리얼 넘버가 들어간 5,000개 한정품이다. 본체
하단의 베젤에는 모델명이 프린트되어 있고 패키지는 블리스터 팩이다.

게임보이 라이트
테츠카 오사무 월드숍 오픈 기념 버전

발매일: 1998년 7월 12일 가격: 7,500엔

테츠카 오사무 월드숍에서 판매된 게임보이 라이트의 기념 버전. 클리어 레
드의 본체에는 테츠카의 캐릭터가 프린트되어 있다.

게임보이 라이트 포켓몬 극장판
애니메이션화 기념 버전 피카츄 옐로

발매일: 1998년 4월 25일 가격: 6,980엔

극장판 애니메이션화 기념으로 만들어진 포켓몬센터 한정의 게임보이 라이트.
피카츄 옐로의 본체에는 피카츄 일러스트가 그려져 있고, 피카츄의 볼 가운데에
전원 램프를 위치시킨 디자인이 매우 절묘하다. 오리지널 파우치가 포함되었다.

게임보이 라이트 패미통 한정모델
MODEL-F02 통신판매 버전 스켈레톤

발매일: 1998년 11월 가격: 6,800엔

종합 게임 잡지 『주간 패미통』에서 통신판매를 통해 판매된 게임보이 라이
트의 한정모델이다. 이벤트에서 판매된 블리스터팩 버전과는 패키지가 다
르다.

게임보이 라이트
테츠카 오사무 월드숍 ASTRO BOY 스페셜

발매일: 1998년 9월 29일 가격: 7,500엔

테츠카 오사무 월드숍에서 판매된 게임보이 라이트의 기념 버전 제2탄. 클
리어 본체에는 철완아톰의 얼굴이 프린트되어 있다.

게임보이 라이트
토이저러스 한정모델 클리어 옐로
발매일: 1998년 9월 27일   가격: 6,800엔

토이저러스 한정으로 발매된 게임보이 라이트의 한정 색상.

게임보이 컬러
파나소닉 알카라인 모델
발매일: 1999년 2월   가격: 비매품

파나소닉의 건전지 『알카라인』의 판촉 캠페인 상품. 추첨으로 1,500명에게 증정되었다. 순정으로 발매된 바이올렛 색상에 『알카라인』 로고가 프린트되어 있다.

게임보이 컬러
카드 캡터 사쿠라 버전
발매일: 1999년 3월 24일   가격: 7,280엔

인기 애니메이션 『카드 캡터 사쿠라』 사양의 게임보이 컬러로 이토요카도 백화점 한정으로 판매되었다. 화이트와 핑크의 투톤 컬러가 입혀진 본체에 사쿠라의 일러스트가 그려져 있다.

게임보이 컬러
헬로키티 스페셜 박스
발매일: 1998년 12월 11일   가격: 11,260엔

게임보이 전용 소프트 『페어리 키티의 개운사전 ~요정 나라의 점술 수행 ~』(이머지니어)와 특별사양의 게임보이 컬러 본체가 동봉된 한정판. 핑크색 본체에는 키티와 로고가 프린트되어 있다.

게임보이 컬러
포켓몬 3주년 기념 버전
발매일: 1999년 2월 20일   가격: 8,900엔

포켓몬스터 3주년을 기념해서 만들어진 게임보이 컬러의 한정품. 오렌지와 블루의 투톤 색상인 본체에는 포켓몬과 로고가 프린트되어 있다. 코로코로 코믹 등에서도 구입할 수 있었다.

게임보이 컬러
쟈스코 창업 30주년 기념 모델 클리어
발매일: 1999년 4월 29일   가격: 6,480엔

현재는 이온(AEON)이라는 회사로 영업 중인 쟈스코의 창업 30주년을 기념하여 만들어진 오리지널 마리오 버전의 게임보이 컬러. 베젤에 마리오가 프린트되어 있으며 쟈스코 한정으로 5,000대가 판매되었다.

게임보이 컬러
ANA 한정 스켈레톤 블루

발매일: 1999년 5월 가격: 비매품

1999년 2~4월에 개최된 ANA의 「국제선 캠페인」에서 증정된 경품. 베젤 상단에 ANA의 로고가 프린트되어 있다.

게임보이 컬러
쟈스코 한정 30주년 기념 모델 클리어 퍼플

발매일: 1999년 8월 12일 가격: 6,480엔

쟈스코의 창업 30주년을 기념하여 만들어진 오리지널 마리오 버전의 게임보이 컬러 제2탄. 쟈스코 한정 5,000대 판매 후 지속적인 판매 요청에 따라 5,000대가 추가되었다. 베젤 하단에 마리오가 프린트되어 있다.

게임보이 컬러
포켓몬 골드 · 실버 발매 기념 버전 반짝반짝 펄

발매일: 1999년 11월 21일 가격: 6,800엔

포켓몬센터 한정으로 판매된 특별사양의 게임보이 컬러. 고급감 넘치는 펄 화이트의 본체 베젤에는 포켓몬이 프린트되어 있다. 게임보이 컬러 대응 게임인 「포켓몬스터 골드/실버」의 발매 기념으로 제작되었다.

게임보이 컬러
토이저러스 한정 모델 아이스 블루

발매일: 1999년 7월 가격: 6,499엔

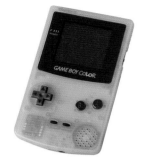

토이저러스 한정으로 판매된 게임보이 컬러의 한정 색상.

게임보이 컬러
다이에 한정 버전 클리어 오렌지 & 클리어 블랙

발매일: 1999년 9월 26일 가격: 6,780엔

1999년 일본 프로야구 퍼시픽리그 팀인 다이에 호크스의 일본 시리즈 우승을 기념하여 만들어진 게임보이 컬러의 한정 색상. 클리어 오렌지와 클리어 블랙의 투톤으로 제작되었다.

게임보이 컬러
로손 한정 버전 아쿠아 블루 & 밀키 화이트

발매일: 1999년 12월 17일 가격: 6,800엔

로손 한정으로 판매된 게임보이 컬러의 한정 색상. 아쿠아 블루와 밀키 화이트의 투톤 색상으로 제작되었다.

게임보이 컬러
토이저러스 한정모델 미드나이트 블루
발매일: 1999년 11월 10일 가격: 6,499엔

토이저러스 한정으로 판매된 게임보이 컬러의 한정 색상.

게임보이 컬러
사쿠라 대전GB 기념 버전 클리어 체리핑크
발매일: 2000년 7월 28일 가격: 12,600엔

특별사양의 게임보이 컬러 본체와 게임보이 컬러 전용 소프트 『사쿠라 대전GB 격·하나구미 입대!』가 동봉된 한정판. 본체의 베젤 주변에는 벚꽃 모양이 프린트되어 있다.

게임보이 컬러
토이저러스 한정모델 클리어 그린
발매일: 2000년 11월 2일 가격: 6,499엔

토이저러스 한정으로 판매된 게임보이 컬러의 한정 색상.

게임보이 컬러
헬로키티 스페셜 박스2 핑크
발매일: 2000년 7월 19일 가격: 11,260엔

특별사양의 게임보이 컬러 본체와 게임보이 컬러 전용 소프트 『헬로키티의 스위트 어드벤처 〜다니엘군과 만나고 싶어〜』(이머지니어)가 동봉된 한정판. 본체에는 키티가 프린트되어 있다.

게임보이 컬러
TSUTAYA 한정모델 워터 블루
발매일: 2000년 8월 5일 가격: 6,800엔

TSUTAYA(츠타야) 한정으로 판매된 게임보이 컬러의 한정 색상. 투명한 하늘색에 노란색 버튼이 특징이다.

게임보이 컬러
에이덴 한정 클리어 블랙
발매일: 2000년 12월 16일 가격: 6,800엔

아이치, 기후, 미에, 시즈오카 현을 기반으로 하는 가전 양판 체인점 「에이덴」에서 한정 판매된 게임보이 컬러의 한정 색상. 수량은 10,000대.

게임보이 컬러
도라에몽 극장판 애니메이션 20주년 기념 모델
발매일: 1999년 3월 가격: 비매품

『월간 코로코로 코믹 1999년 2월호』에서 추첨으로 100대가 증정된 비매품. 본체에는 도라에몽의 일러스트와 극장판 애니메이션 20주년 기념 로고가 프린트되어 있다.

게임보이 컬러
도라에몽 탄생 30주년 기념 모델
발매일: 2000년 6월 가격: 비매품

『월간 코로코로 코믹』 2000년 4월호에서 추첨으로 100대, 『학년각지』 2000년 4월호에서 추첨으로 110대가 증정되었다. 본체에는 도라에몽의 일러스트와 'DORAEMON2000' 로고가 프린트되어 있다.

포켓 프린터
피카츄 옐로
발매일: 1998년 9월 12일 가격: 5,800엔

게임보이용 주변기기인 『포켓 프린터』의 한정모델. 본체에는 피카츄가 프린트되어 있고, 통상판과 같이 게임보이 소프트 『포켓몬스터 피카츄 골드/실버』와 『포켓몬 카드GB』에도 대응하고 있다.

게임보이 컬러
게임보이 발매 10주년 기념 버전
발매일: 1999년 10월 27일 가격: 비매품

『월간 코로코로 코믹』의 포켓몬 골드/실버 선물 캠페인에서 추첨으로 200대가 증정되었다. 뒷면은 아이보리인 투톤 컬러. 닌텐도64용 소프트 『배스 낚시 No.1 결정판』 대회의 우승자에게도 증정되었다.

카드 히어로
배틀러 키트7(로손 한정판)
발매일: 2000년 2월 21일 가격: 5,000엔

게임보이 소프트 『카드 히어로』와 오리지널 파우치, 통신 케이블 수납 포켓, 배틀러 수첩, 볼펜, 회원 배지, 도전장, 스티커의 7가지 상품을 수록한 한정판. 로손에서만 판매되었다.

포켓 카메라
포켓 프린터 스페셜 세트
발매일: 2000년 1월 가격: 불명

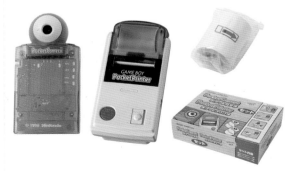

게임보이 주변기기 『포켓 카메라』, 『포켓 프린터』, 『포켓 프린터 전용 프린트 씰』의 세트.

닌텐도 초기 소프트의 재판매 패키지

패미컴 초기에 나온 닌텐도 소프트의 패키지는 팩 사이즈와 같았다. 1984년 10월 발매된 『데빌 월드』부터 조금 커지는데, 그에 맞추어 이전에 발매되었던 패키지 사이즈와 디자인도 바뀌었다. 가격은 3,800엔에서 4,500엔으로 인상되었고 팩 라벨에는 대부분 일러스트가 그려졌지만 예전 스타일도 존재했다. 통칭 '은곽'이라 불리는 이 패키지는 초기

타입과 같이 유통되었기에 물량이 적다. 전체 16개의 초기 타이틀이 은곽으로 나왔고, 그중에서도 『와일드 건맨』, 『동키콩 주니어의 산수 놀이』, 『뽀빠이의 영어 놀이』, 『동키콩3』는 생산량이 얼마 되지 않는다. 은곽이 발매된 시기에 나온 『데빌 월드』는 팩 라벨의 일러스트가 있음/없음의 2가지 버전이 있다.

『동키콩』

『동키콩 JR.』

『뽀빠이』

『오목 연주』

『마작』

『마리오 브라더스』

『뽀빠이의 영어 놀이』

『베이스볼』

『동키콩 JR.의 산수 놀이』

『테니스』

『핀볼』

『와일드 건맨』

『덕 헌트(오리 사냥)』

『골프』

『호건즈 앨리』

『동키콩3』

『데빌 월드』

슈퍼
패미컴 편

NINTENDO
COMPLETE
GUIDE

그래픽과 사운드,
그 진화에 감동하지 않은 자 아무도 없었다!

패미컴으로부터 극적인 진화를 이룬, 그야말로 'Super'한 게임기. 강력한
성능에 모두가 충격을 받았다.

슈퍼 패미컴(한국명: 슈퍼 컴보이)

발매일 / 1990년 11월 21일 가격 / 25,000엔 ※한국판: 1992년 11월 25일

16비트 게임기의 왕자

가정용 게임기 시장에서 대히트를 기록한 패미컴의 후속 기기. 16비트 기기의 교과서로서 그래픽과 사운드 등 모든 면에서 진화했다. 확대 · 축소 · 회전 · 다중 스크롤 기능 등으로 게임의 표현력이 올라갔고, 보다 리얼해진 사운드에 게이머들은 열광했다. 컨트롤러의 윗면에 L · R 버튼이 추가되었는데 이것이 모든 게임기의 표준이 되었다. 롬팩 대용량화에 따라 소프트의 가격은 1만 엔의 벽을 뚫었지만, 인기작의 속편 발매와 충실한 서드파티의 소프트 덕분에 대히트를 기록한다. 타사의 32비트 게임기가 나오고 나서도 위성 데이터 방송 서비스인 『사테라뷰』 등 획기적인 시도를 했다. 1997년에는『닌텐도 파워』라는 롬팩의 다운로드 구매 서비스를 시작했다. 판매량은 일본에서 1717만 대, 전 세계에서 4910만 대. 대응 소프트는 1,400개 이상.

스펙

■CPU/리코 5A22(65C816기반. 최대 3.58MHz) ■메모리/메인 메모리 128k byte, 비디오 메모리 64k byte, 사운드 메모리 64k byte ■그래픽/그래픽 칩 'S-PPU'x2 32,768색 중 256색 동시 발색, 해상도 288x224/512x224(오버스캔), 스프라이트 표시 1화면 동시 128개 표시, 스프라이트 표시 사이즈/64x64 ■사운드/커스텀LSI 'S-SMP', 스테레오 PCM 음원 8채널, 노이즈 1채널, 디지털 에코 기능

슈퍼 패미컴 주니어

발매일 / 1998년 3월 27일 가격 / 7,800엔

슈퍼 패미컴의 염가판. 슈퍼 패미컴의 외부 출력에서 S-VIDEO와 RGB 출력 기능을 삭제하고 본체를 소형화해서 동봉된 컨트롤러를 1개로 줄이는 등 원가를 절감했다. RF 출력과 탈거 버튼도 없어졌다. 물량은 얼마 되지 않았다.

슈퍼 패미컴 박스

발매일 / 1993년 가격 / 불명

호텔과 여관 등에 설치된 아케이드용 슈퍼 패미컴. 본체 안에 최대 5개의 소프트를 내장할 수 있고(그중 교환 가능한 것은 2개까지) 코인을 넣으면 일정 시간 플레이할 수 있었다. 화면 메뉴에서 소프트를 선택하고 데모 화면을 재생했다.

닌텐도 클래식 미니 슈퍼 패미컴

발매일 / 2017년 10월 5일 가격 / 7,980엔

손바닥 사이즈의 슈퍼 패미컴. 스타폭스2를 포함한 소프트 21개를 수록했다. HDMI 단자로 HDTV에 연결하며 강제 세이브와 되돌리기 기능이 있다. 컨트롤러까지 작아진 패미컴 미니와 달리 컨트롤러 사이즈는 오리지널과 같았다.

슈퍼 패미컴 주니어의 광고지

슈퍼 패미컴의 광고지

위성방송 어댑터 사테라뷰

발매일 / 1995년 4월 초 가격 / 18,000엔

우주에서 새로운 게임이 내려온다!

닌텐도와 BS 라디오 방송국 「센트 기가」가 제휴한 슈퍼 패미컴용 위성 데이터 방송 서비스, 기간은 1995년 4월 23일부터 2000년 6월 30일까지. 「슈퍼 패미컴 아워」(위성 데이터 방송)를 통해 BS 오리지널 게임과 체험판 배포, 라디오 음성 연동 게임 등을 플레이할 수 있었다. 마이 캐릭터를 조작해 마을 사람들과 이야기를 나누고 건물에 들어가 서비스를 받는 참신한 내용이었다. 본체는 1995년 2월경에 통신판매가 시작되었고, 1995년 11월 이후에는 일부 점포에서도 판매되었다. 체험판과 오리지널 게임을 무료로 플레이할 수 있다는 점이 매력이었지만 데이터 수신에는 BS 안테나, BS 튜너 등이 필요했기 때문에 체험한 플레이어는 적었다고 한다.

사테라뷰 배포 리스트

No	타이틀	수신 기간
1	와리오의 숲 폭소 버전	1995년 4월 23일
2	와리오의 숲 재방송	1997년 10월 1일
3	사테라 Q	1995년 8월 4일경
4	BS 젤다의 전설 제1화	1995년 8월 6일
5	BS 젤다의 전설 제2화	1995년 8월 13일
6	BS 젤다의 전설 제3화	1995년 8월 20일
7	BS 젤다의 전설 제4화	1995년 8월 27일
8	BS 젤다의 전설 MAP2 제1화	1995년 12월 30일 ~ 31일
9	BS 젤다의 전설 MAP2 제2화	1996년 1월 1일 ~ 2일
10	BS 젤다의 전설 MAP2 제3화	1996년 1월 3일 ~ 4일
11	BS 젤다의 전설 MAP2 제4화	1996년 1월 5일 ~6일
12	와글와글Q 가을의 대감사제! & 봄의 채점	1995년 11월 1일
13	BS 마벨러스 타임 애슬레틱 코스1	1996년 1월 7일 ~ 10일
14	BS 마벨러스 타임 애슬레틱 코스2	1996년 1월 14일 ~ 17일
15	BS 마벨러스 타임 애슬레틱 코스3	1996년 1월 21일 ~ 24일
16	BS 마벨러스 타임 애슬레틱 코스4	1996년 1월 28일 ~ 31일
17	BS 마벨러스 캠프 아놀드 코스1	1996년 11월 3일 ~ 8일
18	BS 마벨러스 캠프 아놀드 코스2	1996년 11월 10일 ~ 15일
19	BS 마벨러스 캠프 아놀드 코스3	1996년 11월 17일 ~ 22일
20	BS 마벨러스 캠프 아놀드 코스4	1996년 11월 24일 ~ 29일
21	BS 슈퍼마리오 USA 파워 챌린지 제1회 「우리들, 슈퍼 캐서린즈」의 권	1996년 3월 31일 ~ 4월 5일
22	BS 슈퍼마리오 USA 파워 챌린지 제2회 「가부초도 놀라는 유사의 비밀」의 권	1996년 4월 7일 ~ 12일
23	BS 슈퍼마리오 USA 파워 챌린지 제3회 「얼음 바다에서 히보보」의 권	1996년 4월 14일 ~ 19일
24	BS 슈퍼마리오 USA 파워 챌린지 제4회 「마무의 함정, 위험한 마리오 브라더스」의 권	1996년 4월 21일 ~ 26일
25	BS 심시티 거리 만들기 대회 시나리오1	1996년 8월 4일 ~ 9일
26	BS 심시티 거리 만들기 대회 시나리오2	1996년 8월 11일 ~ 16일
27	BS 심시티 거리 만들기 대회 시나리오3	1996년 8월 18일 ~ 23일
28	BS 심시티 거리 만들기 대회 시나리오4	1996년 8월 25일 ~ 30일
29	제1회 사테라뷰 배 데비스탈리온96 닌텐도 브라더스 컵 전국마권 왕자결승전 사테라스프린트 스테이크스	1996년 9월 1일
30	제2회 사테라뷰 배 데비스탈리온96 닌텐도 브라더스 컵 전국마권 왕자결승전 사테라 대비	1996년 9월 8일
31	제3회 사테라뷰 배 데비스탈리온96 닌텐도 브라더스 컵 전국마권 왕자결승전 샤루드 기념	1996년 9월 15일

사테라뷰 8M 메모리팩

발매일 / 1995년 7월 가격 / 5,000엔

사테라뷰 전용 플래시 메모리. 수신한 데이터를 저장할 수 있다. 다운로드 된 소프트의 용량이 2M bit, 4M bit 이상인 경우가 많아 순식간에 용량이 가득 찼다. 음성 연동 게임은 저장할 수 없다.

사테라뷰의 타이틀 화면. 「이름을 도둑맞은 거리」라는 RPG풍의 이야기를 플레이할 수 있다.

사테라뷰의 마스코트 캐릭터인 사테보, 파라보라는 캐릭터도 존재한다.

No	타이틀	수신 기간
32	제4회 사테라뷰 배 더비스탈리온97 닌텐도 브리더즈 컵 전국마권 왕자결승전 이크노딕터스 기념	1996년 09월 22일
33	BS 신 오니가시마 제1화	1996년 9월 29일 ~ 4일
34	BS 신 오니가시마 제2화	1996년 10월 6일 ~ 11일
35	BS 신 오니가시마 제3화	1996년 10월 13일 ~ 18일
36	BS 신 오니가시마 제4화	1996년 10월 20일 ~ 25일
37	요시의 파네퐁 BS판	1996년 11월 3일
38	스페셜 티샷	1996년 12월 1일
39	커비의 장난감 상자 파친코	1996년 2월 1일
40	커비의 장난감 상자 핀볼	1996년 2월 1일
41	커비의 장난감 상자 베이스볼	1996년 2월 1일
42	커비의 장난감 상자 별 깨기	1996년 2월 1일
43	BS F-ZERO 그랑프리 제1주 NIGHT LEAGUE	1996년 12월 29일 ~ 1997년 1월 3일
44	BS F-ZERO 그랑프리 제2주 QUEEN LEAGUE	1997년 1월 5일 ~ 10일
45	BS F-ZERO 그랑프리 제3주 KING LEAGUE	1997년 1월 12일 ~ 17일
46	BS F-ZERO 그랑프리 제4주 ACE LEAGUE	1997년 1월 19일 ~ 24일
47	BS F-ZERO 그랑프리2 제1주	1997년 8월 10일 ~ 16일
48	BS F-ZERO 그랑프리2 제2주	1997년 8월 17일 ~ 23일
49	BS 탐정 클럽 ~눈에 사라진 과거~ 전편	1997년 2월 9일 ~ 14일
50	BS 탐정 클럽 ~눈에 사라진 과거~ 중편	1997년 2월 16일 ~ 21일
51	BS 탐정 클럽 ~눈에 사라진 과거~ 후편	1997년 2월 23일 ~ 28일
52	BS 젤다의 전설 ~고대의 석판 제1화	1997년 3월 30일 ~ 5일
53	BS 젤다의 전설 ~고대의 석판 제2화	1997년 4월 6일 ~ 12일
54	BS 젤다의 전설 ~고대의 석판 제3화	1997년 4월 13일 ~ 19일
55	BS 젤다의 전설 ~고대의 석판 제4화	1997년 4월 20일 ~ 26일
56	닥터 마리오 BS판	1997년 3월 30일
57	니치부츠 마작	1997년 4월 27일
58	익사이트 바이크 붕붕 마리오 배틀 스타디움1	1997년 5월 11일 ~ 17일
59	익사이트 바이크 붕붕 마리오 배틀 스타디움2	1997년 5월 18일 ~ 24일
60	익사이트 바이크 붕붕 마리오 배틀 스타디움3	1997년 11월 2일 ~ 8일
61	익사이트 바이크 붕붕 마리오 배틀 스타디움4	1997년 11월 9일 ~ 15일
62	배스 낚시 No.1 봄의 전국 토너먼트 결승	1997년 5월 25일 ~ 31일
63	BS F-ZERO2 프랙티스	1997년 6월 1일
64	R의 서재 제1주	1997년 6월 1일 ~ 7일
65	R의 서재 제2주	1997년 6월 8일 ~ 14일
66	R의 서재 제2막 제1주	1997년 11월 30일 ~ 12월 6일
67	R의 서재 제2막 제2주	1997년 12월 7일 ~ 13일
68	폭소문제의 돌격 스타 파이러츠 제1회	1997년 6월 22일 ~ 28일
69	폭소문제의 돌격 스타 파이러츠 제2회	1997년 7월 27일 ~ 8월 2일
70	폭소문제의 돌격 스타 파이러츠 제3회	1997년 8월 31일 ~ 9월 6일
71	폭소문제의 돌격 스타 파이러츠 제4회	1997년 9월 21일 ~ 27일
72	켄짱과 지혜 놀이	1997년 7월 13일 ~ 19일
73	옷짱과 지혜 놀이	1997년 12월 14일 ~ 20일
74	배스 낚시 No.1 여름의 프랙티스	1997년 7월 20일 ~ 26일
75	마리오 페인트 BS판	1997년 8월 3일
76	배스 낚시 No.1 여름의 전국 토너먼트 with 사운드 저널(컨트리 록 편)	1997년 8월 24일 ~ 26일
77	배스 낚시 No.1 여름의 전국 토너먼트 with 사운드 저널(보사노바 편)	1997년 8월 27일 ~ 29일
78	배스 낚시 No.1 가을의 전국 토너먼트 with 사운드 저널(AOR 편)	1997년 11월 23일 ~ 25일
79	배스 낚시 No.1 가을의 전국 토너먼트 with 사운드 저널(J-POP 편)	1997년 11월 26일 ~ 28일
80	어린이 탐정단 Mighty Pockets 조사1 정크 가게 블랙의 집	1997년 9월 7일 ~ 13일
81	어린이 탐정단 Mighty Pockets 조사2 범죄 도시 빅앙포	1997년 9월 14일 ~ 20일
82	어린이 탐정단 Mighty Pockets 조사3 여객선 퀸 파토라의 의문	1998년 3월 22일 ~ 28일
83	BS 파이어 엠블렘 아카네이아 전기 제1화 「파레스 함락」	1997년 9월 28일 ~ 10월 4일
84	BS 파이어 엠블렘 아카네이아 전기 제2화 「붉은 용기사」	1997년 10월 5일 ~ 11일
85	BS 파이어 엠블렘 아카네이아 전기 제3화 「정의의 도적단」	1997년 10월 12일 ~ 18일
86	BS 파이어 엠블렘 아카네이아 전기 제4화 「시작할 때」	1997년 10월 19일 ~ 25일
87	스테핫군 이벤트 버전	1997년 11월 24일 ~ 29일
88	스테핫군 BS버전2	1998년 10월 4일
89	스테핫군 98 겨울 이벤트 버전	1998년 12월 20일 ~ 1999년 1월 16일
90	사테라de 피크로스	1997년 11월 30일
91	BS 슈퍼마리오 컬렉션 제1주	1997년 12월 28일 ~ 1999년 1월 3일
92	BS 슈퍼마리오 컬렉션 제2주	1998년 1월 4일 ~ 10일
93	BS 슈퍼마리오 컬렉션 제3주	1998년 1월 11일 ~ 17일
94	BS 슈퍼마리오 컬렉션 제4주	1998년 1월 18일 ~ 24일
95	닌텐도 브리더즈 컵 전국마권 왕자 결정전2 재미난 말 이름 S	1998년 1월 25일
96	닌텐도 브리더즈 컵 전국마권 왕자 결정전2 사테라 마일 예선1	1998년 1월 26일
97	닌텐도 브리더즈 컵 전국마권 왕자 결정전2 사테라 마일 예선2	1998년 1월 27일
98	닌텐도 브리더즈 컵 전국마권 왕자 결정전2 사테라 마일 준결승·결승	1998년 1월 28일
99	닌텐도 브리더즈 컵 전국마권 왕자 결정전2 사테라 기념 예선1	1998년 1월 29일
100	닌텐도 브리더즈 컵 전국마권 왕자 결정전2 사테라 기념 예선2	1998년 1월 30일
101	닌텐도 브리더즈 컵 전국마권 왕자 결정전2 사테라 기념 준결승·결승	1998년 1월 31일
102	패널로 퐁 이벤트 98	1997년 12월 28일 ~ 1999년 1월 31일
103	슈퍼 패미컴 위즈 BS 버전	1998년 3월 1일 ~ 28일

위성 데이터 방송에 의해 전국의 유저들이 같은 시 주민과의 대화 내용이 갱 간에 플레이할 수 있었던 신되었다. 음성 연동 방송.

BS 젤다의 전설

요시의 파네퐁 BS 버전

BS 와리오의 숲 다시

스테핫군 BS 버전

BS 탐정 클럽

직소 키즈   스크롤 핀업 길

타모리의 피크로스   와리오의 숲 폭소 버전

슈퍼마리오 월드

발매일 / 1990년 11월 21일 가격 / 8,000엔

마리오의 든든한 파트너인 요시가 여기서 데뷔!

슈퍼 패미컴과 동시 발매된 시리즈 제4탄(종이 패키지 앞면과 팩의 라벨에도 기재). 새로운 캐릭터인 요시가 데뷔했고, 마리오는 스핀 점프와 일정 시간 날아다니는 망토 등에 의한 새로운 액션이 추가 되었다. 월드 맵에는 7가지 지역과 스타로드라고 불리는 숨겨진 코스도 있다. 바위와 귀신의 집 등 다양한 스테이지 외에도 열쇠구멍으로 열리는 분기 루트와 고난이도인 스페셜 존 등 파고들기 요소가 많다. 최종전인 쿠파전에 등장하는, 슈퍼 패미컴의 확대·축소 기능을 활용한 연출에 모두가 충격을 받았다. 일본에서 355만 개를 판매하는 대히트를 기록했다.

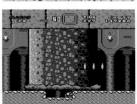

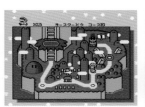
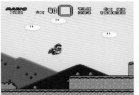

젤다의 전설 신들의 트라이포스

발매일 / 1991년 11월 21일 가격 / 8,000엔

시리즈 제3탄. 2개의 세계를 오가면서 퍼즐 풀기에 도전한다. 그래픽과 배경음악이 대폭 향상되었고, 마스터 소드(Master Sword)와 빈병 등 이후 시리즈에 단골로 등장하는 아이템이 처음 나온다. 고저 차를 이용한 퍼즐 풀기와 회전 베기, 잡아당기기 등 다채로운 액션도 매력적이다. 2D 젤다의 최고 걸작으로 평가받으며 시리즈의 기초를 닦았다.

슈퍼마리오 카트

발매일 / 1992년 8월 27일 가격 / 8,900엔

마리오 시리즈의 캐릭터들이 나오는 레이싱 게임. 아이템으로 상대방을 방해할 수 있다는 점이 큰 매력으로, 잘만 활용하면 초보자도 역전할 수 있다는 것이 획기적이었다. 원하는 곳에서 깃털 아이템으로 대 점프를 하거나 지름길을 찾을 수도 있다. 2인 대전을 포함해 4가지 모드를 플레이할 수 있다. 일본에서는 슈퍼 패미컴 소프트 최다 판매량 382만 개를 기록했다.

F-ZERO

발매일 / 1990년 11월 21일 가격 / 7,000엔

슈퍼 패미컴의 확대·축소·회전 기능을 살린 3D 레이싱 게임. 지금까지 없었던 속도감과 다이나믹한 연출이 유저에게 충격을 주었다. 많은 이들이 타임 어택에 매달렸으며 배경음악의 평이 좋다.

파일럿 윙스

발매일 / 1990년 12월 21일 가격 / 8,000엔

스카이다이빙과 행글라이더 등 4종류의 플라이트 시뮬레이션을 플레이할 수 있다. 교관의 지시대로 조종하여 라이선스를 획득한다. 보너스 스테이지와 비밀 지령 등의 무모한 슈팅도 존재한다.

심시티

발매일 / 1991년 4월 26일 가격 / 8,000엔

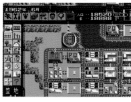 

PC의 시뮬레이션 게임을 닌텐도가 플레이하기 쉽게 어레인지 이식했다. 플레이어는 시장이 되어 마을을 발전시키고 주택과 도로, 공장을 세워 재해와 사회 문제를 해결해 나간다. 인구 50만 명을 돌파하면 마리오 상을 세울 수 있다.

마리오 페인트(마우스 동봉판)

발매일 / 1992년 7월 14일 가격 / 9,800엔

 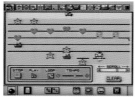

슈퍼 패미컴의 마우스 전용 그림 그리기 소프트. 그린 그림을 애니메이션화 하거나 작곡도 할 수 있다. 파리 잡기 등 미니게임도 수록되어 있으며, 타이틀 화면에서 마리오가 반응하는 등 숨겨진 요소도 있다.

스타폭스

발매일 / 1993년 2월 21일 가격 / 9,800엔

 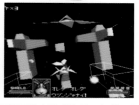

슈퍼 fx칩을 사용한 슈퍼 패미컴 최초의 폴리곤 슈팅 게임. 폭스가 타는 전투기를 조종해서 동료의 엄호를 받으며 적을 물리친다. 조작이 살짝 어렵지만 3D 공간에서의 전투가 신선했다.

슈퍼 스코프6
(슈퍼 스코프 동봉)

발매일 / 1993년 6월 21일 가격 / 9,800엔

슈퍼 스코프 시리즈 제1탄. 블록에 탄을 맞추어 퍼즐을 푸는 액션 「브라스 트리스」와 적기를 맞추는 슈팅인 「레이저 블레이저」 등 6가지 게임을 수록했다. 바주카 모양의 광선총을 어깨에 메고 플레이한다.

스페이스 바주카

발매일 / 1993년 6월 21일 가격 / 6,500엔

슈퍼 스코프 시리즈 제2탄. 21세기의 황폐한 세계를 무대로 무장 로봇이 일대일로 싸우는 슈팅 게임. 연사와 모아 쏘기를 사용해 파일럿 마이클과 함께 8개의 관문에 도전한다.

슈퍼마리오 컬렉션

발매일 / 1993년 7월 14일 가격 / 9,800엔

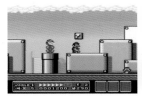 

슈퍼마리오 『1』 『2』 『3』 『USA』 4개 게임의 리메이크 및 합본판. 그래픽과 사운드는 슈퍼 패미컴에 맞게 강화되었고 월드 단위의 세이브 기능이 추가되었다. 『3』에서는 2인용이었던 「마리오 브라더스」의 단독 플레이가 가능하다.

요시의 로드 헌팅

발매일 / 1993년 7월 14일 가격 / 6,500엔

슈퍼 스코프 전용 3D 슈팅 게임. 플레이어는 요시를 타고 슈퍼마리오의 적 캐릭터들을 물리쳐 나간다. 코스는 해안과 초원 등 총 12개. 코스 지면에는 점프대와 대시 플레이트 등이 배치되어 있다.

마리오와 와리오

발매일 / 1993년 8월 27일 가격 / 6,800엔

 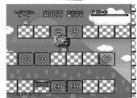

마우스 전용 게임. 요정 완다를 조작해 양동이를 뒤집어쓴 마리오가 떨어지지 않도록 유도하는 퍼즐 게임으로 총 100스테이지가 준비되어 있다. 블록을 만들고 지우고 반전시키는 액션이 참신했다. 마우스 동봉판도 함께 발매되었다.

파이어 엠블렘
문장의 비밀

발매일 / 1994년 1월 21일 가격 / 9,800엔

시리즈 제3탄. 『암흑룡과 빛의 검』의 리메이크 버전과 그 이후를 그린 2부 구성이다. 전작보다 그래픽과 배경음악이 진화했고 「무용수」의 도입 등 시스템 측면의 개량도 이루어져 플레이하기 쉬워졌다.

슈퍼 메트로이드

발매일 / 1994년 3월 19일 가격 / 9,800엔

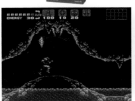 

시리즈 제3탄. 전작에서 괴멸한 우주 해적이 부활하여 다시 혹성 제베스를 무대로 싸운다. 어두운 SF 세계관은 그대로이고 치밀한 그래픽과 배경음악, 연출이 강화되었다. 또한 전체 지도 확인도 가능해졌다.

와일드 트랙스

발매일 / 1994년 6월 4일　가격 / 9,800엔

슈퍼 FX칩을 사용한 3D 폴리곤 레이싱 게임. 5가지 모드를 선택한 후, 5가지 차량으로 3D 공간을 달린다. 동작 프레임 수가 적어서 움직임은 매끄럽지 않지만, 자동차 공학에 기초한 리얼한 조작감을 재현했다.

MOTHER2 기그의 역습

발매일 / 1994년 8월 27일　가격 / 9,800엔

카피라이터 이토이 시게사토가 관여한 시리즈 제2탄. 세계 정복을 노리는 우주인 기그를 물리치기 위해 주인공 소년이 세계의 파워 스팟을 모험한다. 음악이 게임 진행의 힌트가 되기도 한다.

커비 보울

발매일 / 1994년 9월 21일　가격 / 7,900엔

커비를 골프공처럼 쳐서 적에게 맞추는 액션 게임. 10종류의 복사 능력과 스테이지 위의 장애물을 활용하여 규정 샷 이내에 홀인을 목표로 한다. 홀의 타수에 제한이 있으며 총 64홀이 준비되어 있다.

슈퍼 동키콩

발매일 / 1994년 11월 26일　가격 / 9,800엔

동키콩과 디디콩을 조작해 바나나를 모으는 횡스크롤 액션 게임. 당시 최신 기술이던 3D CG 기술을 활용한 그래픽과 부드러운 움직임이 화제가 되어 일본에서 300만 개 이상이 판매되었다. 개발사는 영국의 레어.

슈퍼마리오 요시 아일랜드

발매일 / 1995년 8월 5일　가격 / 9,800엔

아기 마리오를 등에 업은 요시가 알 던지기와 분발 점프로 싸우는 액션 게임. 정감 있는 손그림풍 그래픽과 슈퍼 FX칩에 의한 대형 캐릭터의 매끄러운 움직임이 특징이다. 총 54스테이지 구성이다.

마리오의 슈퍼 피크로스

발매일 / 1995년 9월 14일　가격 / 7,900엔

화면 왼쪽·위쪽의 숫자를 힌트로 숨겨진 그림을 완성하는 퍼즐 게임. 게임을 진행하면 어려운 문제만 모은 「와리오의 슈퍼 피크로스」를 플레이할 수 있다. 2인 협력 플레이에서는 서로가 소거한 칸의 숫자를 표시할 수 있다.

패널로 퐁

발매일 / 1995년 10월 27일 가격 / 5,800엔

인접한 좌우 패널 2개를 맞바꾸어, 3개 이상의 동일 패널을 가로·세로로 모아 지우는 액션 퍼즐 게임. 지워지는 동안에 다른 패널을 조작하면 '액티브 연쇄'가 가능하다. 닌텐도답지 않은 캐릭터에 호불호는 있지만 빠져든 사람도 많다.

슈퍼 동키콩2 딕시 & 디디

발매일 / 1995년 11월 21일 가격 / 9,800엔

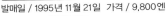

시리즈 제2탄. 납치된 동키콩을 구출하기 위해 디디와 여자 친구 딕시가 모험을 한다는 설정의 액션 게임. 두 명이 협력하는 팀업으로 혼자서는 갈 수 없는 지역에 가거나 아이템을 얻을 수 있다.

슈퍼마리오 RPG

발매일 / 1996년 3월 9일 가격 / 7,500엔

닌텐도·스퀘어가 공동 개발한 시리즈 최초의 RPG. 쿼터뷰 시점의 전투는 커맨드식이며, 타이밍에 맞춰 버튼을 누르면 공격력과 방어력이 올라간다. 개그와 패러디 요소가 많고 미니게임도 있다. 이번 작품에서는 쿠파가 동료로 합류한다.

별의 커비 슈퍼 디럭스

발매일 / 1996년 3월 21일 가격 / 7,500엔

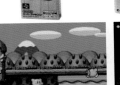

6가지 게임을 수록한 옴니버스 작품. 동료인 헬퍼와 함께 게임을 진행할 수 있고, 시리즈 최초의 2인 협력 플레이도 가능하다. 대전용 서브 게임도 존재한다. 그러나 세이브한 데이터가 소실되는 문제로 트라우마를 겪은 유저들이 많다.

파이어 엠블렘
성전의 계보

발매일 / 1996년 5월 14일 가격 / 7,500엔

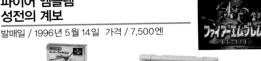

시리즈 제4탄. 전작의 내용에서 결혼 요소가 추가되어 2대에 걸친 이야기를 다루고 있다. 시나리오는 혈육의 연결에 중점을 두었고 캐릭터에 대한 애착도 강하다. 캐릭터의 스킬 시스템과 무기의 가위바위보 속성을 처음 도입했다.

마벨러스
~또 하나의 보물섬~

발매일 / 1996년 10월 26일 가격 / 6,800엔

3명의 소년이 해적이 남긴 보물의 수수께끼를 푸는 액션 어드벤처 게임. 수상한 곳을 상세하게 조사하는 서치 시스템과 셋이서 힘을 모으는 팀워크가 재밌다. 수수께끼 풀기가 절묘해서 숨겨진 명작이라 일컬어진다.

슈퍼 동키콩3 수수께끼의 크레미스 섬

발매일 / 1996년 11월 23일 가격 / 6,800엔

시리즈 제3탄. 딕시와 아기 콩 딩키가 크레미스 섬에서 행방불명된 동키콩과 디디콩을 찾아 나선다. 파트너를 던지는 팀업 성능이 변경되었고, 동료가 되는 동물의 일부가 바뀌었다.

이토이 시게사토의 배스 낚시 No.1

발매일 / 1997년 2월 21일 가격 / 7,800엔

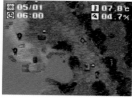

이토이 시게사토가 감수한 닌텐도 유일의 사테라뷰 대응 소프트. 계절과 날씨, 시간에 맞춰 물고기가 있는 곳을 찾아 낚시 방법과 루어를 선택하고 물고기를 유도하는 등 배스 낚시의 재미를 재현했다. 낚시대회와 미니게임도 있다.

헤이세이 신 오니가시마(전편)

발매일 / 1997년 12월 1일 가격 / 3,000엔

※롬팩판
발매일 / 1998년
5월 23일
가격 / 3,800엔

사테라뷰로 방송된 『BS 신 오니가시마』의 리메이크 작품. 함께 오니를 퇴치한 3마리 동물의 과거를 다루는데 전편은 개와 원숭이의 이야기이다. 이후 닌텐도 파워의 다운로드 판매용으로 발매되고 다음해에 롬팩판이 발매되었다.

헤이세이 신 오니가시마(후편)

발매일 / 1997년 12월 1일 가격 / 3,000엔

※롬팩판
발매일 / 1998년
5월 23일
가격 / 3,800엔

꿩과 오니가시마의 결전 스토리를 플레이할 수 있다. 이야기 도중에 울리는 벨소리는 게임의 중요한 힌트. 액션과 퍼즐을 즐기는 미니게임도 있다. 전편 없이도 플레이 가능하며 조건을 만족시키면 패미컴 디스크판도 플레이할 수 있다.

레킹 크루'98

발매일 / 1998년 1월 1일 가격 / 3,000엔

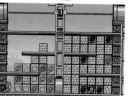

※롬팩판
발매일 / 1998년
5월 23일
가격 / 3,800엔

대전 형식의 낙하형 액션 퍼즐 게임. 패널을 이동·파괴하면서 같은 색 패널을 3개 이상 이어서 지운다. 라인이 가득 차도 3초 이내에 지우면 문제없다. 스토리, 대전, 토너먼트의 3가지 모드가 있으며 패미컴 버전도 수록되었다.

커비의 반짝반짝 키즈

발매일 / 1998년 2월 1일 가격 / 3,000엔

※롬팩판
발매일 / 1999년
6월 25일
가격 / 4,500엔

게임보이 버전을 이식했다. 낙하하는 별 모양의 블록을 '릭·카인·쿠'라는 세 명의 동료 블록 사이에 끼워서 지워 나간다. 「스토리」, 「VS」 등 5가지 모드가 있는데 「라운드 클리어」 모드는 총 100스테이지가 준비되어 있다.

슈퍼 펀치아웃!!

발매일 / 1998년 3월 1일   가격 / 3,000엔

닌텐도 파워
(다운로드) 전용

패미컴 버전 『펀치아웃』의 속편. 세계의 강호 16명을 상대로 1라운드 3분 경기에 도전한다. 기본 조작은 전작과 동일하다. 단, 필살 스페셜 펀치의 경우 A버튼을 연타하면 고속 러시, 1회 입력하면 어퍼와 훅을 사용할 수 있다.

별의 커비3

발매일 / 1998년 3월 27일   가격 / 4,800엔

수채화풍의 부드러운 그래픽이 특징. 이번 작품에서는 2인 동시 플레이에 필요한 신 캐릭터 「구이」가 등장한다. 여섯 동료와 합체해 8종류의 복사 능력으로 공격하고, 배리에이션은 총 48종이다. 슈퍼 패미컴 주니어 본체와 동시 발매.

패미컴 탐정 클럽 Part II
뒤에 선 소녀

발매일 / 1998년 4월 1일   가격 / 3,000엔

닌텐도 파워
(다운로드) 전용

디스크 버전 『뒤에 선 소녀』의 전·후편을 리메이크했다. 그래픽과 배경음악이 강화된 것은 물론, 시나리오가 총 11장으로 재구성되어 지난 이야기 보기와 메모 기능이 추가되었다. 또한 성격 진단 등의 놀이 요소도 포함되었다.

슈퍼 패미컴 워즈

발매일 / 1998년 5월 1일   가격 / 3,000엔

닌텐도 파워
(다운로드) 전용

패미컴 버전 『패미컴 워즈』의 리메이크 작품. CPU의 AI 연산 시간 단축, 유닛과 지도 개수의 증가, 4인 대전 기능 등 전체적으로 파워업 되었고 플레이하기 쉽게 조정되었다. 개성 있는 7명의 장군 캐릭터가 추가되었다.

닥터 마리오

발매일 / 1998년 6월 1일   가격 / 3,000엔

닌텐도 파워
(다운로드) 전용

패미컴 버전을 충실히 재현한 리메이크 작품. 그래픽과 배경음악이 강화되고 CPU와의 대전 요소가 추가되었다. CPU의 난이도는 총 3단계로 구성되어 있으며, 해외에서는 롬팩판으로 판매되었다.

Zoo욱 마작!

발매일 / 1998년 7월 1일   가격 / 3,000엔

닌텐도 파워
(다운로드) 전용

등장하는 마작사가 전부 동물이라는 코미컬한 설정의 4인 마작. 마작사 동료들과 마작 대왕을 물리친다는 RPG스러운 퀘스트 모드, 플레이어의 플레이 데이터를 기억한 마작사를 만들 수 있는 프리 대전 모드 등이 준비되어 있다.

스테핫군

발매일 / 1998년 8월 1일 가격 / 3,000엔

※롬팩판
발매일 / 1999년
6월 25일
가격 / 4,200엔

핫군을 조작해서 섬 곳곳에 흩어져 있는 무지개 조각을 모으는 액션 퍼즐 게임. 블록을 빨아들이고 뱉으면서 무지개 조각까지의 길을 만들어 나간다. 힌트에 의한 구제 조치도 존재하며 총 120스테이지가 준비되어 있다.

더비 스탈리온98

발매일 / 1998년 9월 1일 가격 / 2,500엔

※프리라이트판
발매일 / 1998년
8월 25일
가격 / 6,000엔

『더비 스탈리온96』의 파워업 버전으로 중앙경마 1998년의 레이스 프로그램에 대응한다. 현역 5세의 최강마들도 다수 등장하고 번식용 암말도 대폭 추가되었다. 보너스로 브리더즈 컵에 등록된 명마들과도 대결할 수 있었다.

미니 4구 렛츠&고!! POWER WGP2

발매일 / 1998년 10월 1일 가격 / 2,500엔

※롬팩판
발매일 / 1998년
12월 4일
가격 / 3,800엔

미니 4구 TV 애니메이션 『폭주 형제 렛츠&고!!』의 RPG 버전. 원작에서 이어지는 『제2회 WGP(월드 그랑프리)』를 중심으로 이야기가 전개된다. 이벤트를 클리어하면서 머신을 세팅하고 레이스를 승리해 나가는데 총 10장 구성이다.

POWER 소코반

발매일 / 1999년 1월 1일 가격 / 2,500엔

※롬팩판
발매일 / 1999년
6월 25일
가격 / 4,200엔

악마에게 지배당한 요괴 마을을 구하기 위해 구멍에 돌을 메우는 액션 퍼즐 게임. 『소코반』을 토대로 하면서, 적에게 사격을 하거나 아이템을 보조적으로 사용하는 새로운 요소를 추가했다. 유도탄을 이용해 돌을 옮길 수도 있다.

POWER 로드 러너

발매일 / 1999년 1월 1일 가격 / 2,500엔

닌텐도 파워
(다운로드) 전용

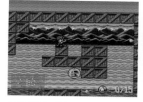

모험가 『무그루쿤』이 보물을 모아 마을을 만들어간다는 설정의 액션 퍼즐 게임. 구멍을 파서 적을 묻고 보물을 모아 나간다. 『로드 러너』를 토대로 하면서도 귀엽고 플레이하기 쉽도록 조정되어 있다.

피크로스 NP Vol.1

발매일 / 1999년 4월 1일 가격 / 2,000엔

닌텐도 파워
(다운로드) 전용

잡지처럼 격월로 발매되었던 퍼즐 게임 『피크로스 NP』 시리즈의 제1탄. 『초보자』, 『프로』, 『현상금 특집』, 『2인 동시 대전』 등 7가지 모드에 총 120개 문제가 준비되어 있다. 특집 모드는 세계유산이 소재이고 캐릭터 모드에서는 포켓몬이 등장한다.

피크로스 NP Vol.2

발매일 / 1999년 6월 1일   가격 / 2,500엔

닌텐도 파워
(다운로드) 전용

 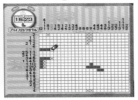

시리즈 제2탄. 2인 대전의 경우 대전 횟수(1~3회)를 선택할 수 있다. 특집 모드는 「오즈의 마법사」이고, 캐릭터 모드에서는 요시 시리즈의 동료들이 등장한다. 퍼즐이 완성되면 캐릭터가 움직이는 것이 특징이다.

패미컴 문고 시작의 숲

발매일 / 1999년 7월 1일   가격 / 2,500엔

닌텐도 파워
(다운로드) 전용

여름방학에 할아버지의 시골집을 방문한 소년의 신기한 체험을 그린 어드벤처 게임. 연달아 벌어지는 훈훈한 이야기가 매력적이다. 기본은 커맨드 선택식으로 진행되고 딱지치기와 물고기 잡기 등 추억의 미니게임도 수록되어 있다.

피크로스 NP Vol.3

발매일 / 1999년 8월 1일   가격 / 2,000엔

닌텐도 파워
(다운로드) 전용

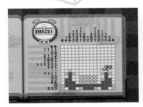 

시리즈 제3탄. 특집 문제를 클리어하면 잠자리가 날아다니는 석양의 풍경과 눈의 결정 등 환상적인 일러스트를 볼 수 있다. 캐릭터 문제에서는 커비와 동료들(포피 브로스 주니어 및 디디디 대왕 등)이 등장한다.

파이어 엠블렘 트라키아776

발매일 / 1999년 9월 1일   가격 / 2,500엔

※롬팩판
발매일 / 2000년
1월 21일
가격 / 5,200엔

『성전의 계보』 외전. 주인공 리프 왕자를 중심으로 한 인간 드라마가 펼쳐진다. 전투에서는 「붙잡다」와 「잃어지다」 등 신 커맨드가 추가되었고 전략의 폭이 넓어졌다. DX팩과 프리라이트 버전, 다운로드 전용 버전, 롬팩 버전이 있다.

피크로스 NP Vol.4

발매일 / 1999년 10월 1일   가격 / 2,000엔

닌텐도 파워
(다운로드) 전용

 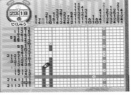

시리즈 제4탄. 특집 문제를 클리어하면 겐지 이야기 등의 일러스트를 볼 수 있다. 캐릭터 문제에서는 스타폭스 시리즈의 캐릭터(폭스, 닥터 안도르프, 배신자 피그마 등)가 등장한다.

피크로스 NP Vol.5

발매일 / 1999년 12월 1일   가격 / 2,000엔

닌텐도 파워
(다운로드) 전용

시리즈 제5탄. 총 12개로 이루어진 특집 문제를 클리어하면 「별자리」 중의 하나인 일각수(유니콘) 등의 일러스트를 볼 수 있다. 캐릭터 모드에서는 링크와 가논돌프, 아킨도너츠 등의 젤다 캐릭터가 등장한다.

피크로스 NP Vol.6

발매일 / 2000년 2월 1일 가격 / 2,000엔

시리즈 제6탄. 예전 문제와 새로운 문제를 합쳐 총 240문제를 수록. 대전 문제에서는 「직감」을 테마로 한 새로운 모드가 추가되었다. 특집 문제는 이탈리아와 관련한 그림이, 캐릭터 모드는 마리오 시리즈의 캐릭터가 등장한다.

피크로스 NP Vol.7

발매일 / 2000년 4월 1일 가격 / 2,000엔

시리즈 제7탄. 쉬운 문제에서 어려운 문제까지 총 240문제를 수록. 특집 문제에서는 일본 천연기념물인 따오기와 동요 '송사리의 학교는 개울 속'의 일러스트가 나오고, 캐릭터 모드에서는 와리오 시리즈의 캐릭터가 등장.

피크로스 NP Vol.8

발매일 / 2000년 6월 1일 가격 / 2,000엔

 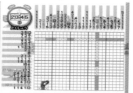

시리즈 최종작으로 총 240문제 수록. 특집 문제는 올림픽을 소재로 했고, 캐릭터 모드에서는 동키콩 시리즈의 일러스트가 나온다. 피크로스 NP는 시리즈를 전개하는 동안 매번 상품 증정 이벤트를 열었고 GB 메모리카드 등을 증정했다.

메탈 슬레이더 글로리 디렉터즈 컷

발매일 / 2000년 12월 1일 가격 / 2,000엔

※프리라이트판
발매 / 2000년 11월 29일
가격 5,980엔

패미컴 버전 『메탈 슬레이더 글로리』의 리메이크 작품. 그래픽과 배경음악이 좋아졌고 패미컴에서 삭제된 장면이 부활했으며 선택지가 늘어나는 등 변화가 있었다. 프리라이트 버전과 DX팩 버전도 나온 슈퍼 패미컴 마지막 소프트.

닌텐도 엔터테인먼트

닌텐도 관련 상품을 판매하는 프랜차이즈 체인점. 1991년 9월 시작되었다. 가맹한 소매점에는 전용 코너가 설치되었고, 발매 10일 전에 신작 소프트의 데모가 배포되고 인기 상품이 우선 공급되었다. 이 사업은 소프트 끼워 팔기와 덤핑 판매를 방지하기 위한 것이었다. 전성기에는

일본 내에서 2,200개 넘는 소매점이 가맹했다. 거의 같은 시기에 「슈퍼마리오 클럽」도 발족했다. 슈퍼마리오 클럽에 의한 게임 소프트 평가는 도매업자와 미디어에게 귀중한 정보가 되었다. 닌텐도는 이런 시도를 통해 스스로 쌓아올린 가정용 게임 시장을 지키고자 했다.

닌텐도 엔터테인먼트 숍의 전경

닌텐도 엔터테인먼트 숍의 간판과 골드 마리오 상

닌텐도와 관련 있는 타사 소프트

닌텐도의 소프트 타이틀 목록에는 자사가 개발·판매한 게임이 게재되어 있는데(포켓몬 등 자회사의 타이틀도 포함), 개발과 판매에는 관여했지만 정작 발매는 타사에서 이루어진 소프트도 존재한다. 여기서는 닌텐도의 타이틀 목록에는 들어가지 않았지만 개발 등에 관여한 소프트를 소개한다.

꿈 공장 두근두근 패닉
(1987년 개발/닌텐도 판매/후지TV)

아이 엠 어 티처 마리오의 스웨터
(1989년 판매/로얄공업)

아이 엠 어 티처 뜨개질의 기초
(1989년 판매/로얄공업)

헬로 키티 월드
(1992년 개발/주식회사 마리오)

산리오 카니발2
(1993년 개발/주식회사 마리오)

모토코의 원더 키친
(1993년 아지노모토)

요시의 쿠키 크루폰 오븐으로 쿠키
(1993년 발매/National)

요시의 쿠키 시판 Ver
(1993년 개발/마호 판매/닌텐도)

스누피 콘서트
(1995년 개발/닌텐도 판매/미쓰이부동산, 덴츠)

untake30 상어거북(사메가메) 대작전 마리오 버전(1995년 허드슨)

마리오의 포토피
(1998년 도쿄 일렉트론 디바이스)

포켓몬 카드GB2 GR단 등장!
(2001년 개발/허드슨 발매/(주)포켓몬)

이상한 던전 풍래의 시렌2 오니 습격! 시렌성!
(2000년 발매/닌텐도 개발/춘소프트 등)

레전드 오브 골퍼
(2004년 발매/세타 판매/닌텐도)

포켓몬+노부나가의 야망
(2012년 개발/(주)포켓몬, 코에이 테크모게임즈 발매/(주)포켓몬)

모노 AV 케이블

발매일 / 1990년 11월 21일 가격 / 1,200엔 모델 / SHVC-007

음성·영상을 출력하기 위한 케이블. 사운드는 모노로 출력된다. AV 패미컴과 슈퍼 패미컴 전용 표기가 있으나 닌텐도64와 게임큐브에서도 사용 가능하다.

스테레오 AV 케이블

발매일 / 1990년 11월 21일 가격 / 1,500엔 모델 / SHVC-008

영상과 스테레오 음성을 출력하기 위한 케이블로 본체에 동봉된 것과 같다. AV 패미컴과 슈퍼 패미컴 전용이라는 표기가 있으나 닌텐도64와 게임큐브에서도 사용 가능하다.

S 단자 케이블

발매일 / 1990년 11월 21일 가격 / 2,500엔 모델 / SHVC-009

S단자가 있는 TV용 케이블. 초기형은 케이블 중간에 박스형 부품이 있었으나 후에 개량판으로 바뀌었다. 슈퍼 패미컴 전용 표기가 있지만 닌텐도64와 게임큐브에서도 사용 가능하다.

슈퍼 패미컴 전용 RGB 케이블

발매일 / 1990년 11월 21일 가격 / 2,500엔 모델 / SHVC-010

RGB21 규격 모니터에 쓸 수 있다. AV 케이블과 S 단자 케이블보다 깨끗한 영상을 볼 수 있다. 대응 모니터의 기종이 적고 슈퍼 패미컴 전용이라 닌텐도64에는 모종의 튜닝이 필요하다.

AC 어댑터

발매일 / 1990년 11월 21일 가격 / 1,500엔 모델 / HVC-002

패미컴용과 같은 AC 어댑터. 슈퍼 패미컴의 발매와 함께 패키지로 구성되었다.

RF 스위치

발매일 / 1990년 11월 21일 가격 / 1,500엔 모델 / HVC-003

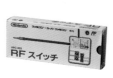

패미컴용과 같은 RF 스위치. TV의 RF 단자에 연결하면 채널에 맞춰 영상을 내보낸다. AV 단자가 없는 일본 내수 TV에 연결해 사용했다.

슈퍼 패미컴 마우스

발매일 / 1992년 7월 30일 가격 / 3,000엔 모델 / SNS-016, SNS-017

슈퍼 패미컴 전용 마우스와 마우스 패드의 세트 상품. 마우스는 컨트롤러 단자에 꽂아서 사용한다. 마우스 전용 소프트인 『마리오 페인트』와 『마리오와 와리오』의 동봉판도 발매되었다.

슈퍼 스코프

발매일 / 1993년 6월 21일 가격 / 9,800엔
모델 / SHVC-013, SHVC-014

슈퍼 패미컴에 연결하는 바주카 모양의 적외선 무선 컨트롤러. TV 위에 수신기를 설치하고 슈퍼 스코프를 어깨에 메고 사용한다. 전용 소프트 『슈퍼 스코프6』 동봉으로 발매되었다.

슈퍼 게임보이

발매일 / 1994년 6월 14일 가격 / 7,000엔 모델 / SHVC-027

슈퍼 패미컴에서 게임보이 소프트를 플레이하기 위한 팩. 게임보이 소프트의 모노 4단계 농도를 임의의 색상으로 바꾼다. 일부 대응 소프트는 음질과 색상 표현이 향상되었고, 소프트 1개로 2인 동시 플레이가 가능.

슈퍼 게임보이2

발매일 / 1998년 1월 30일 가격 / 5,800엔 모델 / SHVC-042

슈퍼 게임보이에 통신 단자와 LED 램프를 추가했다. 통신 케이블을 통한 통신 플레이와 포켓 카메라, 포켓 프린터 등의 주변기기도 접속 가능하다. 게임 속도가 빨라진다는 문제도 개선되었다.

SF 메모리 카세트

발매일 / 1997년 9월 30일 가격 / 3,980엔 모델 / SHVC-041

게임 소프트 다운로드 판매 서비스인 「닌텐도 파워」용 공팩. 32메가비트의 플래시 메모리를 내장했다. 게임 데이터가 기록된 상태로 판매한 프리라이트 버전도 있다.

잭과 콩나무 계획

1996년 시작된 닌텐도와 HAL연구소의 프로젝트팀. 이 계획에 의해 닌텐도가 공모한 크리에이터들이 약 3년간 닌텐도64용 소프트 「포켓몬 스냅」을 제작했다. 본 프로젝트는 가혹한 게임 개발 환경을 우려한 이와타 사토루와 미야모토 시게루가 야마우치 사장에게 제안해 성사된 것. 개발팀에게 이상적인 환경과 여유 있는 제작기간이 주어져 소프트 제작에 전념할 수 있었다. 모집 시 서류심사와 면접은 이토이 시게사토, 이와타 사토루, 나카무라 코이치, 미야모토 시게루가 담당했다. 550명 이상이 응모해 약 50명이 1차 심사를 통과했다고 한다.

공모로 화제가 된 「잭과 콩나무 계획」의 광고

광고지 갤러리

히로스에 료코 찌릿찌릿의 광고지

클리어 블루·클리어 레드의 광고지

카드e 리더의 광고지

게임보이 어드밴스의 광고지

슈퍼 동키콩의 광고지

테트리스의 광고지

동물의 숲(닌텐도64)의 광고지

마리오 페인트의 광고지

마리오와 와리오
(슈퍼 패미컴 마우스 동봉)

발매일 / 1993년 8월 27일 가격 / 9,800엔

슈퍼 패미컴용 소프트 『마리오와 와리오』와 『슈퍼 패미컴 마우스』의 합본. 소프트는 단품으로도 판매되었다.

파이어 엠블렘 트라키아776
디럭스팩

발매일 / 1999년 8월 28일 가격 / 9,800엔

로손에서만 판매된 한정판. 슈퍼 패미컴용 소프트 『파이어 엠블렘 트라키아776』(프리라이트 버전), 오리지널 VHS 비디오테이프, 인형, 천으로 만들어진 지도, 공략용 마커로 구성되어 있다.

닌텐도 스페이스 월드

닌텐도가 주최했던 신작 게임 전시회. 닌텐도가 개발한 게임과 서드파티의 신작 게임을 빠르게 접할 수 있었다. 1989년 『패미컴 스페이스 월드』(초심회)로 시작했고 1996년 『닌텐도 스페이스 월드』로 이름을 바꾸었다. 처음에는 비즈니스 데이 전용이었으나 1991년 일반인에게도 개방되었고, 1998년을 제외하고 매년 열렸다. 종료 시점은 2001년. 비즈니스 데이에는 야마우치 히로시 닌텐도 사장이 강연을 하기도 했다. 전시장에는 안내도와 출전 게임이 소개된 책자가 배포되었다.

패미컴 스페이스 월드'93의 전시장 사진(『토이 저널 1993년 10월호』에서)

패미컴 스페이스 월드'93 전시장 사진

닌텐도 스페이스 월드의 전시장 사진

버철보이 편

NINTENDO
COMPLETE
GUIDE

비디오 게임의 벽을 넘은 무한의 필드,
고글 속에는 미래가 있었다!

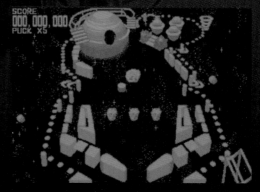

플레이한 사람만 알 수 있는 압도적인 몰입감. 일찍 단종된 것이 아까울
정도다.

버철보이

발매일 / 1995년 7월 21일 가격 / 15,000엔

시대를 너무 앞서간 입체영상 게임기

시각 차이를 이용해 좌우 화면에 다른 영상을 내보내 입체화면을 실현. 빨간색 LED 디스플레이를 써서 도트와 와이어 프레임으로 3D를 실현했고, 배경을 어둡게 해서 무한 공간을 구현했다.

고글 모양의 디스플레이를 들여다보면서 플레이하는 버철보이의 몰입감은 혁신적이었다. 3D 게임을 위해 좌우에 십자버튼을 배치한 그립이 있는 컨트롤러도 전례가 없었다. 하지만 빨간색만의 모노화면은 눈 피로 등의 이유로 받아들여지지 못했고 게임화면이 호화로워지는 추세에도 부응하지 못해 발매 후 몇 달이 안 되어 가격이 붕괴되었고 반년 후 단종된다. 통신포트를 쓸 틈도 없이 상업적으로는 실패로 끝났지만 열광적인 팬도 있어 본체 프리미엄화에 일조하고 있다. 대응 소프트는 19개이고 일본에서 15만 대, 전 세계에서 77만 대가 출하되었다.

패키지만 버전 차이가 있다.

스펙

■CPU/NEC V810커스텀(20MHz) ■RAM/1MB ■SRAM/512KB ■그래픽/384*224 해상도, 화면 모노 4단계, 화면 밝기는 32단계로 조절 가능 ■사운드/16비트 스테레오 파형 메모리 음원 5채널(5채널째는 스위프 및 변조 가능)+노이즈 1채널

AC 어댑터 탭

발매일 / 1995년 7월 21일 가격 / 600엔 모델 / VUE-011

버철보이에 패미컴, 슈퍼 패미컴용 AC 어댑터를 연결하기 위한 주변기기. 이것이 없으면 버철보이에 AC 어댑터를 연결할 수 없다. 미묘하게 다른 2종류의 패키지가 있다.

눈가리개

발매일 / 1995년 7월 21일 가격 / 500엔 모델 / VUE-010

버철보이 본체에 동봉된 스펀지 모양의 눈가리개. 오염되기 쉬운 부품이다 보니 교체용으로 판매되었다.

스테레오 이어폰

발매일 / 1995년 7월 21일 가격 / 800엔 모델 / VUE-014

버철보이 전용의 이어폰. 본체 색상에 맞추어 빨강과 검정색을 채용했다.

AC 어댑터

발매일 / 1995년 7월 21일 가격 / 1,500엔 모델 / HVC-002

패미컴과 슈퍼 패미컴에도 사용하는 AC 어댑터. 패키지에 버철보이 대응이라 표기되어 있다. 본체에 연결하려면 AC 어댑터 탭이 필요하다.

마리오의 테니스

발매일 / 1995년 7월 21일 가격 / 4,900엔

버철보이와 동시 발매된 심플한 테니스 게임. 3D 영상 특유의 깊이감과 박진감 넘치는 움직임을 실현했다. 마리오와 피치, 동키콩 주니어 등 7명의 캐릭터가 등장하고 단식과 복식을 플레이할 수 있다.

갤럭틱 핀볼

발매일 / 1995년 7월 21일 가격 / 4,900엔

버철보이와 동시 발매된 핀볼 게임. 게임의 무대인 4가지 필드는 우주 공간을 모티브로 했고 각종 장치들은 3D 그래픽을 도입했다. 무한 필드의 몰입감이 대단했으며 보너스 스테이지와 슈팅 등의 요소도 존재했다.

텔레로 복서

발매일 / 1995년 7월 21일 가격 / 4,900엔

3D의 박력 있는 로봇 복서와 싸우는 복싱 게임. 어퍼와 보디, 가드 등 실제로 복싱을 하는 듯한 감각을 맛볼 수 있다. 1라운드 1분, 총 5라운드의 시합을 하는데, 무패를 이어가면 마지막에 전설의 챔피언과 대결하게 된다.

마리오 크래시

발매일 / 1995년 9월 28일 가격 / 4,900엔

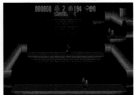

화면의 깊이감을 살린 마리오의 액션 게임. 스테이지의 앞쪽과 안쪽을 오가며 거북 껍데기를 던져 적을 물리치고 버섯을 얻으면 공격력이 올라간다. 『마리오 브라더스』와 비슷하지만 적을 물리치는 방법 등이 다르다.

버철보이 와리오 랜드
아와존의 비보

발매일 / 1995년 12월 1일 가격 / 4,900엔

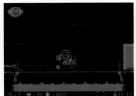

게임보이용 『슈퍼마리오 랜드3 와리오랜드』의 시스템을 계승하여 와리오의 화려한 액션을 볼 수 있다. 화면 앞쪽과 안쪽을 오가며 스테이지 클리어에 필요한 열쇠를 찾아 돌진한다. 총 14스테이지 구성이다.

패미컴 탄생 20주년 캠페인

패미컴 발매 20주년의 하루 전인 2003년 7월 14일부터 시작된 이벤트. 기간 중에 대상이 되는 소프트를 사서 응모하면 추첨을 통해 『패미컴 탄생 20주년 버전 게임보이 어드밴스SP』 등을 받을 수 있었다. 응모 건수는 20만 통 정도 되었다고 한다. 이어서 2003년 11월 7일에는 제2탄 『핫 마리오 캠페인』이 전개되었는데 보다 호화로운 상품이 준비되었다.

패미컴 탄생 20주년 캠페인의 광고지

클럽 닌텐도

닌텐도의 무료 회원제 서비스. 클럽 닌텐도 사이트에 접속해 게임 소프트 등에 적힌 시리얼 번호를 입력하면 포인트가 쌓이고, 그 포인트로 오리지널 상품과 교환이 가능했다. 회원 등록이 620만 명에 이를 정도로 평이 좋았다. 일반 상품은 물론이고 티어 한정과 추첨이라는 희귀 상품도 많았기에 올 컬렉션은 불가능에 가까웠다.

상품은 게임 소프트, 주변기기, 캐릭터 상품, 사운드트랙, 리메이크 등 다양했고 정기적으로 라인업을 리뉴얼해 유저들을 질리지 않게 했다.

추첨 상품과 이벤트용 상품, 마리오, 커비, 동물의 숲, 젤다의 전설 관련 상품이 인기 있었는데 그중 캐릭터가 들어간 주변기기는 단기간에 높은 포인트가 필요했기에 받은 사람이 얼마 없었을 것이다. 고객 만족과 마케팅 조사의 일환으로 운영된 서비스였지만 소비자와 제조사가 소통하는 기회가 되었다. 2015년 9월, 11년 이상 이어진 서비스는 막을 내렸지만 2016년 3월 17일부터 후속 서비스 「마이 닌텐도」가 시작되었다. 클럽 닌텐도에서 교환·배포되었던 희귀 상품의 일부를 소개한다.

클럽 닌텐도의 홈페이지. 여러 번 리뉴얼되었다.

Wii 리모컨처럼 생긴 TV 리모컨. 각 회사의 TV에 대응한다.

게임큐브에서 플레이할 수 있는 젤다 시리즈의 합본 팩. 대단히 인기가 높다.

게임큐브용 오리지널 컨트롤러. 클럽 닌텐도를 뜻하는 흰색·하늘색의 투톤 디자인이다.

2006년 플래티넘 회원의 특전. Wii 리모컨의 뚜껑에 자신의 Mii를 새겨주었다.

매년 골드 회원에게 증정된 오리지널 달력.

닌텐도의 기원이라 일컬어지는 화투의 마리오 버전. 빨강과 검정, 2종류가 있다.

오리지널 디자인의 티셔츠도 여러 종류가 있었다.

슈퍼마리오 20주년 기념으로 제작된 타올. 핀 배지, 선물카드, 트럼프 등.

닌텐도 게임의 오리지널 사운드 트랙. 여기서만 유통된 것도 많았다.

2004년 플래티넘 회원 특전인 골드 마리오 피규어.

2009년 플래티넘 회원 특전. 게임&워치 제1탄인 「BALL」의 완전 복각판.

마리오 모자를 본뜬 오리지널 파우치. 루이지 버전도 있다.

닌텐도64 편

게임의 퀄리티에 집착했던
장인정신으로 탄생한 게임기!

NINTENDO
COMPLETE
GUIDE

이 게임기를 토대로 지금도 이어지는 3D 게임 시리즈들이 속속 등장했
다. 『대난투』와 『동물의 숲』도 닌텐도64에서 시작했으니 그냥 지나갈 수
는 없다.

닌텐도64 (한국명: 컴보이64)

발매일 / 1996년 6월 23일 가격 / 25,000엔 ※한국판: 1997년 5월

일본, 아시아는 저조 북미에서는 판매 호조

플레이 스테이션과 세가 새턴보다 2년 늦게, 그러나 고성능인 64비트 게임기로 발매되었다. 3D 폴리곤 묘화 능력을 살린 게임과 아날로그 스틱을 채용한 것이 특징. 타사가 CD-ROM을 활용할 때 홀로 롬팩을 채용했는데, 용량 부족과 소프트 개발의 어려움으로 대다수 서드파티가 떨어져나가 타이틀 부족에 시달렸다. 소프트 수는 적지만 『슈퍼마리오64』와 『젤다의 전설 시간의 오카리나』 등 양질의 3D 게임이 호평 받았다. 본체에는 기본으로 4개의 콘트롤러 단자가 탑재되어 메모리 용량을 확장하는 것도 가능. 비록 플레이 스테이션에 1위를 빼앗겼지만 북미에서는 그런 대로 선전했다. 1997년 3월에 16,800엔, 1988년 7월에는 14,000엔으로 가격을 인하했다. 대응 소프트는 일본에서 208개이고, 하드 판매량은 일본 내 554만 대, 해외에서 3293만 대를 기록했다.

블랙

스펙

■CPU/NEC VR4300 커스텀(93.75MHz) RISC CPU + 8비트 CISC CPU ■메모리/메인 메모리 RAMBUS D-RAM 36M bit, 메모리 확장팩 설치시 72M bit ■그래픽/해상도 256*224~640*480, 실리콘 그래픽스의 시스템 LSI 'RCP'(62.5MHz) 초당 10만 폴리곤 처리 가능 ■사운드/스테레오 ADPCM 음원 16bit, 시스템 LSI 'RCP'에서 처리하며 채널 숫자는 유동적

닌텐도64 컬러 배리에이션

클리어 블루
발매일 / 1999년 12월 1일
가격 / 14,000엔

클리어 레드
발매일 / 1999년 12월 1일
가격 / 14,000엔

피카츄 닌텐도64

발매일 / 2000년 7월 21일
가격 / 14,000엔

피카츄를 모티브로 한 닌텐도64. 피카츄의 볼이 전원 램프, 피카츄의 발이 리셋 버튼으로 되어 있고, 컨트롤러에는 포켓몬 로고가 프린트되어 있다. 발매 3일 만에 98만대를 팔아치운 PS2가 나온 후 발매되었다.

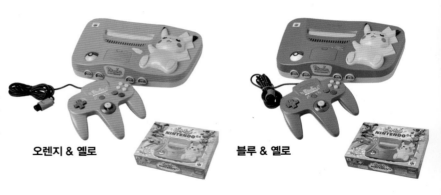

오렌지 & 옐로　　　　**블루 & 옐로**

64DD

발매일 / 1999년 12월 11일 가격 / 30,000엔(A코스) 모델 / NUS-010

■ 인터넷 접속을 할 수 있고 재기록이 가능한 DISK

닌텐도64의 주변기기로 닌텐도와 리크루트의 합자 사인 「랜드넷 DD」에서 배포되었다. 소프트는 덮어쓸 수 있는 자기 디스크로 공급되었는데 「거인의 도신1」 과 「마리오 아티스트」 등 총 10종이다. 본체는 시계 기능을 탑재했고, 윗부분에 케이블을 수납하는 곡선 홈을 만들었지만 실제로는 사용되지 않았다. 통신요 금을 포함한 렌탈 방식(회원제)으로 배포되어 매월 전 용 소프트가 배달되었다. 닌텐도64의 보급이 늦었고 소프트 개발 지연, 판매 방식 침체로 발매 약 1년 후 (2001년 2월28일)에 서비스가 종료되었다. 「슈퍼마 리오64-2」 「젤다의 전설 시간의 오카리나 확장 디스 크」 「MOTHER3 돼지왕의 최후」 등의 소프트가 예고 되었으나 무산되었다. 64DD는 일본 국내에서만 10만 대가 생산되었는데 랜드넷에서 배포된 수량은 15,0 00대 정도로 추산된다.

64DD의 기동화면   랜드넷의 TV 광고

키보드

발매일 / 2000년 4월 25일 가격 / 4,600엔 모델 / RND-001(JPN)

64DD 전용 클리어 블랙 색상의 키보드. 키에 붙이는 씰이 동봉되어 「랜드 넷 디스크」에 사용할 수 있었다. 서비스 이용기간이 짧았기에 랜드넷 서비 스가 끝나고 구매자에게 환불되었다.

랜드넷 디스크

발매일 / 1999년 2월 1일 가격 / 4,600엔 모델 / 64DD에 동봉

64DD에 동봉된 「랜드넷 디스크」. 브라우저와 이메일 기능을 사용할 수 있 었는데 서비스 종료 후에는 사용하지 못했다.

랜드넷의 광고지들. 64DD 본체만 렌탈할 때 월 2,500엔, 닌텐도64와 세트로 렌탈할 때 월 3,300엔이었다. 회원이 되면 정기적으로 소프트와 64DD의 정 보가 들어 있는 신문인 「랜드넷 FAN」을 받을 수 있었다.

슈퍼마리오64

발매일 / 1996년 6월 23일 가격 / 9,800엔

닌텐도64와 동시 발매된 시리즈 최초의 3D 폴리곤 게임

닌텐도64와 동시 발매된 시리즈 최초의 3D 폴리곤 게임. 컨트롤러를 활용한 3D 액션을 즐기고 3D 공간을 자유롭게 돌아다닐 수 있다. 마리오를 조작해 그림 속으로 뛰어들어 샌드박스 형태의 스테이지에서 파워 스타를 모으는 것이 목적. 파워 스타는 총 120장인데 70장을 모으면 클리어가 가능하지만 숨겨진 스타와 엑스트라 코스 등 파고들만한 요소가 충실하다. 메탈 마리오와 쿠파를 빙글 빙글 돌려서 던지는 장면도 호쾌하다. 3D 액션의 교과서라 불릴 정도의 완성도로 닌텐도64 게임 중 최다 판매량(일본 192만 개, 전 세계에서 1191만 개)을 기록했다.

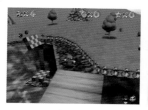

마리오 카트64(컨트롤러 동봉판)

발매일 / 1996년 12월 14일 가격 / 9,800엔

슈퍼 패미컴 버전을 파워업 했다. 3D로 제작되어 입체감 있는 레이스를 즐길 수 있으며 전작의 코인제가 폐지되고 아이템이 다수 추가되었다. 드리프트와 미니 터보를 활용한 배틀도 플레이 가능한데 대회용 코스에 지름길 버그가 있었다. 닌텐도64에서는 일본 최다 판매량(일본 224만 개, 전 세계에서 987만 개)을 기록했다. 시리즈 최초로 4인 플레이를 지원했다.

젤다의 전설 시간의 오카리나

발매일 / 1998년 11월 21일 가격 / 6,800엔

시리즈 최초의 3D 작품. Z버튼을 활용한 'Z 주목'과 자동 액션 등의 혁신적인 시스템과 방대한 맵, 드라마틱한 연출과 퍼즐 풀기 등이 인기를 모아 일본에서 114만 개, 전 세계에서 800만 개가 판매되었다. 요정 나비, 소년에서 청년으로의 성장, 사람의 모습을 한 가논돌프 등도 플레이어들을 매료시켰다. 게임의 완성도가 높고 평가도 좋다.

파일럿 윙스64

발매일 / 1996년 6월 23일 가격 / 9,800엔

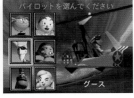

시리즈 제2탄. 행글라이더와 자이로콥터를 타고 전체 36코스의 미션을 클리어하는 플라이트 시뮬레이션 게임이다. 파일럿은 전부 6명이 등장하는데 아날로그 스틱의 절묘한 조작성으로 리얼한 부유감을 재현했다.

웨이브 레이스64

발매일 / 1996년 9월 27일 가격 / 9,800엔

물 위를 달리는 가와사키 제트스키를 소재로 한 레이싱 게임. 4종류의 머신 중에서 선택해 코스를 3바퀴 돌고 상위 입상을 노린다. 통과 포인트의 부표 위치가 바뀌는 등, 오래 즐길 수 있도록 구성되었다.

블래스트 도저

발매일 / 1997년 3월 21일 가격 / 6,800엔

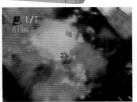

트레일러의 진로를 막는 장애물과 건물 등을 차량과 로봇으로 부수는 액션 게임. 오염 지역의 정화 활동과 6명의 과학자를 탐색해야 하는 임무도 있다. 중반 이후에는 퍼즐 요소가 강화되어 난이도가 올라간다.

스타폭스64(진동팩 동봉판)

발매일 / 1997년 4월 27일 가격 / 8,700엔

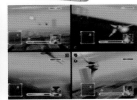

최초로 진동팩에 대응한 3D 슈팅 게임. 일본어 풀 보이스로 드라마성이 강화되어서 캐릭터의 명대사를 많이 남겼다. 세계에서 가장 많이 판매된 슈팅 게임으로 기네스북에 등재되었다. 2~4인 플레이도 지원한다.

스타워즈 제국의 그림자

발매일 / 1997년 6월 14일 가격 / 7,800엔

에피소드 2와 3의 외전 스토리로 전개되는 액션 슈팅 게임. 영화와 동일한 장면과 캐릭터, 배경음악이 자주 등장한다. 총 10스테이지가 준비되어 있는데 전투를 반복하면서 각 스테이지를 공략해 나간다.

슈퍼마리오64(진동팩 대응 버전)

발매일 / 1997년 7월 18일 가격 / 6,800엔

『슈퍼마리오64』의 진동팩 대응 버전. 마리오의 동작에 맞춰 컨트롤러가 진동한다. 게임 내용은 거의 같지만, 마리오가 말을 많이 하는 등의 사양 변경과 엉덩이에 불을 붙여 멀리 날아가는 등의 버그를 수정했다. 1998년 가격을 인하했다.

웨이브 레이스64
(진동팩 대응 버전)

발매일 / 1997년 7월 18일   가격 / 6,800엔

『웨이브 레이스64』의 진동팩 대응 버전. 높은 파도와 점프 착지의 충격을 진동으로 구현하여 현실감을 강화했다. 게임 내용은 거의 같지만 돌고래로 표현된 고스트의 기능이 추가되었고 배경음악의 일부가 바뀌었다.

골든 아이 007

발매일 / 1997년 8월 23일   가격 / 6,800엔

1995년 개봉된 007 영화를 바탕으로 만들어진 FPS. 제임스 본드를 조작하여 부여된 임무를 수행한다. 해외에서는 대히트를 기록하여 전 세계에서 800만 개가 판매되었다. 2～4인 동시 대전도 가능하며 레어사가 개발했다.

디디콩 레이싱

발매일 / 1997년 11월 21일   가격 / 6,800엔

디디콩들이 등장하는 레이싱 게임으로 레어사가 개발했다. 카트, 호버 크래프트, 비행기의 다양한 탈것과 아이템을 사용해 경주를 한다. 플레이하는 코스를 개방하는 어드벤처 모드는 숨겨진 요소가 많았다. 2～4인 대전을 지원.

요시 스토리

발매일 / 1997년 12월 21일   가격 / 6,800엔

박스와 천으로 표현된 아기자기한 그래픽이 특징인 2D 액션 게임. 색상이 제각각인 작은 요시들을 조작해서 과일 30개를 먹으면 스테이지 클리어가 된다. 플레이 내용에 맞춘 스코어 어택도 가능하며 총 24개 코스로 구성되었다.

1080° 스노 보딩

발매일 / 1998년 2월 28일   가격 / 6,800엔

스노보드 게임으로 6가지 모드에서 레이스와 트릭을 겨룬다. 트릭은 클럽 계열과 스핀 계열 등 18종류 이상이 존재한다. 같은 코스라도 날씨와 시간 대가 바뀌어서 플레이어들을 질리게 하지 않는다. 2인 대전도 지원한다.

F-ZERO X

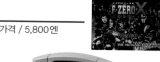

발매일 / 1998년 7월 14일   가격 / 5,800엔

시리즈 제2탄. 최대 30대의 머신들이 3D 코스를 질주한다. 음속을 뛰어넘는 속도감과 호쾌함이 강화되었고 라이벌 차량을 파괴하는 데스 레이스 등이 추가되었다. 전체 24개 코스 외에 자동 생성 기능이 존재하고 4인 대전을 지원한다.

포켓몬 스타디움
(64GB팩 동봉)
발매일 / 1998년 8월 1일 가격 / 6,800엔

게임보이의 포켓몬 레드/그린을 통해 키운 포켓몬을 닌텐도64에서 대전시키는 소프트. 40종의 포켓몬이 출장 가능하며 3D의 박력 있는 배틀을 볼 수 있다. 피카츄에게 파도타기를 기억시켜 전국 대회 결승 진출자와 겨루는 모드도 있다.

반조와 카주이의 대모험
발매일 / 1998년 12월 6일 가격 / 6,800엔

곰 '반조'와 새 '카주이'가 협력해 모험을 하는 액션 게임. 직소와 음표를 찾아 스테이지 클리어를 목표로 한다. 「슈퍼마리오64」보다 퍼즐 풀기와 탐색 요소가 많고 블랙 조크도 있다. 레어사가 개발한 작품이다.

피카츄 겐키데츄
발매일 / 1998년 12월 12일 가격 / 9,800엔

피카츄와의 대화 게임으로 세계 최초로 VRS(음성인식) 기능을 실현했다. 마이크를 통해 피카츄에게 말을 걸어서 밖에서 놀거나 낚시를 하는 등 다양한 소통을 할 수 있다. 음성을 이용한 미니게임도 준비되어 있다.

F-1 월드 그랑프리
발매일 / 1998년 12월 18일 가격 / 5,800엔

팀과 드라이버가 실명으로 나오는 F1 게임. 머신과 코스를 충실하게 재현했으며 기후 변화와 피트 무선까지 리얼함을 추구했다. 그랑프리 모드에서는 「F1 월드 챔피언십'97」에 출장한다. 2인 동시 대전을 지원.

마리오 파티
발매일 / 1998년 12월 18일 가격 / 5,800엔

주사위 던지기와 미니게임을 합체시킨 보드게임 시리즈 제1탄. 마리오들을 조작해서 미니게임으로 코인을 얻고 스타를 모아 나간다. 미니게임은 총 52종이 준비되어 있고 4인 동시 플레이가 가능하다. 개발사는 허드슨.

닌텐도 올스타!
대난투 스매시 브라더스
발매일 / 1999년 1월 21일 가격 / 5,800엔

마리오, 피카츄, 링크 등 닌텐도의 인기 캐릭터 피규어들이 이미지 세상에서 대결하는 격투 액션 게임 시리즈 제1탄. 스테이지와 필살기 등에 각 게임의 설정이 반영되어 있으며 4인 동시 대전을 지원한다.

포켓몬 스냅

발매일 / 1999년 3월 21일　가격 / 6,800엔

포켓몬을 촬영하는 카메라 액션 게임. 63종류의 포켓몬이 등장하며 귀여운 모습을 앨범에 보존할 수 있다. 사진의 품질에 따라 도움이 되는 도구를 받을 수 있고, 게임팩을 로손에 가져가면 씰로 프린트할 수도 있었다.

마리오 골프64

발매일 / 1999년 6월 11일　가격 / 6,800엔

마리오들이 등장하는 골프 게임. 토너먼트, 링샷, 퍼터 골프 등의 모드로 즐길 수 있다. 게임보이 버전에서 키운 캐릭터도 사용 가능. 닌텐도 홈페이지와 패미통에서 공식 토너먼트도 개최되었다. 개발사는 『모두의 골프』를 개발한 카멜롯.

스타워즈 에피소드1
레이서

발매일 / 1999년 7월 21일　가격 / 6,800엔

영화 『스타워즈 에피소드1』의 포드 레이싱을 게임화 한 것으로 영화의 세계관을 충실히 재현. 다만 포스 능력이 없는 유저라면 후반의 난이도가 높게 느껴질 것이다. 메모리 확장팩 대응으로 그래픽이 향상되었으며 2인 대전을 지원.

포켓몬 스타디움2

발매일 / 1999년 4월 30일　가격 / 5,800엔

시리즈 제2탄. 1세대 포켓몬 총 151마리를 사용하게 되었고 스타디움 룰은 6가지로 늘어났다. 모든 컵을 제패해서 뮤츠를 포획하면 숨겨진 모드가 개방된다. 미니게임은 9가지가 준비되어 있는데 4인 동시 플레이를 지원한다.

오우거 배틀64
Person of Loadly Caliber

발매일 / 1999년 7월 14일　가격 / 7,800엔

플레이어가 편성한 부대를 지휘해 적진에 파견하는 시뮬레이션 RPG의 일종이다. 스토리는 오우거 배틀 사가 에피소드6에 해당하며 부대를 강화해 나가는 재미가 있다. 이벤트에서의 선택에 따라 게임의 전개가 달라진다.

스타워즈 출격!
로그 중대

발매일 / 1999년 8월 27일　가격 / 6,800엔

루크 스카이워커의 X윙을 조종해 로그 중대를 이끌고 미션을 수행하는 3D 슈팅 게임. 스토리는 에피소드4와 5의 중간에 해당한다. 패스 코드 입력으로 숨겨진 요소가 개방되는 부분이 다수 있다.

스타 트윈즈

발매일 / 1999년 12월 1일 가격 / 6,800엔

쌍둥이 남매와 로봇견이 곤충형 로봇 군단을 격파하는 슈팅 어드벤처 게임. 무기의 종류가 풍부하고 미니게임도 충실하며, 2인 협력 플레이와 4인 대전을 지원한다. 일본 TV 광고에 무츠고로우(작가, 동물연구가─역주) 씨가 출연했다.

동키콩64
(메모리 확장팩 동봉)

발매일 / 1999년 12월 10일 가격 / 7,800엔

콩 패밀리 5마리를 바꿔가며 전체 8스테이지를 공략하는 액션 게임. 악기와 카메라 등의 아이템과 이벤트가 존재하고, 80년대 초반에 나왔던 아케이드 버전의 미니게임도 준비되어 있다. 2~4인 대전을 지원한다.

별의 커비64

발매일 / 2000년 3월 24일 가격 / 6,800엔

시리즈 최초의 3D 액션 게임. 두가지 능력을 합친 '카피 능력 믹스'가 추가되어 총 35가지 능력을 사용할 수 있으며 여러 서포트 캐릭터도 등장한다. 또한 어린이가 조작하기 쉽도록 십자버튼에도 대응하고 있다.

커스텀 로보

발매일 / 1999년 12월 8일 가격 / 6,800엔

자신의 취향대로 커스터마이즈한 로봇을 싸우게 하는 액션 RPG. 필드를 탐색하면서 배틀을 반복해 새로운 기체와 파츠를 입수하는데 시나리오와 캐릭터는 정평이 나 있다. 2인 대전을 지원한다.

마리오 파티2

발매일 / 1999년 12월 17일 가격 / 5,800엔

시리즈 제2탄으로 기본 룰은 전작과 동일하다. 「결투」「배틀」의 새로운 장르가 추가되었고 보드 위에서 아이템 사용이 가능한 미니게임은 총 65가지 수록되었다. 지도에 맞추어 마리오들의 옷이 바뀌는 것이 특징.

이토이 시게사토의
배스 낚시 No.1 결정판!

발매일 / 2000년 3월 31일 가격 / 6,800엔

물고기가 있는 곳을 추리한 후 루어를 선택해 낚아 올리는 배스 낚시 게임. 3D 공간에서 수상과 수중을 동시에 볼 수 있는 카메라 시스템을 채용하는 등 배스 낚시의 재현에 집착했다. 주변기기 「쯔리콘64」에도 대응한다.

젤다의 전설 무쥬라의 가면(메모리 확장팩 동봉)

발매일 / 2000년 4월 27일 가격 / 7,800엔

※소프트 단품 5,800엔

『시간의 오카리나』의 속편으로 전작을 보완하는 성격의 작품이다. 캐릭터의 생활을 강조하고 있으며 3일 시스템과 가면에 의한 변신이 큰 특징이다. 4개의 던전에는 거대한 장치 등 기믹이 풍부하고 밀도가 높다.

익사이트 바이크64

발매일 / 2000년 6월 23일 가격 / 6,800엔

패미컴 버전을 파워업 한 3D 모토크로스 경기. 라이더 6명이 경쟁하는 챔피언십, 빠른 속도, 스턴트, 원조 패미컴 버전, 3D 버전 등 6가지의 SP 코스를 즐길 수 있고 에디터 기능 등 플레이 모드가 다양하다. 4인 대전을 지원한다.

마리오 테니스64

발매일 / 2000년 7월 21일 가격 / 6,800엔

마리오들의 테니스 게임. 토너먼트와 2~4인 대전 외에도 링에 볼을 통과시키는 「링샷」, 아이템이 승부를 좌우하는 「쿠파 스테이지」 등 5가지 모드가 나온다. 게임보이 버전과 연동된 캐릭터를 추가할 수도 있다.

마리오 스토리

발매일 / 2000년 8월 11일 가격 / 6,800엔

종이처럼 팔락이는 캐릭터가 특징인 액션 RPG. 입체적 공간과 얇은 물체에 의한 연출이 특징으로 종이 인형극 같은 따스함이 느껴진다. 마리오의 능력을 커스터마이즈 할 수 있는 배지와 액션을 중시한 배틀이 흥미롭다.

퍼펙트 다크 (메모리 확장팩 동봉)

발매일 / 2000년 10월 21일 가격 / 7,800엔

※소프트 단품 5,800엔

레어사가 개발한 FPS 게임으로 『골든 아이 007』의 시스템을 답습했다. 조안나를 조작해서 잠입과 파괴, 총격전 등 다양한 미션을 수행한다. 2인이 협력·적대 플레이를 할 수 있고 1~4인 대전의 전투는 보다 세밀한 설정이 가능하다.

커스텀 로보V2

발매일 / 2000년 11월 10일 가격 / 6,800엔

시리즈 제2탄. 전작에서 1년 후를 무대로 했으며 시나리오가 둘로 나뉘어져 있다. 로봇과 파츠가 대폭 추가된 것이 특징. 최대 4명이 2인씩 교대하며 플레이하는 「2:2」 배틀도 도입되었다. 대전 게임으로서 높은 평가를 받고 있다.

죄와 벌
~지구의 계승자~

발매일 / 2000년 11월 21일 가격 / 5,800엔

액션 명가 트레저가 개발한 레일 이동형 3D 액션 슈팅 게임. 근미래의 일본을 무대로 했는데, 난해하면서도 높은 스토리성과 독특한 게임 시스템으로 많은 팬을 얻었다. 닌텐도64의 컨트롤러를 매우 잘 활용한 작품으로 평가된다.

반조와 카주이의 대모험2

발매일 / 2000년 11월 27일 가격 / 6,800엔

시리즈 제2탄. 기본 시스템은 전작을 답습했는데 새로운 액션이 추가되고 서포트 캐릭터를 조작할 수 있게 되었다. 또한 스테이지의 퍼즐과 미니게임이 파워 업 되었고 대전 플레이도 지원한다. 전작에서 호평 받은 블랙 조크도 살아 있다.

마리오 파티3

발매일 / 2000년 12월 7일 가격 / 5,800엔

시리즈 제3탄. 일대일의 듀얼 맵이 새로 도입되었고, 패배하면 코인이 전액 몰수되는 무시무시한 「갬블 미니게임」이 추가되었다. 새로운 캐릭터 데이지와 루이지가 추가되었으며 새로워진 미니게임 71종류가 수록되어 평가도 좋다.

포켓몬 스타디움 골드/실버
(크리스탈 버전 대응)

발매일 / 2000년 12월 14일 가격 / 6,800엔

시리즈 제3탄. 게임보이 버전 「골드/실버/크리스탈」에 수록된 251마리의 포켓몬에 대응한다. 스타디움과 체육관 관장의 성(城)이 진화했고 신작 미니게임 12종류를 수록했다. 「모바일 어댑터GB」를 통한 다양한 데이터로 배틀을 진행한다.

미키의 레이싱 챌린지 USA

발매일 / 2001년 1월 21일 가격 / 6,800엔

디즈니 캐릭터가 나오는 레이싱 게임. 미국 각지를 돌아다니며 무기로 서로를 방해하며 게임을 진행한다. 등장 캐릭터는 총 10마리로 4인 대전도 지원한다. 해외판 『Micky's Speedway USA』는 게임보이 컬러 버전과 연동된다.

동물의 숲(컨트롤러팩 동봉)

발매일 / 2001년 4월 14일 가격 / 6,800엔

※소프트 단품
5,800엔

시리즈 제1탄. 시계 기능이 내장되었고 벌레잡이와 낚시, 방 꾸미기 등을 하면서 동물 주민들과 교류한다. 동봉된 컨트롤러팩에는 미야모토 시게루의 편지가 들어 있다. 닌텐도 최후의 닌텐도64용 소프트로 8개월 후 게임큐브로 이식.

거인의 도신1

발매일 / 1999년 12월 11일(배포일) 가격 / 4,500엔(단품통신판매시)

※발매 / 랜드넷 DD

거인의 도신을 조작하여 섬 주민과 교류하는 게임. 명확한 목적은 없으며, 지형을 바꾸거나 나무를 심는 등 주민들의 요청에 응하여 친목을 쌓는다. 주민이 감사를 표시하면 거인이 성장하게 된다. 자유도가 높은 게임.

마리오 아티스트 페인트 스튜디오

발매일 / 1999년 12월 11일(배포일) 가격 / 5,500엔(단품통신판매시)

2D와 3D의 그림 그리기와 최대 35프레임의 책 넘기기 만화를 만들 수 있는 등, 그림을 그리는 데 특화된 소프트. 닌텐도 캐릭터의 스탬프가 있으며 캡처 카세트를 써서 이미지를 읽어 들일 수도 있다. 전용 마우스 동봉.

마리오 아티스트 탤런트 스튜디오

발매일 / 2000년 2월 23일(배포일) 가격 / 6,500엔(단품 통신판매시)

얼굴과 옷을 조합해 탤런트를 만들고 영화도 만들 수 있는 소프트. 실제 얼굴 사진을 입력하거나 동봉된 마이크로 음성 입력이 가능하다. 견본 영화와 야마우치 히로시 닌텐도 사장의 육성도 수록되었으며 Mii의 원형이 되었다.

심시티64

발매일 / 2000년 2월 23일(배포일) 가격 / 4,500엔(단품 통신판매시)

『심시티 2000』이 토대가 된 3D 시뮬레이션 게임. 플레이어는 시장이 되어 마을을 발전시켜 나간다. 닥터 라이트의 등장, 만들어놓은 마을의 산책, 시민의 목소리를 듣는 것 등이 닌텐도 오리지널 요소라 할 수 있다. 개발은 HAL 연구소.

F-ZERO EXPANSION KIT

발매일 / 2000년 4월 21일(배포일) 가격 / 2,200엔(단품 통신판매시)

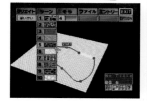

『F-ZERO X』의 확장판. 개발 툴에 가까운 에디트 기능을 갖추고 있으며 제작한 코스, 머신은 각 100개를 저장할 수 있다. 제작한 코스 전용을 포함한 신규 컵 3가지와 새로운 배경음악, 고스트 레이서 3개 저장 등 추가 요소가 많다.

거인의 도신 해방전선 치빗코칫코 대집합

발매일 / 2000년 5월 17일(배포일) 가격 / 3,333엔

꿈속에서 『세계 도신 박람회』의 전시장을 걸어 다니며 치빗코를 조작해 도신을 구출한다는 내용. 『거인의 도신1』의 보조 디스크로서 회원 한정으로 판매되었으므로 단독 플레이는 할 수 없다. 도신의 단편영화 총 17회를 감상할 수 있다.

마리오 아티스트 커뮤니케이션 키트

발매일 / 2000년 6월 29일(배포일) 가격 / 3,500엔(단품 통판시)
© 2000 Nintendo

64DD 서비스인 『넷 스튜디오』를 사용해, 마리오 아티스트로 만든 작품을 다른 사람들의 작품과 거래하는 소프트. 받아온 영상을 플레이하거나 콘테스트에 응모할 수 있었다. 또한 백업 툴로도 사용 가능했다.

마리오 아티스트 폴리곤 스튜디오

발매일 / 2000년 8월 29일(배포일)
© 2000 Nintendo / Nichimen Graphics

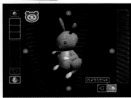

3D CG 모델을 제작하는 소프트. 모델러 로켓과 블록 돔으로 제작된 폴리곤 작품을 「가위바위보 월드」「고고파크」「사운드 봄버」 등의 모드에서 플레이할 수 있다. 회원 세트로만 배포되었고 단품의 통신판매는 이루어지지 않았다.

닌텐도 북

2002년 봄부터 점포에서 무료 배포되었던 카탈로그. 게임큐브와 게임보이 어드밴스의 신작 게임을 소개했다. 분량이 많았으며 씰과 DVD가 추가되는 경우도 있었다. 계간으로 발행되다가 2003년 겨울호(7권)로 끝났는데, 풍성한 내용으로 채워진 호화로운 판촉물이었다.

2002년 봄

2002년 여름

2002년 가을

2002년 겨울

2003년 봄

2003년 여름

2003년 겨울

컨트롤러 브로스 그레이

발매일 / 1996년 6월 23일 가격 / 2,500엔 모델 / NUS-005

닌텐도 순정 컨트롤러로 닌텐도64 본체에 동봉된 색상과 같다. 여러 명이 플레이하기 위해서 필요한 아이템이다.

컨트롤러 브로스 블랙

발매일 / 1996년 6월 23일 가격 / 2,500엔 모델 / NUS-005

닌텐도 순정 컨트롤러의 블랙 버전. 컨트롤러의 색깔놀이는 아마도 업계 최초일 것이다. 닌텐도64 본체에 컨트롤러를 4개 꽂았을 때 어떤 색이 어디 연결되었는지 한눈에 알 수 있다.

컨트롤러 브로스 블루

발매일 / 1996년 6월 23일 가격 / 2,500엔 모델 / NUS-005

닌텐도 순정 컨트롤러의 블루 버전. 업계 최초로 아날로그 스틱과 컨트롤러의 진동을 채용했는데 이는 타 게임기에도 받아들여짐으로써 사실상 업계 표준이 되었다.

컨트롤러 브로스 레드

발매일 / 1996년 6월 23일 가격 / 2,500엔 모델 / NUS-005

닌텐도 순정 컨트롤러의 레드 버전. 닌텐도64는 업계 최초로 멀티탭 없이 4인 동시 플레이를 지원했는데, 파티 문화가 발달한 북미에서 함께 모여 신나게 게임하는 문화를 만들어냈다.

컨트롤러 브로스 옐로

발매일 / 1996년 6월 23일 가격 / 2,500엔 모델 / NUS-005

닌텐도 순정 컨트롤러의 옐로 버전. 닌텐도64는 함께 플레이하는 체험을 중시했지만 게임 용량에서는 인색했다. 시대를 막론하고 닌텐도 게임에는 프리렌더링 동영상을 쓰지 않는다.

컨트롤러 브로스 그린

발매일 / 1996년 6월 23일 가격 / 2,500엔 모델 / NUS-005

닌텐도 순정 컨트롤러의 그린 버전. 북미의 호조와 일본의 침체와는 별개로 한국에서는 괴멸적 점유율 하락이 있었는데 그 원인은 PS와 SS의 게임 구매 가격 하락과 풍부한 라인업에 있다.

컨트롤러 브로스 블랙&그레이

발매일 / 1998년 12월 25일 가격 / 2,500엔 모델 / NUS-005

닌텐도 순정 컨트롤러의 블랙 & 그레이 투톤 버전. 『마리오 카트64』에 동봉된 것과 같은 사양이 2년 후에 단독으로 일반 판매되었다.

컨트롤러 브로스 클리어 블루

발매일 / 2000년 1월 21일 가격 / 2,500엔 모델 / NUS-005

닌텐도 순정 컨트롤러의 클리어 블루 버전. 새로운 색상의 닌텐도64 본체에 동봉된 제품을 몇 주 후에 단품 판매했다. 윗면은 투명한 블루, 아랫면은 밀키 화이트의 투톤 디자인이다.

컨트롤러 브로스 클리어 레드

발매일 / 2000년 1월 21일 가격 / 2,500엔 모델 / NUS-005

닌텐도 순정 컨트롤러의 클리어 레드 버전. 닌텐도64 클리어 레드에 동봉된 것과 동일하다. 윗면은 투명한 레드, 아랫면은 밀키 화이트의 투톤 디자인이다.

컨트롤러 브로스 피카츄
블루&옐로

발매일 / 2000년 8월 21일 가격 / 2,500엔 모델 / NUS-005

닌텐도 순정 컨트롤러의 피카츄 버전. 닌텐도64 피카츄 블루&옐로에 동봉된 것과 같다. 블루와 옐로의 투톤 컬러에 정면에는 피카츄 로고가 프린트되어 있다.

컨트롤러 브로스 피카츄
오렌지&옐로

발매일 / 2000년 8월 21일 가격 / 2,500엔 모델 / NUS-005

닌텐도 순정 컨트롤러의 피카츄 버전. 닌텐도64 피카츄 오렌지&옐로에 동봉된 것과 같다. 오렌지와 옐로의 투톤 컬러에 정면에는 피카츄 로고가 프린트되어 있다.

모노 AV 케이블

발매일 / 1996년 6월 23일 가격 / 1,200엔 모델 / SHVC-007

영상과 모노 음성을 출력하는 AV 케이블. 슈퍼 패미컴용 패키지에 닌텐도64 마크가 추가되어 있다.

스테레오 AV 케이블

발매일 / 1996년 6월 23일 가격 / 1,500엔 모델 / SHVC-008

영상과 스테레오 음성을 출력하는 AV 케이블 .슈퍼 패미컴용 패키지에 닌텐도64 마크가 추가되어 있다.

S 단자 케이블

발매일 / 1996년 6월 23일 가격 / 2,500엔 모델 / SHVC-009

S-VIDEO 영상과 스테레오 음성을 출력하는 케이블. 슈퍼 패미컴용 패키지에 닌텐도64 마크가 추가되어 있다.

RF 스위치 UV

발매일 / 1996년 6월 23일 가격 / 1,500엔 모델 / NUS-009(JPN)

패미컴 본체에 동봉되어 있던 RF 스위치의 개량판. 이전에 판매하던 RF 스위치보다 간단하게 접속할 수 있다. 상표명의 「UV」는 UHF와 VHF에서 따왔다.

RF 모듈레이터

발매일 / 1996년 6월 23일 가격 / 1,000엔 모델 / NUS-003(JPN)

RF 스위치에서 나온 케이블을 닌텐도64의 멀티 아웃 단자에 연결하기 위한 변환 어댑터. 슈퍼 패미컴과는 달리 닌텐도64에는 RF 단자가 삭제되었기 때문에 새로 개발, 발매되었다.

AC 어댑터

발매일 / 1996년 6월 23일 가격 / 2,500엔 모델 / NUS-002(JPN)

닌텐도 순정의 닌텐도64 전용 AC 어댑터. 본체에 동봉된 것과 같다.

컨트롤러팩

발매일 / 1996년 6월 23일 가격 / 1,000엔 모델 / NUS-004

약칭은 콘팩. 게임 데이터가 저장되는 외부 메모리로 이동이 용이하다. 데이터 용량은 256K bit(32K BYTE)이며 대응 소프트에 따라 사용량이 다르다. 컨트롤러 뒷면에 꽂아 쓴다.

진동팩

발매일 / 1997년 4월 27일 가격 / 1,400엔 모델 / NUS-013

게임 중 컨트롤러가 진동하는 주변기기. PS보다 먼저 발표했지만 발매는 PS의 아날로그 패드보다 늦었다. 닌텐도64용 소프트의 2/3가 진동팩에 대응했으며 AA 전지 2개를 사용한다.

하이레조팩

발매일 / 1999년 6월 18일 가격 / 2,800엔 모델 / NUS-007

아래에 나오는 『메모리 확장팩』의 첫 이름. 의미 전달이 어렵다는 이유로 1999년 12월 10일 이름을 바꿀 때까지 반년 동안 이 이름으로 판매되었다.

메모리 확장팩

발매일 / 1999년 12월 10일 가격 / 2,800엔 모델 / NUS-007

닌텐도64 본체의 메모리를 36M bit(4.5MB)로 업그레이드 해주는 주변기기. 대응 소프트에서는 게임 화면이 보다 깔끔해졌다. 닌텐도64 본체 한가운데에 있는 터미네이터팩과 교체해서 사용한다.

64GB팩

발매일 / 1998년 8월 1일 가격 / 1,400엔 모델 / NUS-019

컨트롤러 뒷면에 꽂아 게임보이 소프트의 데이터를 이용할 수 있다. 64GB팩에 대응하는 게임보이 소프트에서 쓸 수 있으며, 거치형 게임기와 휴대 게임기를 연동시키는 플레이 스타일의 선구자가 되었다.

슈퍼마리오 클럽

1990년 12월 닌텐도, 덴츠, 비디오 리서치가 공동 개발한 게임 소프트 평가 시스템을 말한다. 닌텐도가 평가 지표를 설정하고, 패미컴 네트워크를 통해 미디어와 유통 관계자에게 정보를 제공했다. 12~25세의 유저 중 모니터요원을 모집해 신작 소프트를 2시간 플레이한 후 5단계로 평가하게 했다. 종합 평가 3.5 이상, 또는 유저 각 그룹의 평가가 3 이상의 소프트에 추천마크를 붙였다. 도매점과 소매점 등에 정보를 제공해 조악한 소프트의 범람을 막고자 한 것이다. 이후 닌텐도 사내의 품질관리부문이 이어받아 소프트 평가와 디버그 등을 실시했다. 2009년 「마리오 클럽 주식회사」로 분사되어 지금에 이어진다.

슈퍼마리오 클럽의 이용 매뉴얼

소프트 발매 달력. 슈퍼마리오 클럽이 추천하는 소프트에는 마리오 마크가 붙어 있다.

닌텐도64
토이저러스 한정 골드

발매일 / 1998년 11월 19일   가격 / 12,799엔

닌텐도64의 한정 컬러로 고급스럽고 차분한 색감이다. 토이저러스의 TV 광고에 등장해 닌텐도64의 한정판으로서의 인지도는 높은 편이다.

닌텐도64
토이저러스 한정 미드나이트 블루

발매일 / 1999년 11월 10일   가격 / 12,799엔

토이저러스 한정으로 판매된 닌텐도64의 한정 컬러. 구입 특전으로 『컨트롤러 브로스 미드나이트 블루』를 선착순으로 증정했다.

닌텐도64
쟈스코 한정 클리어 그레이

발매일 / 1999년 11월 30일   가격 / 12,780엔

쟈스코 한정으로 판매된 닌텐도64의 한정 컬러. 구입 특전으로 『컨트롤러 브로스 클리어 그레이』를 선착순으로 증정했다.

닌텐도64
클리어 블랙

발매일 / 1999년   가격 / 3,300엔*12개월(64DD 포함)

64DD와 세트로 판매되었던 닌텐도64의 한정 컬러. 64DD, 닌텐도64 본체, 소프트 6개 등으로 구성된 A코스 팩으로 판매되었다.

컨트롤러 브로스 골드

발매일 / 1998년경   가격 / 비매품

닌텐도64 본체 구입 캠페인으로 점포에서 배포되었던 닌텐도64용 컨트롤러. 일반 판매는 되지 않았다.

컨트롤러 브로스 골드
마리오 카트 대회 경품

발매일 / 1997년   가격 / 비매품

『마리오 카트64 타임 트라이얼 캠페인』의 경품. 『플라워 컵 마리오 서킷』에서 닌텐도 공인 타임(1분 30초) 이내 들어온 응모자 전원에게 라이선스 카드를 증정하고 10만 명을 추첨해 컨트롤러를 증정했다.

컨트롤러 브로스 클리어 블랙

발매일 / 2000년 8월 가격 / 비매품

전국 각지의 점포에서 실시된 『마리오 테니스64』 게임 대회 우승 상품으로 증정되었다.

컨트롤러 브로스 클리어 퍼플

발매일 / 1997년 3월 가격 / 비매품

닌텐도64의 가격 인하(25,000엔→16,800엔) 판촉 캠페인으로 배포되었던 닌텐도64용 컨트롤러. 일반 판매는 되지 않았다.

컨트롤러 브로스
토이저러스 한정 GEOFFREY 블랙

발매일 / 1997년 12월 가격 / 비매품

토이저러스의 64 점포 달성 캠페인의 일환으로 배포된 닌텐도64용 컨트롤러. 전면에 토이저러스의 공식 캐릭터인 「GEOFFREY」가 프린트되어 있다. 일반 판매는 되지 않았다.

컨트롤러 브로스
헬로우 맥 한정 블랙

발매일 / 불명 가격 / 비매품

예전에 존재했던 완구 체인 「헬로우 맥」의 캠페인에서 증정되었던 닌텐도64용 컨트롤러. 헬로우 맥의 로고가 프린트되어 있다.

컨트롤러 브로스
클리어 오렌지 & 클리어 블랙

발매일 / 1999년 9월 26일 가격 / 비매품

다이에 한정의 닌텐도64용 컨트롤러. 닌텐도64 본체 클리어 오렌지 & 클리어 블랙 구입 특전으로 배포되었다. 일반 판매는 이루어지지 않았다.

컨트롤러 브로스
미드나이트 블루

발매일 / 1999년 11월 10일 가격 / 비매품

토이저러스 한정의 닌텐도64용 컨트롤러. 일반 판매는 되지 않았고, 닌텐도64 본체 미드나이트 블루의 구입 특전으로 배포되었다.

컨트롤러 브로스 클리어 그레이

발매일 / 1999년 11월 30일　가격 / 비매품

쟈스코 한정의 닌텐도64용 컨트롤러. 닌텐도64 본체 클리어 그레이 구입 특전으로 배포되었으며 일반 판매는 되지 않았다.

동물의 숲
(패미컴 데이터 「아이스 클라이머」)

발매일 / 2001년 6월경　가격 / 비매품

일본의 게임 잡지 『주간 패미통』 2001년 6월 4일호의 상품. 닌텐도64용 『동물의 숲』에서 플레이할 수 있는 패미컴 버전 『아이스 클라이머』와 개발자의 편지 데이터가 포함된 메모리팩이다. 추첨으로 30명에게 증정되었다.

TV 광고 갤러리

파이어 엠블렘

패밀리 컴퓨터 광선총 시리즈

패밀리 컴퓨터 본체

링크의 모험

닌텐도 게임 프런트

2002년 9월 14일 도쿄 아리아케의 파나소닉센터에 오픈한 닌텐도의 첫 상설전시장으로, 신작 소프트 등을 무료로 체험할 수 있다. 처음에는 1층에 설치되었지만 2002년 2층으로 옮겼고 2017년 3월에는 리뉴얼 오픈했다. 간사이공항에도 있다.

입구에 마리오의 등신대(?) 피규어가 놓여 있다.

인포메이션. 예전에 대난투DX의 세이브 데이터와 팔테나의 거울 AR 카드 등을 배포했다.

스타일리시한 디자인의 체험 코너. 가족과 커플 단위로 많이 참여했다.

꿈이 가득한 덮어쓰기 서비스

디스크 시스템의 큰 특징 중 하나가 소프트의 「덮어쓰기」 서비스이다. 당시에는 신작이 나올 때마다 롬팩을 사야 했지만, 디스크 카드를 1장 사면 다른 게임으로 덮어쓸 수 있었다. 약 5,000엔의 롬팩 게임을 500엔에 가질 수 있었던 것이다. 점포에 디스크 카드를 가져가면 점원이 「디스크 라이터」로 기록해주는데, 디스크 라이터의 곡이 울려 퍼지고 마리오와 루이지가 디스크 카드를 가지고 달리는 데모가 나왔다. 덮어쓰기 중에는 스킨헤드의 2등신 캐릭터가 다른 캐릭터에게 공기를 보내서 부풀리는(때에 따라 달라짐) 데모로 바뀐다. 원래 소프트 발매에서 몇 개월 뒤에 덮어쓰기를 시작하지만 「링크의 모험」 덮어쓰기는 인기가 많아

영업시간 내내 디스크 라이터가 돌아가는 점포도 있었다. 1993년 점포에서 디스크 라이터가 회수된다. 하지만 닌텐도 본사와 영업소에 희망하는 게임과 디스크 카드, 우표 500엔 분량(반송료, 소비세 포함)을 보내면 이용할 수 있었다. 2003년 약 18년에 걸친 덮어쓰기 서비스가 종료되었는데, 끝나기 직전 팬들이 쇄도했다고 한다. 점포에겐 돈이 안 되는 사업이었지만 아이들에겐 적은 용돈으로 게임을 살 수 있는 「꿈이 가득한」(당시의 캐치 프레이즈) 미디어였다. 닌텐도의 고객 만족도는 대단히 높았는데, 게임 자체는 물론 이런 서비스를 하는 것도 기여하지 않았을까 한다.

디스크 카드 반송 시에 동봉된 전표. 디스크가 망가졌을 때는 에러 내용을 적은 빨간 종이가 동봉되어 금액이 환불되었다. 무료로 수리와 클리닝 서비스도 해주었다.

점포에서의 덮어쓰기 서비스 종료 후 배포된 광고지. 덮어쓰기를 지원하는 게임 라인업을 고지하고 있다. 서서히 서비스를 종료하는 게임이 늘어났다.

디스크 카드 덮어쓰기 안내. 이 포스터가 걸려 있는 점포에서 덮어쓰기 서비스를 이용할 수 있었다.

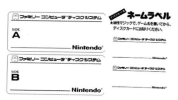  

유저가 직접 타이틀을 적을 수 있는 범용 라벨. 디스크의 라벨이 생산되지 않을 때 유저에게 배포되었다.

디스크 라이터의 데모 화면. 디스크 라이터의 음악이 점포 안에 울려 퍼졌다.

초심회

닌텐도에 거래계좌를 개설한 도매업자가 모인 친목단체. 주로 닌텐도 상품을 취급하는 완구 도매업자를 중심으로 조직되었으며, 1989년부터 유통과 미디어 관계자를 대상으로 「초심회 전시회」(후일의 「닌텐도 스페이스 월드」)가 열렸다. 초심회의 유래는 깊다. 1960년대 초반 닌텐도가 도매상을 통해 모은 소매점 단체로, 트럼프와 카루타의 특매 세일 경품으로 온천여행 등을 곁들인 것이 시작이다. 그때 자연발생적으로 모인 친목회 성격의 「서일본 다이아 모임」이 전국에 퍼져 「다이

아 모임」이 된다. 1973년 2월 닌텐도는 「다이아 모임」을 해체하고 「초심회」를 결성했다. 전성기에는 50사 이상이 소속되어 닌텐도와 공존공영의 관계를 구축했다. 닌텐도는 초심회에 모든 재고를 판매하여 건전한 현금 흐름을 구축했다. 초심회에 가맹한 1차 도매상을 통해 전국의 소매점에 게임 소프트를 판매했는데, 소니의 직판 방식과 디지큐브의 편의점 유통 등으로 닌텐도의 영향력이 점점 감소된다. 1996년 2월에 해산, 재결성하지만 초심을 잃은 초심회는 1997년에 해산되었다.

초심회에 가맹했던 도매상 등에게 배포된 가격표

포켓몬 미니 편

NINTENDO
COMPLETE
GUIDE

이렇게 작은데 팩 교환도 가능!
한 손으로 흔들며 플레이하는 포켓몬 전용 게임기!

포켓몬 미니(포켓몬 파티 미니 동봉)

발매일 / 2001년 12월 14일 가격 / 4,800엔 발매 / (주)포켓몬 판매 / 닌텐도

소프트를 교환할 수 있는 포켓몬 전용 게임기

흑백액정을 채용한 소형 휴대형 게임기. 포켓몬 시리즈 전용의 게임기로 대응 소프트 10개 모두 포켓몬을 모티브로 하고 있다. 본체에는 A, B, C, 파워, 리셋 버튼과 진동을 감지하는 충격 센서를 채용해 흔들면서 플레이할 수 있다. 또한 적외선 통신 기능을 사용하여 5인 이상이 대전할 수도 있다. 본체 내부에 게임 데이터를 6블록까지 저장할 수 있어 AAA 전지 1개로 약 60시간 플레이가 가능하다. 소프트에 따라서는 중단하거나 전원을 끄더라도 같은 지점에서 시작할 수 있는 것이 있다. 또한 C 버튼을 누르면서 전원을 켜면 무음 모드가 된다. 가방 등에 매달고 다닐 수 있도록 스트랩 홀도 준비되어 있다. 발매 시에는 소프트(포켓몬 파티 미니) 동봉판만 있었지만 나중에는 게임이 제외된 단품으로 판매되었다.

※2001년 11월 27일 선행 발매

우퍼 블루

스펙

■CPU/Nintendo Minx (4MHz) ■그래픽/모노 2단계 액정. 해상도 96*64 ■작동시간/AAA전지 1개, 알카라인 전지 사용시 약 60시간 사용 가능 ■사이즈/가로 58mm x 세로 74m m x 높이 23mm

포켓몬 미니 우퍼 블루

발매일 / 2002년 4월 26일 가격 / 3,800엔 발매 / (주)포켓몬 판매 / 닌텐도

단품 판매되었던 본체.

포켓몬 미니 무츄르 퍼플
(포켓몬 파티 미니 동봉)

발매일 / 2001년 12월 14일 가격 / 4,800엔 발매 / (주)포켓몬 판매 / 닌텐도

포켓몬 센터 한정으로 판매되었던 한정 컬러.

포켓몬 미니 치코리타 그린
(포켓몬 파티 미니 동봉)

발매일 / 2001년 12월 14일 가격 / 4,800엔 발매 / (주)포켓몬 판매 / 닌텐도

포켓몬 센터 한정으로 판매되었던 한정 컬러.

포켓몬 미니가 지향했던 것

『포켓몬 미니』의 개발은 닌텐도 기획개발부에서 시작되었다고 한다. 새로운 하드웨어와 포켓몬이 융합하는 형태가 되어 발족했다. 콘셉트는 「어디라도 가지고 다니는 소프트 교환 방식의 휴대용 게임기」. 1998년 발매된 만보기 『포켓 피카츄』가 진화한 것으로, 같은 시기에 개발 중이었던 게임보이 어드밴스와는 다른 놀이를 지향했다. 교환 방식 외에 추가된 것이 1미터 이상 거리에 대응하는 적외선 통신과 진동기능, 충격센서였다. 충격센서의 기본 구조는 포켓 피카츄와 같지만, 포켓몬 미니에서는 입력장치로 쓸 수 있도록 변경되었다. 진동으로 친구에게 데이터를 보내거나 흔드는 등, 한 손으로 플레이하는 게임이 많았고, 전철 내의 사용에 대비해 무음 모드를 채용했다. 소프트는 포켓몬뿐이지만 다채로운 라인업이 있었고 가격도 1,200엔으로 저렴했다.

포켓몬 애니메 카드 대작전
발매일 / 2001년 12월 14일 가격 / 1,200엔

본체와 동시 발매되었다. 포켓몬의 트럼프를 써서 4종류의 게임(매치&겟, 포켓몬 페이지원, 배틀10, 포킹스)을 플레이할 수 있다. 로사와 로이, 로켓단 등 애니메이션의 캐릭터가 등장한다.

포켓몬 파티 미니
발매일 / 2002년 4월 26일 가격 / 1,200엔

본체와 동봉된 소프트로 이후 단품으로 발매되었다. 6가지의 미니게임을 수록하여 진동과 버튼 빨리 누르기 경쟁 등으로 가볍게 즐길 수 있다. 적외선 통신을 이용한 다인 플레이와 결과 데이터의 송수신에도 대응한다.

포켓몬 퍼즐 컬렉션
발매일 / 2001년 12월 14일 가격 / 1,200엔

본체와 동시 발매되었다. 4종류 퍼즐(애니메이션 퍼즐, 실루엣 퍼즐, 탈출 퍼즐, 연결 퍼즐)의 총 80문제를 수록했다. 퍼즐을 풀면 포켓몬을 얻을 수 있고 「미니 도감」에 기록된다.

포켓몬 핀볼 미니
발매일 / 2001년 12월 14일 가격 / 1,200엔

본체와 동시 발매되었다. 게임보이 버전 『포켓몬 핀볼』에 당구 요소를 추가한 게임이다. 큐라고 불리는 포켓몬으로 공을 때려서 포켓(구멍)에 넣으면 되는데, 버튼을 오래 누르면 파워가 올라간다. 총 90스테이지 구성이다.

포켓몬 쇼크 테트리스
발매일 / 2002년 3월 21일 가격 / 1,200엔

『포켓몬』과 『테트리스』를 합체한 게임. 본체를 흔들면 블록의 좌우가 반전되는데 4줄을 동시에 지우면 포켓몬을 얻을 수 있다. 마스터 모드에서는 블록이 5개가 된다. 적외선 통신으로 대전과 랭킹 정보를 열람할 수 있었다.

포켓몬 퍼즐 컬렉션 Vol.2
발매일 / 2002년 4월 26일 가격 / 1,200엔

시리즈 제2탄. 전작의 애니메이션 퍼즐 등에 더해 픽업 퍼즐, 스트레치 퍼즐이 추가되었다. 퍼즐을 풀면 포켓몬을 얻고 기능이 업그레이드된 「미니 도감」에 기록된다. 총 80문제를 수록했다.

포켓몬 레이스 미니

발매일 / 2002년 7월 19일　가격 / 1,200엔

피카츄를 조작해 포켓몬 그랑프리에서 우승을 노리는 횡스크롤 레이스 액션 게임. 승리하면 포켓몬을 얻을 수 있다. 챌린지와 타임 어택 등의 모드가 있고 화면은 작지만 액션 자체는 풍부하다.

피츄 브라더스 미니

발매일 / 2002년 8월 9일　가격 / 1,200엔

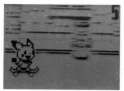 

『포켓몬 파티 미니』의 제2탄. 본체를 흔드는 게임을 중심으로 6종류의 미니게임을 수록했다. 1인 플레이의 「단위 인정전」과 최대 10인이 대전할 수 있는 「진검승부」 모드 등이 있다.

토게피의 대모험

발매일 / 2002년 10월 18일　가격 / 1,200엔

 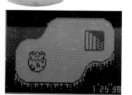

토게피가 다양한 장치가 있는 의문의 타워를 데굴데굴 굴러가며 탈출하는 게임. 플레이어는 속도를 높이면서 굴러가는 토게피가 떨어지지 않도록 골로 유도한다. 총 250플로어 이상이 준비되어 있다.

포켓몬 브리더 미니

발매일 / 2002년 12월 14일　가격 / 1,200엔

『루비/사파이어』에 등장한 나무지기, 아차모, 물짱이를 키워 털보박사에게 돌려주는 게임. 먹이를 주거나 플래싱을 하면 포켓몬이 성장한다. 전원을 껐을 때도 콜이 걸린다.

TV 광고 갤러리

MOTHER2

젤다의 전설 신들의 트라이포스

젤다의 전설 꿈꾸는 섬

파이어 엠블렘 문장의 비밀

포켓 피카츄

발매일 / 1998년 3월 27일 가격 / 2,500엔

피카츄의 만보계 기능이 있는 휴대형 게임기. 걸을수록 피카츄의 귀여운 모습을 볼 수 있다. 시계 기능도 있어 밤이 되면 피카츄가 잠을 자고, 와트를 모으면 미니게임을 즐길 수 있다.

포켓 피카츄 컬러
골드·실버 함께! 클리어 블랙

발매일 / 1999년 11월 21일 가격 / 3,000엔

피카츄의 만보계 기능이 있는 컬러 액정 휴대형 게임기. 7일 전까지의 상황 확인과 알람음 제작이 가능하다. 적외선 통신 기능으로 친구와의 교환이 가능하고 게임보이 소프트로 보내 아이템 입수도 할 수 있다.

포켓 헬로 키티

발매일 / 1998년 8월 21일 가격 / 2,500엔

키티의 만보계 기능이 있는 휴대형 게임기. 『포켓 피카츄』를 모티브로 만들었고 걸을수록 키티의 모습을 볼 수 있다. 「Kitt」를 모아 보물상자를 찾는 미니게임 「키티의 숲」을 즐길 수 있다.

포켓 모션

발매일 / 2003년 8월 1일 가격 / 2,500엔

봉을 좌우로 흔들면 포켓몬의 그림이 나오는 완구. 『포켓몬스터 루비/사파이어』에 등장하는 모든 포켓몬이 수록되어 있고 전설의 포켓몬도 등장한다. 퀴즈와 응원 메시지, 애니메이션도 준비되어 있다.

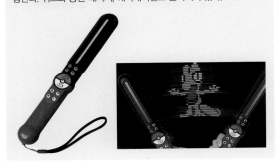

포켓 피카츄 컬러 골드·실버 함께! 컬러 배리에이션

반짝반짝 펄

발매일 / 2000년 2월 19일
가격 / 3,000엔

포켓몬 센터 한정의 오리지널 컬러.

클리어 블루 & 화이트

발매일 / 2000년 3월 24일
가격 / 3,000엔

이토요카도 한정의 오리지널 컬러.

이탈리안 블루 & 블랙

발매일 / 2000년 4월
가격 / 3,000엔

헬로우 맥 15주년 기념의 오리지널 한정 컬러.

닌텐도 회사 안내

닌텐도의 공채에 지원한 사람들에게 배포된 비매품 책자. 매년 다양한 테마로 만들어졌고 닌텐도에서 일하는 것의 매력에 대해 소개하고 있다. 흔치 않은 회사의 모습과 그곳에서 일하는 사람들, 게임 샘플 등 귀한 사진들이 많이 실려 있어 보는 재미가 있다.

닌텐도 회사 안내
1993년

닌텐도 회사 안내
1996년

닌텐도 회사 안내
1997년

닌텐도 회사 안내
1999년

닌텐도 회사 안내
2000년

닌텐도 회사 안내
2003년

닌텐도 회사 안내
2004년

닌텐도 회사 안내
2005년

닌텐도 회사 안내
2006년

닌텐도 회사 안내
2007년

닌텐도 회사 안내
2008년

닌텐도 회사 안내
2009년

닌텐도 회사 안내
2010년

닌텐도 회사 안내
2011년

닌텐도 회사 안내
2012년

닌텐도 회사 안내
2013년

닌텐도 회사 안내
2014년

닌텐도 회사 안내
2015년

닌텐도 회사 안내
2016년

닌텐도 회사 안내
2017년

닌텐도 회사 안내
2018년

CSR 리포트
2010

CSR 리포트
2011

CSR 리포트
2016

게임보이
어드밴스 편

슈퍼 패미컴의 명작도 속속 이식!
자나 깨나 게임 삼매경!

NINTENDO
COMPLETE
GUIDE

게임보이 시리즈의 후속 기기는 어드밴스(전진)란 이름에 부끄럽지 않은
강력한 성능으로 등장했다. 이는 게임큐브와도 연동되었다.

게임보이 어드밴스

발매일 / 2001년 3월 21일   가격 / 9,800엔

슈퍼 패미컴급 게임을 즐기는 32비트 휴대용 게임기

초기 게임보이에서 12년이라는 시간을 거쳐 하드웨어를 풀 체인지 했다. 게임보이의 약 1.5배에 이르는 2.9인치의 컬러 액정을 채용해 32,000색을 표시할 수 있다. 32비트 CPU를 채용했고 본체는 가로형으로 바뀌었다. 적외선 통신 기능은 삭제되고 전용 통신 케이블을 연결해 대전 플레이를 지원했다. 게임큐브와의 상성도 좋아, GBA 케이블을 통해 새로운 플레이 스타일을 구현했다. 휴대용 게임기로 슈퍼 패미컴의 성능 이상을 즐길 수 있다는 것이 매력으로 게임보이, 게임보이 컬러 전용 소프트와 호환된다. 2002년 2월 1일에는 8,800엔으로 가격을 내렸으며, 그 후 게임보이SP와 게임보이 미크로라는 마이너 체인지판도 발매되었다. 시리즈 통틀어 일본에서 1696만 대, 해외에서 8151만 대 판매.

바이올렛

스펙

■CPU/ARM7TDMI 32비트 16.78MHz + 샤프 LR35902 8비트 4.19/8.38MHz ■메모리/메인 메모리 32k BYTE(CPU내장), 메인메모리 256k BYTE(CPU외부), 비디오 메모리 96k bit (CPU내장) ■그래픽/32,768색상에서 동시발색 256색 지원, 해상도 240*160, 확대·축소·회전, 페이드인/아웃, 알파 블렌딩, 모자이크 기능 지원 ■액정/2.9인치 반사형 TFT컬러 액정 ■사운드/PSG 3채널 + 노이즈 1채널 + PCM 2채널 ■본체 사이즈/가로 144.5 x 세로82 x 두께 24.5mm ■무게/약 140g(AA 전지 2개 미포함) ■연속사용시간/알카라인 전지 사용시 약 15시간

게임보이 어드밴스 컬러 배리에이션

화이트

밀키 블루

밀키 핑크
발매일 / 2001년 4월 27일

오렌지
발매일 / 2001년 12월 14일

블랙
발매일 / 2001년 12월 14일

골드
발매일 / 2002년 9월 27일

실버
발매일 / 2002년 9월 27일

게임보이 어드밴스의 광고지

게임보이 어드밴스SP

발매일 / 2003년 2월 14일 가격 / 12,500엔

접어서 휴대하는 콤팩트한 GBA
휴대용 게임기가 주머니 속으로!

본체를 접는 방식으로 인해 힌지 부분의 내구성을 신경써서 사용해야 하는(충격에 약하다) 게임보이 어드밴스 개량판. 프론트 라이트가 채용되어 어두운 곳에서도 보기 쉬워졌다. 충전식 리튬이온 전지가 처음 채용되어 약 3시간 충전으로 10시간가량(프론트 라이트 OFF 시는 약 18시간) 플레이할 수 있다. 이어폰 단자가 폐지된 대신 확장 커넥터가 2개 채용되었다. 하나는 종래의 통신 케이블을 쓸 수 있고, 또 하나는 AC 어댑터와 이어폰 변환 플러그를 연결할 수 있다. 팩 슬롯이 아래쪽으로 옮겨간 탓에 「데굴데굴 커비」 등 일부 소프트의 플레이가 어려워졌다. 게임보이와의 호환성도 유지되었다. 본체 가격은 게임보이와 같은 12,500엔이었는데 2004년 9월 16일 9,800엔으로 인하되었다. 2003년 굿 디자인상 수상. 일본에서 651만 대, 전 세계에서 4357만 대 판매되었다.

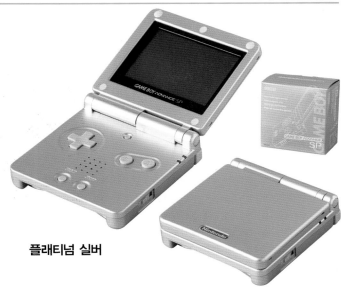

플래티넘 실버

스펙

■본체 사이즈/세로84.6 x 가로82 x 두께 24.3mm(접었을 때) ■액정/반사형 TFT컬러 액정(프론트 라이트 부착) ■무게/약 143g(배터리 포함) ■연속사용시간/프론트 라이트 ON 시 약 10시간, 프론트 라이트 OFF 시 약 18시간(충전시간은 약 3시간)

게임보이 어드밴스SP 컬러 배리에이션

아즈라이트 블루

오니키스 블랙

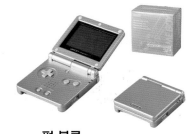

펄 블루
발매일 / 2003년 9월 5일

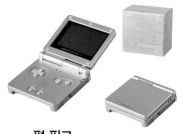

펄 핑크
발매일 / 2003년 9월 5일

패미컴 컬러
발매일 / 2004년 2월 14일

게임보이 어드밴스SP의 리플렛

게임보이 미크로

발매일 / 2005년 9월 13일 가격 / 12,000엔

시리즈 중에서 가장 작은 GBA
좀 더 일찍 나왔더라면…

초소형 사이즈의 GBA. 시리즈 중 가장 밝고 선명한 백라이트를 채용한 2인치 액정화면을 사용했다. 액정의 밝기는 5단계로 조정할 수 있다. 바디에 알루미늄을 사용해 금속의 질감을 표현했다. 본체 전면에는 페이스 플레이트가 씌워졌는데 필요에 따라 경품으로 배포된 물건으로 바꿔 끼울 수 있다. 충전식 리튬 이온 전지는 약 2.5시간 충전해 6~10시간 플레이할 수 있다. 게임보이, 게임보이 컬러 소프트와의 호환성은 없어졌지만, 게임보이SP에서 폐지된 이어폰 단자가 부활했다. 스트랩북과 본체를 넣는 전용 파우치가 동봉되었다. 『PLAY-YAN micro』와의 상성이 좋아 디지털 오디오 플레이어로서도 위력을 발휘했다. 콤팩트한 사이즈와 고급스러운 디자인으로 성인에게 인기가 많았다고 한다. 일본에서 61만 대, 전 세계에서 245만 대 판매되었다.

패미컴 버전

게임보이 미크로의 리플렛

스펙

■본체 사이즈/세로101 x 가로50 x 두께 17.2mm ■액정/투과형 TFT컬러 액정(백라이트 부착. 5단계 밝기 조정 가능) ■무게/약 80g(배터리 포함) ■연속사용시간/약 6~10시간(충전시간은 약 2.5시간)

게임보이 미크로 컬러 배리에이션

실버

블랙

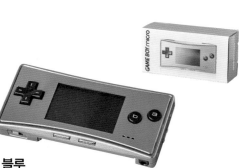

블루

퍼플

슈퍼마리오 어드밴스

발매일 / 2001년 3월 21일 가격 / 4,800엔

GBA와 동시 발매. 패미컴 버전 『슈퍼마리오 USA』를 이식한 것으로 그래픽은 슈퍼 패미컴 버전이 바탕이다. 대형 적 캐릭터와 새로운 아이템들 외에 캐릭터의 목소리와 요시 챌린지 등의 새로운 요소도 있다. 『마리오 브라더스』도 수록.

나폴레옹

발매일 / 2001년 3월 21일 가격 / 4,800엔

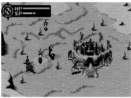
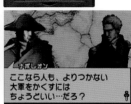

18세기의 프랑스를 무대로 나폴레옹이 되어 전쟁을 이겨 나가는 리얼타임 전쟁 게임. 지휘관과 병사를 적재적소에 배치하고 버튼 연타와 커맨드 입력으로 공격한다. 대전과 100명 베기 등의 모드가 준비되어 있다.

쿠루쿠루쿠루링

발매일 / 2001년 3월 21일 가격 / 4,800엔

천천히 회전하는 특수 헬기(헤리링)을 조작해서 벽과 장애물에 부딪치지 않고 종착지까지 가야 한다. 스토리가 있는 「모험」 모드는 33스테이지, 레벨별로 진행되는 「도전」 모드는 55스테이지가 있으며 4인 대전을 지원한다.

F-ZERO FOR GAMEBOY ADVANCE

발매일 / 2001년 3월 21일 가격 / 4,800엔

GBA와 동시 발매. 닌텐도64용 F-ZERO X에서 25년 후의 세계란 설정으로 10명 전원을 새로운 캐릭터로 채웠다. 코스는 총 21개이며 소프트 1개로 4인 대전을 지원한다. 2001년에는 닌텐도 공식대회도 치러졌다.

택틱스 오우거 외전
The Knight of Lodis

발매일 / 2001년 6월 21일 가격 / 4,800엔

슈퍼 패미컴 버전 『택틱스 오우거』에서 이어지는 스토리를 가진 시뮬레이션 RPG. 「훈장」과 「멘탈 게이지」 등의 새로운 시스템을 채용했고 통신 기능을 이용한 2인 동시 대전과 유니트, 아이템 교환 등을 지원한다.

마리오 카트 어드밴스

발매일 / 2001년 7월 21일 가격 / 4,800엔

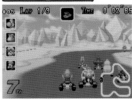

코스는 슈퍼 패미컴 버전의 리메이크를 합쳐 총 40개. GP모드는 동시에 2인까지, VS·배틀 모드는 동시에 4인까지 플레이 할 수 있다. 당시에는 「모바일 어댑터GB」에서 대회 참가와 고스트 데이터 다운로드 등의 서비스가 가능했다.

황금의 태양 열려진 봉인

발매일 / 2001년 8월 1일　가격 / 4,800엔

에너지(정신력)와 진(정령)을 이용한 퍼즐과 아름다운 그래픽이 매력적인 RPG. 에너지는 전투와 지도 탐색에서 힘을 발휘하고, 진(정령)과의 조합으로 클래스와 에너지가 변화한다. 배경음악에 정평이 나 있으며 대전도 지원한다.

어디서나 대국 역만 어드밴스

발매일 / 2001년 10월 26일　가격 / 4,800엔

버림패 지도에서 위험패의 예측, 점수 계산법까지 강의해주는 마작 게임. 챌린지 모드에서는 선생과 함께 마작을 하고, 프리 대국에서는 개성적인 캐릭터 21명과 대국한다. 역만 시리즈 중 처음으로 4인 동시 플레이를 지원한다.

슈퍼마리오 어드밴스2

발매일 / 2001년 12월 4일　가격 / 4,800엔

슈퍼 패미컴의 『슈퍼마리오 월드』를 이식. 루이지로 시작하면 조금 다른 조작감으로 플레이할 수 있다. 편리한 세이브 방법과 성적 화면을 추가하여 몰입도를 올렸다. 4인 대전이 가능한 『마리오 브라더스』도 준비되어 있다.

와리오 랜드 어드밴스 요키의 보물

발매일 / 2001년 8월 21일　가격 / 4,800엔

시리즈 제5탄. 피라미드 속 보물찾기가 목적으로, 대시 어택과 슈퍼 히프 어택 등 새로운 액션과 정겨운 리액션을 이용해 공략한다. 총 18스테이지 구성이며 라이프제, 미니게임과 보컬이 들어간 배경음악이 특징이다.

매지컬 배케이션

발매일 / 2001년 12월 7일　가격 / 4,800엔

몬스터에게 납치당한 마법학교의 친구를 구하기 위해 프레인이라 불리는 이세계를 탐험하는 RPG. 마법이 중심인 전투에서는 정령 콤보가 상황을 좌우한다. 대전 외에 마법 습득과 능력치 상승을 볼 수 있는 통신 플레이를 지원한다.

토마토 어드벤처

발매일 / 2002년 1월 25일　가격 / 4,800엔

케찹 왕국의 국왕 아비라에게 납치된 여자 친구를 구하기 위해 6개 지역을 모험하는 RPG. 기믹이라 불리는 무기와 커맨드 입력으로 공격력이 올라간다. 마지막 보스가 대단히 강하고 토마토 케찹으로 시작하는 TV 광고가 화제였다.

도모군의 신비한 TV

발매일 / 2002년 2월 21일 가격 / 4,800엔

NHK의 마스코트 캐릭터 「도모군」이 TV 프로그램의 세계를 모험하는 액션 게임. TV에 빨려들어간 「안테나 조각」을 찾는 것이 목표로 방송 출연자가 되어 미니게임 30종류를 플레이한다. 카드e도 같이 발매되었다.

코로코로 퍼즐 해피 파네츄!

발매일 / 2002년 3월 8일 가격 / 4,800엔

10x10 필드에 배치된 파네츄를 움직여서 같은 색상 3개 이상을 연결해 지우는 액션 퍼즐 게임. 움직임(가속도) 센서를 내장해서 게임기 본체를 기울여가며 플레이한다. 연쇄가 걸리면 폭탄이 나타나 상대방을 공격할 수 있다.

파이어 엠블렘 봉인의 검

발매일 / 2002년 3월 29일 가격 / 4,800엔

시리즈 최초의 휴대용 게임기 작품. 엘레브 지방을 무대로 주인공 로이와 동료들의 활약을 그린 시뮬레이션 RPG. 전작의 시스템을 계승했으며 지원 대사와 초보자용 튜토리얼, 통신대전 기능 등의 신 요소가 추가되었다.

톳토코 햄타로3 러브러브 대모험이에요

발매일 / 2002년 5월 31일 가격 / 4,800엔

시리즈 제3탄. 햄타로와 리본을 조작해 데빌햄의 마수에서 사랑을 지킨다는 어드벤처 게임. 새로운 햄어 사전과 듀엣 햄어, 보석 액세서리 수집 등의 요소가 추가되었다. 총 6스테이지에 엔딩은 3종류가 준비되어 있다.

황금의 태양 잃어버린 시대

발매일 / 2002년 6월 28일 가격 / 4,800엔

시리즈 제2탄. 전작에서 적이었던 가르시아가 주인공으로 7개 대륙을 모험한다. 신 에너지와 진이 등장해 퍼즐의 볼륨이 올라갔다. GBA 통신 케이블이나 패스워드 시스템으로 전작의 주인공 레벨과 능력, 진을 이어받으면 이벤트가 발생.

사쿠라 모모코의 우키우키 카니발

발매일 / 2002년 7월 5일 가격 / 4,800엔

카니발 위원이 되어 불참하는 마을 주민과 기묘한 몬비의 고민을 홈페이지를 통해 해결하고 카니발을 개최하는 것이 목적이다. 2주차 플레이에서는 120명 전원 초대가 가능해진다. 시나리오는 사쿠라 모모코의 동생이 담당했다.

111

커스텀 로보GX

발매일 / 2002년 7월 26일 가격 / 4,800엔

시리즈 제3탄. 2D 스테이지에 의한 무중력 공간에서의 공중전이 메인이 되었다. 신 파츠 추가로 커스텀의 폭이 늘어났고, 스토리 모드 「시나리오 편」을 클리어하면 「격투 편」을 플레이할 수 있다. 통신 케이블을 이용한 2인 대전도 지원.

미키와 미니의 매지컬 퀘스트

발매일 / 2002년 8월 9일 가격 / 4,800엔

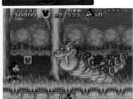

슈퍼 패미컴 버전 「미키의 매지컬 어드벤처」를 이식. 미니 마우스를 플레이어로 선택할 수 있으며, 각 스테이지에 맞게 3가지 옷을 사용해 진행한다. 세이브 기능이 추가되었고 4가지 파티 게임을 2인 대전에서 플레이할 수도 있다.

전설의 스타피

발매일 / 2002년 9월 6일 가격 / 4,800엔

하늘에 떠다니는 텐카이 왕국에서 떨어진 왕자 스타피가 고향을 찾아가기 위해 모험하는 수상 액션 게임. 산호초와 침몰선을 스핀 어택과 날다람쥐 점프 등으로 헤쳐 나간다. 기구와 두더지 탱크 등의 탈것도 사용할 수 있다.

슈퍼마리오 어드밴스3

발매일 / 2002년 9월 20일 가격 / 4,800엔

슈퍼 패미컴의 「슈퍼마리오 요시 아일랜드」를 이식. 각 월드에 새로운 코스가 추가되었고, 게임을 클리어한 후에 비밀 스테이지가 등장한다. 또한 캐릭터 음성이 추가되었고 4인 플레이가 가능한 「마리오 브라더스」도 수록.

별의 커비 꿈의 샘 디럭스

발매일 / 2002년 10월 25일 가격 / 4,800엔

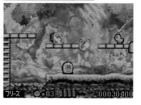

패미컴 버전 「별의 커비 꿈의 샘 이야기」의 리메이크작. 그래픽과 배경음악이 진화했고 시리즈 최초로 4인 동시 플레이를 지원. 3가지 서브 게임과 조건을 만족하면 메타 나이트로 본편 플레이가 가능. 중간 보스 3마리가 변경되었다.

포켓몬스터 사파이어

발매일 / 2002년 11월 21일 가격 / 4,800엔

무대는 호연지방으로 등장인물이 바뀌었다. 포켓몬 숫자는 총 386마리로 늘어났고 포켓몬 콘테스트와 특성 등의 요소가 추가되었다. 포켓몬 2마리 단위로 대전하는 「더블 배틀」과 4명이 2인씩 태그를 맺는 「멀티 배틀」도 도입.

포켓몬스터 루비

발매일 / 2002년 11월 21일 가격 / 4,800엔

『포켓몬스터 사파이어』와 동시 발매. 종래와 같이 포켓몬의 종류에 의해 출현율이 달라지고, 『루비에서는 마그마 단』『사파이어에서는 아쿠아 단이 적으로 나온다. 시계 기능에 버그가 있어 닌텐도가 수리 프로그램을 점포에 배포했다.

메트로이드 퓨전

발매일 / 2003년 2월 14일 가격 / 4,800엔

시리즈 제4탄. 의문의 생명체 X에 의해 파워드 슈트 능력의 절반을 잃은 사무스가 주인공이다. 기생 생물이 사무스로 변장한 『SA-X』와 배경음악이 공포감을 연출한다. 난이도를 3가지 중에서 선택할 수 있다.

메이드 인 와리오

발매일 / 2003년 3월 21일 가격 / 4,800엔

1개당 5초 정도의 미니게임 213가지가 수록된 순간 액션 게임. 소재에 맞춰 빠르게 컨트롤러를 조작해 반사신경과 판단력을 겨룬다. 개그 색채가 강하고 예전의 닌텐도 제품도 등장해서 폭넓은 인기를 누렸다.

쿠루링 파라다이스

발매일 / 2002년 12월 6일 가격 / 4,800엔

『쿠루쿠루쿠루링』의 속편. 조작과 모드는 전작과 거의 같지만 회전 속도가 증가했다. 새로운 미니게임 16종류가 추가되었고, 소프트 1개로 4명까지 대전할 수 있다. 염력으로 로고를 비트는 등의 디지털 매직도 수록했다.

젤다의 전설
신들의 트라이포스 & 4개의 검

발매일 / 2003년 3월 14일 가격 / 4,800엔

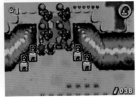

슈퍼 패미컴 버전 『신들의 트라이포스』를 이식. 4인 동시 플레이가 가능한 『4개의 검』을 수록했다. 쌍방향 진행에 맞추어 미니게임 등이 개방되기도 한다. 둘 다 클리어하면 새롭게 『신들의 트라이포스』에 『4개의 검의 신전』이 등장한다.

파이어 엠블렘 열화의 검

발매일 / 2003년 4월 25일 가격 / 4,800엔

시리즈 제7탄. 전작인 『봉인의 검』에서 20년 후의 엘레브 대륙이 무대로 주인공 린, 엘리우드, 헥토르의 순서로 이야기가 진행된다. 국가 간 전쟁이 아닌 집안싸움이 주요 소재이다. 플레이어 자신도 참모로 참여할 수 있다.

톳토코 햄타로4 무지개 대행진이에요

발매일 / 2003년 5월 23일 가격 / 4,800엔

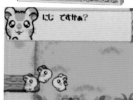

시리즈 제4탄. 햄어 모음은 물론 햄 액션이라는 미니게임 135종이 수록되었다. 30종류의 컬러링과 451종류의 씰 모으기 등도 준비되어 있다. 최대 8마리와 모험을 하는데 이번 작품에서「무지개 햄」이 처음 등장한다.

MOTHER 1+2

발매일 / 2003년 6월 20일 가격 / 4,800엔

패미컴의『1』과 슈퍼 패미컴의『2』를 합체.『1』에서는 게임 밸런스 조정과 필드에서 달리기 기능을 추가했고,『2』에서는 게임 대사의 일부를 수정했다. 예약 특전으로「도세이의 스트랩」증정.『3』의 개발 재개와 함께『1+2』가 발표되었다.

슈퍼마리오 어드밴스4

발매일 / 2003년 7월 11일 가격 / 4,800엔

슈퍼 패미컴 버전『슈퍼마리오 컬렉션』에서 슈퍼마리오3를 어레인지했다. 세이브 기능과 캐릭터 음성이 추가되었고, 전용 카드e+를 읽어 들이면 오리지널 코스 38가지와 아이템 25가지가 추가된다.『마리오 브라더스』도 수록.

포켓몬 핀볼 루비 & 사파이어

발매일 / 2003년 8월 1일 가격 / 4,800엔

『포켓몬스터 루비/사파이어』의 세계관을 기초로 만들어진 핀볼 게임. 기본 시스템은 전작과 같고 알에서 태어난 포켓몬을 얻을 수 있는 새로운 요소가 추가되었다. 얻을 수 있는 포켓몬은 201마리.

전설의 스타피2

발매일 / 2003년 9월 5일 가격 / 4,800엔

시리즈 제2탄. 부활한 오구라를 물리치고 납치당한「엄마스타」를 구하기 위해 스타피가 모험을 떠난다. 기본적인 조작은 전작과 같지만「슬라이딩」과「유성 어택」등의 새로운 액션과 갈아입기 요소가 추가되었다.

오리엔탈 블루 푸른 천외

발매일 / 2003년 10월 24일 가격 / 4,800엔

PC엔진의 유명 RPG 시리즈『천외마경』의 흐름을 답습하면서 독자적인 세계관을 끌어냈다. 행동에 따라 이야기가 바뀌는 프리 시나리오 시스템이 특징. 마석과 무기 등을 조합하면 능력치가 올라가고 특수효과를 얻을 수 있다.

마리오 & 루이지 RPG

발매일 / 2003년 11월 21일 가격 / 4,800엔

마리오와 루이지를 동시에 조작해서 마녀 게라게모라에게 빼앗긴 피치 공주의 목소리를 되찾는다는 내용이다. 협력기 「브라더 액션」 「브라더 어택」 등 액션성이 뛰어나다. 미니게임과 4인 플레이가 가능한 「마리오 브라더스」도 수록.

슈퍼 동키콩

발매일 / 2003년 12월 12일 가격 / 4,800엔

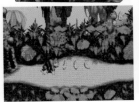 

슈퍼 패미컴 버전 「슈퍼 동키콩」을 충실히 이식했다. 2가지 미니게임과 디디콩만으로도 플레이할 수 있는 「1P 히어로 모드」 등이 새롭게 추가되었다. 대부분의 보스 행동 패턴이 바뀌었다. 카메라를 얻으면 캐릭터 사진을 볼 수 있다.

포켓몬스터 파이어 레드 (와이어리스 어댑터 동봉)

발매일 / 2004년 1월 29일 가격 / 4,800엔(단품/3,800엔)

※개발 / ㈜포켓몬 판매 / 닌텐도

1세대 레드의 리메이크로 포켓몬 도감의 설명은 「블루」에서 가져왔다. 벙커는 「레드」에서만 이용 가능하게 하는 등 약간 다르게 만들어졌다. 와이어리스 어댑터로 교환 및 대전이 가능한데 이후 이 기술은 닌텐도DS의 엇갈림 통신으로 이어진다.

F-ZERO 팔콘 전설

발매일 / 2003년 11월 28일 가격 / 4,800엔

TV 애니메이션의 세계관을 바탕으로 한 레이싱 게임. 스토리 모드에서는 8인의 사이드 스토리를 플레이할 수 있는 등, 카드e+를 읽어 들이면 머신 12대와 새로운 코스 24종류가 추가된다.

포켓몬스터 리프 그린 (와이어리스 어댑터 동봉)

발매일 / 2004년 1월 29일 가격 / 4,800엔(단품/3,800엔)

※발매 / ㈜포켓몬 판매 / 닌텐도

1세대 그린의 리메이크, 1세대 그린의 이야기를 「루비/사파이어」의 시스템으로 진행한다. 「일곱 개의 섬」 등 새로운 지역이 추가되었고, 닌텐도 사장인 이와타 사토루의 주도로 채용된 와이어리스 어댑터로 교환 및 대전도 가능.

패미컴 미니 제1탄 01 『슈퍼마리오 브라더스』

발매일 / 2004년 2월 14일 가격 / 2,000엔

 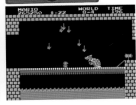

패미컴 버전 『슈퍼마리오 브라더스』를 이식했다. 다채로운 스테이지를 시작으로 점프와 대시 등 풍부한 액션을 즐길 수 있으며 배경음악이 매력적이다. 통신 기능을 활용해, 게임이 없는 기기도 옆 기기에서 데이터를 받아 플레이가 가능하다.

패미컴 미니 제1탄 02
『동키콩』
발매일 / 2004년 2월 14일 가격 / 2,000엔

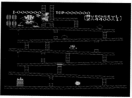
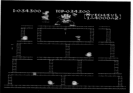

패미컴 버전 『동키콩』의 이식작. 점프와 사다리 타기로 장애물을 피하면서 정상을 향해 나아간다. 패미컴의 첫 게임이며 마리오도 여기서 처음 등장한다. 통신 기능으로 교대 플레이를 할 수 있고, 옆 기기에서 데이터를 받아 플레이할 수 있다.

패미컴 미니 제1탄 03
『아이스 클라이머』
발매일 / 2004년 2월 14일 가격 / 2,000엔

패미컴 버전 『아이스 클라이머』를 이식했다. 점프 곡선이 독특해서 조금 더 노력하면 닿을 수 있을 듯한 절묘한 밸런스가 특징. 통신 기능으로 2인 동시 플레이가 가능하고, 옆 기기에서 데이터를 받아 플레이할 수 있다.

패미컴 미니 제1탄 04
『익사이트 바이크』
발매일 / 2004년 2월 14일 가격 / 2,000엔

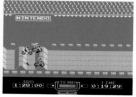

패미컴 버전 『익사이트 바이크』를 이식했다. 모터크로스를 소재로 한 레이싱 게임으로, 진창과 장애물이 있는 코스를 플레이한다. 터보 모드와 점프대 등으로 날아오르는 장면이 호쾌하며 코스 디자인 기능도 있다.

패미컴 미니 제1탄 05
『젤다의 전설1』
발매일 / 2004년 2월 14일 가격 / 2,000엔

패미컴판 『젤다의 전설1』을 이식했다. 넓은 필드를 한 화면씩 이동하는 두근거림과 여러 아이템을 스스로 찾아내는 재미가 있다. 또한 우라 젤다도 존재한다. 패미컴 버전의 이식이기에 디스크 시스템의 음원이 나오지 않는 점은 아쉬웠다.

패미컴 미니 제1탄 06
『팩맨』
발매일 / 2004년 2월 14일 가격 / 2,000엔

패미컴 버전 『팩맨』(남코)을 이식했다. 팩맨을 조작하여 미로의 도트들을 전부 먹는 게임인데, 파워 도트를 먹으면 몬스터들을 싹 쓸어버릴 수 있다. 여성 팬이 많은 게임이다.

패미컴 미니 제1탄 07
『제비우스』
발매일 / 2004년 2월 14일 가격 / 2,000엔

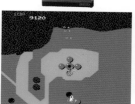
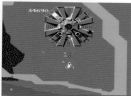

패미컴 버전 『제비우스』(남코)를 이식했다. 총 16에어리어라는 방대한 맵과 독특한 세계관, 심오한 설정이 특징인 종스크롤 슈팅 게임. 거대 기지 안도어 제네시스와 무적의 벽돌인 바큐라, 숨겨진 아이템들로 화제가 끊이지 않았던 게임이다.

패미컴 미니 제1탄 08 『마피』

발매일 / 2004년 2월 14일 가격 / 2,000엔

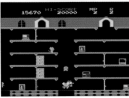
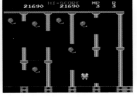

패미컴 버전 『마피』(남코)를 이식했다. 경찰 『마피』를 조작해서 빼앗긴 물건들을 전부 회수하는 액션 게임으로 덤블링과 파워 도어를 이용해서 적을 물리친다. 경쾌한 배경음악과 귀여운 캐릭터가 매력 있다.

패미컴 미니 제1탄 09 『봄버맨』

발매일 / 2004년 2월 14일 가격 / 2,000엔

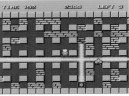
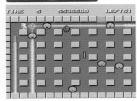

패미컴 버전 『봄버맨』(허드슨)을 이식했다. 폭탄으로 벽과 적을 날려버리는 액션 게임인데 전략적으로 폭탄을 설치하는 재미가 있다. 폭풍과 폭탄의 개수, 리모콘 연사 등의 파워업이 존재한다.

패미컴 미니 제1탄 10 『스타 솔저』

발매일 / 2004년 2월 14일 가격 / 2,000엔

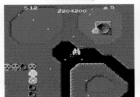

패미컴 버전 『스타 솔저』(허드슨)를 이식했다. 연사력이 요구되는 종스크롤 슈팅 게임으로 파워업 하면 경쾌한 소리가 나면서 분위기를 고조시킨다. 당시 타카하시 명인의 16연사와 함께 인기를 모았다.

별의 커비 거울의 대미궁

발매일 / 2004년 4월 15일 가격 / 4,800엔

거울 나라를 무대로 8개로 쪼개진 파편을 찾아 모험하는 액션 게임. 플레이어와 함께 3마리의 커비가 모험을 하는데 통신기로 불러낸다. 대난투 때와 같은 기술을 쓸 수 있는 복사 능력도 등장. 미니게임은 최대 4인 동시 플레이를 지원한다.

마리오 골프 GBA 투어 (와이어리스 어댑터 동봉)

발매일 / 2004년 4월 22일 가격 / 4,800엔

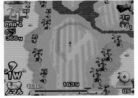

『마리오 골프 GB』로부터 5년 후를 무대로 했다. RPG 감각으로 주인공을 키우고 각 클럽 챔피언들과 싸운다. 주인공 캐릭터를 게임큐브 버전 『마리오 골프 패밀리 투어』에 등록시킬 수 있으며 최대 4인 플레이를 지원한다.

패미컴 미니 제2탄 11 『마리오 브라더스』

발매일 / 2004년 5월 21일 가격 / 2,000엔

패미컴 버전 『마리오 브라더스』를 이식. 마리오와 루이지가 주인공이 된 첫 게임으로, 점프해서 위층의 바닥을 때려 적을 기절시키고 발로 툭 쳐서 물리친다. 게임 중 배경음악은 없고 통신 기능을 활용한 협력 및 대전 플레이가 가능하다.

패미컴 미니 제2탄 12 『쿠루쿠루 랜드』

발매일 / 2004년 5월 21일 가격 / 2,000엔

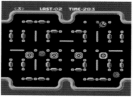

패미컴 버전 『쿠루쿠루 랜드』를 이식했다. 그루피를 조작해서 스테이지에 숨겨진 금괴를 찾는 퍼즐 액션 게임. 턴 포스트와 벽을 이용해 바운드시키면 그루피의 방향을 바꿀 수 있다. 통신 기능으로 2인 동시 플레이를 지원한다.

패미컴 미니 제2탄 13 『벌룬 파이트』

발매일 / 2004년 5월 21일 가격 / 2,000엔

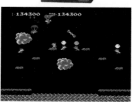

패미컴 버전 『벌룬 파이트』를 이식했다. 풍선을 타고 날아다니며 적의 풍선을 터뜨려 떨어뜨리는 게임으로 독특한 부유감이 특징. 번개와 물방울, 물거품을 날면 물고기에게 잡아먹히는 등의 연출이 있으며 통신 기능으로 2인 대전을 지원한다.

패미컴 미니 제2탄 14 『레킹 크루』

발매일 / 2004년 5월 21일 가격 / 2,000엔

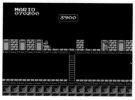

패미컴 버전 『레킹 크루』를 이식했다. 마리오와 루이지가 철거반원이 되어 모든 벽을 때려 부수는 액션 게임으로, 벽의 반대편에서 마리오들을 방해하는 『브라키』가 등장한다. 디자인 기능도 수록되어 있다.

패미컴 미니 제2탄 15 『닥터 마리오』

발매일 / 2004년 5월 21일 가격 / 2,000엔

패미컴 버전 『닥터 마리오』를 이식했다. 의사가 된 마리오가 등장하는 낙하형 퍼즐 게임으로, 캡슐로 병 속에 있는 바이러스를 잡는다는 설정이다. 같은 색상의 캡슐을 4개 이상 연결하면 바이러스가 소멸한다.

패미컴 미니 제2탄 16 『디그더그』

발매일 / 2004년 5월 21일 가격 / 2,000엔

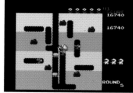
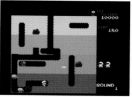

패미컴 버전 『디그더그』(남코)를 이식했다. 땅을 파면서 몬스터들을 부풀려서 제거하는 게임. 작살을 3회 찔러 공기를 주입해 터뜨리거나 암석을 낙하시켜 압사시킨다. 암석 낙하 시 다수의 몬스터를 잡으면 많은 점수를 올릴 수 있다.

패미컴 미니 제2탄 17 『타카하시 명인의 모험도』

발매일 / 2004년 5월 21일 가격 / 2,000엔

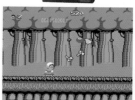
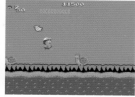

패미컴 버전 『타카하시 명인의 모험도』(허드슨)를 이식했다. 돌도끼를 던지고, 스케이트보드에 올라타고, 여러 함정을 피하면서 보스에게 도전하는 횡스크롤 액션 게임. 화면에 나오는 음식을 먹으며 라이프 게이지를 회복해야 한다.

패미컴 미니 제2탄 18
『마계촌』
발매일 / 2004년 5월 21일 가격 / 2,000엔

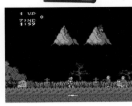
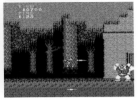

패미컴 버전 『마계촌』(캡콤)을 이식했다. 마계를 무대로 한 독특한 세계관이 특징인데 지독한 고난이도로 치를 떠는 유저가 많다. 함정은 많고 갑옷은 모든 공격을 한 번만 막아준다. 아케이드 버전보다 어렵다.

패미컴 미니 제2탄 20
『힘내라 고에몽! 꼭두각시 여행길』
발매일 / 2004년 5월 21일 가격 / 2,000엔

패미컴 버전 『힘내라 고에몽! 꼭두각시 여행길』(코나미)을 이식했다. 담뱃대와 돈 던지기로 적을 물리치고 어음을 모아가는 액션 게임. 일본식 정서와 여행 감성이 넘치는 세계관, 「볼 일 있소!」란 음성 합성이 기억에 남는다.

마리오 vs. 동키콩
발매일 / 2004년 6월 10일 가격 / 4,800엔

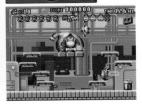

마리오를 조작해 동키콩에게 빼앗긴 장난감 「미니 마리오」를 되찾는다는 내용의 액션 게임. 게임보이 버전 『동키콩』을 바탕으로 한 6월드, 8스테이지 구성인데 퍼즐을 풀고 최후에 동키콩과 대결한다. 카드e+(비매품)에도 대응한다.

패미컴 미니 제2탄 19
『트윈비』
발매일 / 2004년 5월 21일 가격 / 2,000엔

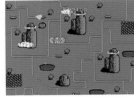

패미컴 버전 『트윈비』(코나미)를 이식했다. 종의 색깔을 바꿔서 파워업 하는 코믹한 슈팅 게임. 리드미컬한 적의 움직임, 양손을 잃었을 때 나오는 구급 캡슐을 이용한 회복 연출이 특징이며, 통신 기능을 이용해 2인 동시 플레이를 지원한다.

메트로이드 제로 미션
발매일 / 2004년 5월 27일 가격 / 4,800엔

초기 메트로이드의 리메이크 작품. 2부 구성인데 후반에 파워드 슈트를 잃은 사무스의 시나리오가 새롭게 추가되었다. 게임 밸런스가 조정되어 스토리성이 부각되었으며 해외판 『메트로이드』도 수록되어 있다.

슈퍼 동키콩2
발매일 / 2004년 7월 1일 가격 / 4,800엔

슈퍼 패미컴 버전에서 이식했다. 기본 시스템은 동일하며 오리지널 보스와 미니 게임이 추가되었다. 슈퍼 패미컴 버전과 같이 타임 어택과 보너스 게임 3가지를 플레이할 수 있으며, 오프닝에는 동키콩이 납치당하는 이야기가 수록되어 있다.

톳토코 햄타로 햄햄 스포츠

발매일 / 2004년 7월 15일 가격 / 4,800엔

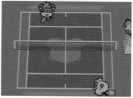

시리즈 제5탄. 햄스터들이 스포츠 대회에서 4팀으로 나뉘어 우승을 다툰다. 경기는 100햄미터 달리기와 창던지기 등 15종류. 「무지개 햄군」에서 친구 카드를 50장 모으면 진엔딩을 볼 수 있다.

전설의 스타피3

발매일 / 2004년 8월 5일 가격 / 4,800엔

시리즈 제3탄. 기본 시스템은 전작과 동일하지만 스타피의 여동생 「스타삐」가 조작 캐릭터로 추가되었다. 갈아입히기는 스타피도 가능하며 와리오가 게스트로 출연한다. 미니게임은 대전식으로 운영되고 4인 플레이를 지원한다.

패미컴 미니 디스크 시스템 셀렉션 21 『슈퍼마리오 브라더스2』

발매일 / 2004년 8월 10일 가격 / 2,000엔

패미컴 디스크 버전 『슈퍼마리오 브라더스2』를 이식. 첫 작품의 마이너 체인지 판으로, 마리오와 루이지에게 능력 차가 생겼고 독버섯과 돌풍 등의 새로운 요소가 추가되었다. 숨겨진 스테이지와 시리즈에서 손꼽는 고난이도가 특징.

패미컴 미니 디스크 시스템 셀렉션 22 『수수께끼의 무라사메 성』

발매일 / 2004년 8월 10일 가격 / 2,000엔

패미컴 디스크 버전 『수수께끼의 무라사메 성』을 이식했다. 에도시대를 배경으로 타카마루를 조작해서 4개의 성과 무라사메 성을 공략하는 액션 게임. 칼과 던지는 무기, 인술로 적을 물리친다. 난이도는 높지만 배경음악과 템포가 좋다.

패미컴 미니 디스크 시스템 셀렉션 23 『메트로이드』

발매일 / 2004년 8월 10일 가격 / 2,000엔

패미컴 디스크 버전 『메트로이드』를 이식했다. 진지하고 어두운 SF 호러 액션 게임. 주인공 사무스가 무기질적이고 방대한 지도를 탐색하면서 수수께끼를 풀어 나간다. 아이템과 통로를 찾아내면 행동 범위가 서서히 넓어진다.

패미컴 미니 디스크 시스템 셀렉션 24 『팔테나의 거울』

발매일 / 2004년 8월 10일 가격 / 2,000엔

패미컴 디스크 버전 『팔테나의 거울』을 이식했다. 피트군을 조작해서 화살과 점프를 이용해 명계, 신전 등 4개의 스테이지를 공략한다. 그리스 신화를 모티브로 한 코믹한 연출도 존재한다.

패미컴 미니 디스크 시스템 셀렉션 25
『링크의 모험』

발매일 / 2004년 8월 10일 가격 / 2,000엔

패미컴 디스크 버전 『링크의 모험』을 이식했다. 필드를 돌아다니며 적과 접촉하면 사이드뷰 액션으로 전환된다. 마법과 점프, 위아래 찌르기 등의 액션성이 풍부하다. 난이도는 높지만 열광적인 팬이 많다.

패미컴 미니 디스크 시스템 셀렉션 26
『패미컴 옛날이야기 신 오니가시마 전/후편』

발매일 / 2004년 8월 10일 가격 / 2,000엔

패미컴 디스크 버전 『패미컴 옛날이야기 신 오니가시마』를 이식했다. 옛날이야기를 모티브로 한 텍스트 타입의 장편 어드벤처 게임. 주인공 남자아이와 여자아이를 교체하면서 이야기를 진행한다. 유머 넘치는 이야기가 즐겁다.

패미컴 미니 디스크 시스템 셀렉션 27
『패미컴 탐정 클럽 사라진 후계자 전/후편』

발매일 / 2004년 8월 10일 가격 / 2,000엔

패미컴 디스크 버전 『패미컴 탐정 클럽 사라진 후계자』를 이식했다. 플레이어는 탐정의 조수가 되어 마을의 기묘한 전설이 얽힌 수수께끼와 사건을 풀어 나간다. 커맨드 선택식 어드벤처 게임으로 스토리와 연출, 배경음악에 대한 평가가 높다.

패미컴 미니 디스크 시스템 셀렉션 28
『패미컴 탐정 클럽 뒤에 선 소녀 전/후편』

발매일 / 2004년 8월 10일 가격 / 2,000엔

패미컴 디스크 버전 『패미컴 탐정 클럽 뒤에 선 소녀』를 이식한 작품으로, 여학생 살해 사건이 일어난 고등학교가 무대이다. 「뒤에 선 소녀」라 불리는 학교의 괴담과 과거에 일어난 전혀 다른 사건과의 연결고리를 찾아 나간다.

패미컴 미니 디스크 시스템 셀렉션 29
『악마성 드라큘라』

발매일 / 2004년 8월 10일 가격 / 2,000엔

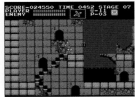

패미컴 디스크 버전 『악마성 드라큘라』(코나미)를 이식했다. 시몬 벨몬드가 드라큘라 성에 들어가 싸우는 액션 게임이다. 호러 영화 같은 세계관과 채찍 공격 등 시리즈의 기초를 세웠다.

패미컴 미니 디스크 시스템 셀렉션 30
『SD건담 월드 가챠폰 전사 스크램블 워즈』

발매일 / 2004년 8월 10일 가격 / 2,000엔

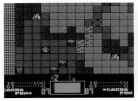

패미컴 디스크 버전 『SD건담 월드 가챠폰 전사 스크램블 워즈』(반다이)를 이식했다. SD건담을 소재로 한 전쟁 시뮬레이션 게임으로, 지도 위의 유니트를 생산하고 이동시키면서 도시와 콜로니를 점령해 나간다.

슈퍼마리오 볼

발매일 / 2004년 8월 26일 가격 / 4,800엔

볼이 된 마리오를 막대기로 치는 핀볼 게임. 마리오 캐릭터와 세계관이 반영된 다채로운 장치가 준비되어 있으며, 슈퍼 버섯과 요시의 알 같은 아이템들도 등장한다. 전체 5스테이지 구성이다.

포켓몬스터 에메랄드
(와이어리스 어댑터 동봉)

발매일 / 2004년 9월 16일 가격 / 4,800엔(단품/3,800엔)

※발매 / ㈜포켓몬 판매 / 닌텐도

3세대 『루비/사파이어』의 마이너 체인지 버전. 새로운 시나리오와 던전, 체육관장, 배틀 실력을 겨루는 「배틀 프론티어」가 추가되는 등, 파고들기 요소가 늘어났다. 에메랄드 버전에서만 배우는 기술이 있으며 무선 통신도 가능하다.

파이어 엠블렘 성마의 광석

발매일 / 2004년 10월 7일 가격 / 4,800엔

시리즈 제8탄. 쌍둥이 남매 에프람, 에이리크와 성석·마석을 둘러싼 싸움이 그려져 있다. 클래스 체인지와 스토리의 분기 시스템 등이 채용되었으며, EX 맵도 추가되어 몇 번이고 다시 도전할 수 있게 되었다.

돌려라 메이드 인 와리오

발매일 / 2004년 10월 14일 가격 / 4,800엔

시리즈 제3탄. 팩에 자이로 센서를 채용해 회전 조작을 중심으로 한 쁘띠 게임 210종 이상을 플레이할 수 있다. 미니게임 10종류, 캡슐토이를 본뜬 「가챠코롱」 140종류 이상을 수록했으며 패미컴의 미니게임도 다수 준비되어 있다.

에프 제로 클라이막스

발매일 / 2004년 10월 21일 가격 / 4,800엔

『F-ZERO 팔콘 전설』의 속편. 스핀 부스터 등 새로운 머신 액션이 추가되었다. 그랑프리와 서바이벌 외에 에디트 모드가 채용되어 자신이 만든 코스를 배포할 수도 있다. 최대 4인 대전을 지원한다.

젤다의 전설 이상한 모자

발매일 / 2004년 11월 4일 가격 / 4,800엔

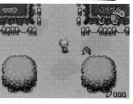

'피코루'라 불리는 난쟁이 세계가 무대인 액션 어드벤처 게임. 플레이어는 「이상한 모자 오제로」로 작아지거나 커지거나 하면서 수수께끼를 풀어간다. 행복의 조각과 피규어 수집 등 파고들기 요소도 존재한다.

게임보이 워즈 어드밴스 1+2

발매일 / 2004년 11월 25일　가격 / 4,800엔

해외에서 발매된 두 작품을 하나로 정리한 소프트. 일발 역전의 필살기 「쇼군 브레이크」가 등장하고, 비와 눈 등의 날씨 요소도 추가되었다. 오리지널 맵의 제작 및 교환이 가능하고 최대 4인 대전을 지원한다.

요시의 만유인력

발매일 / 2004년 12월 9일　가격 / 4,800엔

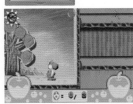

팩에 기울기 센서가 부착되어 본체를 기울이면서 플레이한다. 그림책에 갇힌 요시를 조작하며 미션을 달성한다는 내용이다. 요시는 코스에 맞추어 배 등으로 변신하는데 전체 7장 52스테이지로 구성되어 있다.

마리오 파티 어드밴스

발매일 / 2005년 1월 13일　가격 / 4,800엔

마리오 파티 시리즈 최초의 휴대기기 버전. 주사위로 지도를 이동하면서 미니게임 50종류 이상을 플레이한다. 게임 모드는 4가지, 4명부터 최대 100명까지 GBA 본체를 넘겨가며 플레이하는 모드가 있다. 보드게임 「마리파 보드」도 동봉.

천년 가족

발매일 / 2005년 3월 10일　가격 / 4,800엔

'견습의 신'이 된 플레이어가 어떤 가족의 천년을 지켜본다는 설정의 시뮬레이션 게임. 화살과 아이템으로 조금씩 간섭하면서 자손을 번성시킨다. 시계 기능이 있어 전원이 꺼져 있어도 시간이 흘러간다.

The Tower SP

발매일 / 2005년 4월 28일　가격 / 4,800엔

PC 게임을 이식했다. '야마노우치빌딩건설'의 개발 총책임자가 되어 빌딩을 건설하는 시뮬레이션 게임. 임대시설인 사무실과 점포 등을 균형 있게 설치해 임대 수입 등으로 빌딩을 확장한다. 최고의 칭호인 「Tower」를 목표로 한다.

흔들흔들 동키

발매일 / 2005년 5월 19일　가격 / 3,800엔

스테이지에 있는 손잡이를 잡거나 놓거나 내려가는 등의 조작을 해서 날아다니고, 골을 목표로 하는 액션 게임. 전 스테이지 클리어로 타임 어택을 하고, 전 메달 회수로 디디를 조작할 수 있는 모드가 개방된다. 최대 4인 플레이를 지원.

노노노 퍼즐 챠이리안

발매일 / 2005년 6월 16일 가격 / 3,800엔

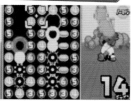

패널을 「노(の)」 글자처럼 빙글빙글 돌리는 액션 퍼즐 게임. 같은 숫자를 모아 하나의 커다란 숫자로 바꿔서 지우는 「쿠루파치6」 등 3가지 게임을 클리어해서, 챠이리안을 우주로 돌려보낸다. 모든 것을 돌려버리는 TV 광고가 화제였다.

패미컴 미니 슈퍼마리오 브라더스 (재 판매본)

발매일 / 2005년 9월 13일 가격 / 2,000엔

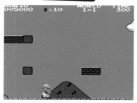

슈퍼마리오 20주년을 기념해 재발매된 『패미컴 미니 슈퍼마리오 브라더스』. 첫 작품 발매로부터 20년째 되는 시점에 발매되었다. 게임 내용은 바뀌지 않았지만 패키지는 20주년 사양으로 제작되었다.

스크류 브레이커 굉진 드릴하라

발매일 / 2005년 9월 22일 가격 / 3,800엔

드릴에 올라탄 여자아이가 주인공인 액션 게임. 드릴을 R버튼으로 정회전시키고, L버튼으로 역회전시키면서 다양한 공격으로 적을 물리친다. 팩에 진동 모듈을 채용해서 충격이 그대로 전해진다.

닥터 마리오 & 패널로 퐁

발매일 / 2005년 9월 13일 가격 / 2,000엔

인기 퍼즐 두 작품을 합본으로 발매했다. 둘 다 조건을 만족시키면 세로화면 모드가 개방된다. 두 작품 모두 게임큐브 버전을 토대로 했지만 『닥터 마리오』는 병의 깊이가 얕아졌고, 『패널로 퐁』은 조이캐리 버전을 재현했다.

마리오 테니스 어드밴스

발매일 / 2005년 9월 13일 가격 / 3,800엔

『마리오 테니스GB』에서 수 년 후의 테니스 아카데미를 무대로 주인공을 키워 톱 플레이어를 노리는 게임. 스페셜 샷을 기억시키기 위한 트레이닝(미니게임)과 4인대전은 와이어리스 어댑터에 대응한다.

통근 한 획

발매일 / 2005년 10월 13일 가격 / 2,800엔

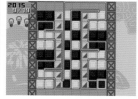

닌텐도DS 버전 『직감 한 획』을 어레인지. 2색의 피스를 '한 획 긋기'로 덧쓰면서 가로 1열의 색을 모아서 지운다. 3가지 특수 피스로 구성된 365문제 이상을 수록. 닌텐도DS의 『순감 퍼즈루프』와 연동하면 오리지널 피스와 스테이지가 추가.

포켓몬 불가사의 던전
빨강 구조대
발매일 / 2005년 11월 17일 가격 / 4,800엔

※발매 /
(주)포켓몬
판매 /
닌텐도

어느 날 갑자기 포켓몬이 되어버린 주인공이 구조대가 되어 고통받는 포켓몬을 돕는다는 설정의 로그라이크 RPG. 등장하는 포켓몬 386마리를 동료로 만들 수 있다. 동시 발매된 닌텐도DS 버전 『파랑 구조대』와 연동해서 구조할 수 있다.

오리엔탈 블루 푸른 천외
(밸류 셀렉션)
발매일 / 2006년 2월 2일 가격 / 2,800엔

『오리엔탈 블루 푸른 천외』의 염가판으로 게임 내용은 동일하다. 패키지가 흰색 띠로 둘러싸여 있고, 우측 상단에 『밸류 셀렉션』이라 표기되어 있다. 닌텐도 외의 회사까지 포함해 전체 15개 타이틀이 발매되었다.

매지컬 배케이션
(밸류 셀렉션)
발매일 / 2006년 2월 2일 가격 / 2,800엔

『매지컬 배케이션』의 염가판으로 게임 내용은 동일하다. 패키지가 흰색 띠로 둘러싸여 있고, 우측 상단에 『밸류 셀렉션』이라 표기되어 있다. 닌텐도 외의 회사까지 포함해 전체 15개 타이틀이 발매되었다.

슈퍼 동키콩3
발매일 / 2005년 12월 1일 가격 / 3,800엔

슈퍼 패미컴 버전을 리메이크했다. 기본 시스템과 스토리는 슈퍼 패미컴 버전과 같지만, 월드9 『퍼시피카의 폭포 항아리』와 3종류의 미니게임이 추가되었고 배경음악이 새로워졌다. 그래픽도 일부가 변경되고 새로운 보스도 추가되었다.

택틱스 오우거 외전
The Knight of Lodis (밸류 셀렉션)
발매일 / 2006년 2월 2일 가격 / 2,800엔

 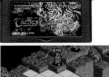

『택틱스 오우거 외전 The Knight of Lodis』의 염가판으로 게임 내용은 동일하다. 패키지가 흰색 띠로 둘러싸여 있고, 우측 상단에 『밸류 셀렉션』이라 표기되어 있다. 닌텐도 외의 회사까지 포함해 전체 15개 타이틀이 발매되었다.

MOTHER 1+2
(밸류 셀렉션)
발매일 / 2006년 2월 2일 가격 / 2,800엔

『MOTHER 1+2』의 염가판으로 게임 내용은 동일하다. 패키지가 흰색 띠로 둘러싸여 있고, 우측 상단에 『밸류 셀렉션』이라 표기되어 있다. 닌텐도 외의 회사까지 포함해 전체 15개 타이틀이 발매되었다.

황금의 태양 열려진 봉인
(밸류 셀렉션)

발매일 / 2006년 2월 2일 가격 / 2,800엔

『황금의 태양 열려진 봉인』의 염가판으로 게임 내용은 동일하다. 패키지가 흰색 띠로 둘러싸여 있고, 우측 상단에 「밸류 셀렉션」이라 표기되어 있다. 닌텐도 외의 회사까지 포함해 전체 15개 타이틀이 발매되었다.

황금의 태양 잃어버린 시대
(밸류 셀렉션)

발매일 / 2006년 2월 2일 가격 / 2,800엔

『황금의 태양 잃어버린 시대』의 염가판으로 게임 내용은 동일하다. 패키지가 흰색 띠로 둘러싸여 있고, 우측 상단에 「밸류 셀렉션」이라 표기되어 있다. 닌텐도 외의 회사까지 포함해 전체 15개 타이틀이 발매되었다.

아이실드21
DEVILBATS DEVILDAYS

발매일 / 2006년 4월 6일 가격 / 3,800엔

풋볼을 소재로 한 인기 애니메이션을 게임화 했다. 에피소드 6개를 수록한 오리지널 스토리의 텍스트 어드벤처로 선택기에 의해 스토리가 바뀐다. 멀티 엔딩은 진엔딩을 포함해 무려 100가지 이상이 준비되어 있다.

MOTHER3

발매일 / 2006년 4월 20일 가격 / 4,800엔

시리즈 제3탄의 완결작. 시나리오는 전체 8장으로 전개되고 전반부는 장마다 주인공이 바뀐다. 전투에서는 리듬에 맞춰 버튼을 누르면 공격력이 올라가는 「사운드 배틀」 시스템을 채용했다. 열광적인 팬이 많다.

카루쵸 비트

발매일 / 2006년 5월 18일 가격 / 3,800엔

축구 클럽의 감독이 되어 「전술」 「시합」 「특훈」을 반복하여 선수를 키워 나가는 시뮬레이션 게임. 국내 리그전 등에서 승리해 클럽팀 세계 제패를 노린다. 팀 내 청백전도 가능하다.

bit Generations
dotstream

발매일 / 2006년 7월 13일 가격 / 2,000엔

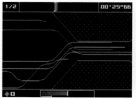
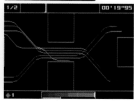

컬러풀하고 심플한 라인을 조작해서 다른 라인과 경쟁하는 레이싱 게임. 아이템으로 라이프를 회복시키고 장애물을 피하면서 골인을 목표로 한다. 스팟 레이스와 포메이션 등 3가지 모드가 준비되어 있다.

bit Generations
BOUNDISH

발매일 / 2006년 7월 13일 가격 / 2,000엔

라켓을 이용해 볼과 박스를 반사시키는 심플한 게임. 떨어지는 박스가 바닥에 떨어지지 않도록 튕겨내는 공기놀이식 게임과 원 둘레를 슬라이드하는 라켓 등, 한 가지 규칙으로 5종류의 게임을 플레이할 수 있다.

bit Generations
DIALHEX

발매일 / 2006년 7월 13일 가격 / 2,000엔

6각형 필드에 떨어지는 컬러풀한 3각형 패널을 움직여서, 같은 색 6개를 연결해 지우는 퍼즐 게임. 커서로 패널을 조작하여 HEX를 회전시켜서 이동한다. 1인 플레이의 2가지 모드와 2인 대전 모드가 준비되어 있다.

bit Generations
COLORIS

발매일 / 2006년 7월 13일 가격 / 2,000엔

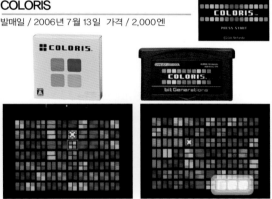

랜덤으로 색깔이 바뀌는 커서를 움직여 가로·세로로 같은 색상 3개 이상을 연결하여 지우는 퍼즐 게임. 이상한 지우기 방법을 쓰거나 무리하게 색을 바꾸면 그레이 패널이 나타난다. 스코어 어택 등 2가지 게임 모드와 2인 대전을 지원.

bit Generations
DIGIDRIVE

발매일 / 2006년 7월 13일 가격 / 2,000엔

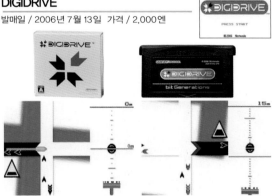

교차점을 차례대로 가로지르는 3가지 쉐이프를 같은 종류가 모이도록 유도하는 액션 퍼즐 게임. 유도한 쉐이프로 원반 듀얼코어를 끌어올려 거리를 경쟁한다. 듀얼코어를 상대방에게 밀어붙이는 대전 모드도 존재한다.

bit Generations
ORBITAL

발매일 / 2006년 7월 27일 가격 / 2,000엔

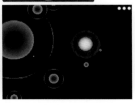

중력을 조절하면서 흰색 혹성을 조작하는 액션 퍼즐 게임. 빨강, 파랑, 노랑 혹성이 존재하는데 다른 혹성을 빨아들이면 혹성이 커진다. 골 혹성을 위성으로 만들면 클리어가 되는데 전체 40스테이지 구성이다.

bit Generations
Soundvoyager

발매일 / 2006년 7월 27일 가격 / 2,000엔

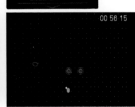

소리를 바탕으로 음원을 찾아내는 게임. 가까워지는 소리를 캐치하거나, 멀어지는 소리와 닭을 포획하거나, 접근하는 장애물을 격파하는 등 7종류의 모드를 수록했다. 스테레오 이어폰이 있으면 더욱 몰입할 수 있다.

리듬 천국

발매일 / 2006년 8월 3일 가격 / 3,800엔

음악의 리듬에 맞춰 버튼을 누르는 리듬 게임. 각 리듬 게임이 끝난 후 채점이 이루어지고, 하이 레벨에 도달하면 미니게임을 플레이할 수 있다. 모닝구 무스메의 층쿠가 프로듀스하여 게임에 음악을 제공했다. 총 40종류.

TV 광고 갤러리

게임보이

게임보이 포켓

E3 판촉상품

E3(Electronic Entertainment Expo)란 미국 LA에서 열리는 세계 최대의 컴퓨터 게임 전시회로 1995년 시작해 매년 6월경에 열린다. 전 세계가 주목하는 이 행사에서 각 회사는 중대발표를 하기도 한다. 닌텐도도 거의 매년 거대한 부스를 차리고 신작 소프트 발표와 체험코너를 설치하고 있다. 새로운 하드웨어와 빅 타이틀의 발표도 이루어지므로 전 세계에서 많은 사람들이 모이는데, 여기서 배포된 닌텐도 오리지널 상품들을 소개한다.

Wii 본체 세트를 넣을 수 있는 대형 가방

닌텐도 로고가 들어간 색연필

닌텐도 로고가 크게 들어간 마우스 패드

닌텐도의 비즈니스 수첩

닌텐도DS의 소프트 모음 「Touch Generations!」 노트

닌텐도 로고가 들어간 반투명 재질의 랜턴.

주머니에 들어가는 소형 나침반과 줄자

접이식 볼펜

Wii의 프로모션용 디스크

셔츠와 바지 모티브의 페트병용 커버

키홀더 겸용 메탈 볼펜

게임보이 미크로 형태의 메모장 (실물 크기)

Wii fit을 해서 흐르는 땀을 닦는(?) 타올

Wii fit 로고가 들어간 오리지널 스포츠 타올

닌텐도의 역대 컨트롤러를 늘어놓은 오리지널 T셔츠

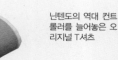

닌텐도 로고가 들어간 접이식 오페라용 안경

게임보이 어드밴스 전용
통신 케이블

발매일 / 2001년 3월 21일 가격 / 1,400엔 모델 / AGB-005

GBA끼리 연결하는 통신 케이블. 중앙의 접속 박스에 케이블을 추가해 최대 4명까지 통신 플레이를 할 수 있다. 대응 소프트를 쓰면 소프트 1개로 4명이 플레이 가능.

게임보이 어드밴스 전용
배터리팩 충전 세트

발매일 / 2001년 3월 21일 가격 / 3,500엔 모델 / AGB-003,AGB-004

약 2시간의 고속 충전으로 대략 10시간 플레이할 수 있는 충전기. GBA 전용 배터리팩과 세트로 구성되어 있다.

카드e 리더+

발매일 / 2003년 6월 27일 가격 / 4,800엔 모델 / AGB-014

「카드e 리더」의 상위 모델. 통신과 데이터 보존 기능이 추가되어 게임큐브와 연동도 가능. 「포켓몬 배틀 카드e+」, 「게임&워치 카드e 맨홀」 등이 부속되었다. 게임큐브용 「동물의 숲e+」 구매시 동봉되기도 했다.

게임보이 어드밴스 전용
와이어리스 어댑터

발매일 / 2004년 7월 15일 가격 / 2,000엔 모델 / AGB-015

무선 통신으로 플레이할 수 있는 어댑터. 최대 3미터 거리에서 플레이할 수 있다. 처음에는 와이어리스 어댑터 대응 소프트에 동봉되었지만 후에 단품 판매도 이루어졌다.

게임보이 어드밴스 전용
AC 어댑터 세트

발매일 / 2001년 3월 21일 가격 / 1,500엔 모델 / AGB-009

게임보이 어드밴스 전용 AC 어댑터. 가정용 콘센트에서 전원을 공급받아 방전 걱정 없이 게임을 즐길 수 있다. 본체 접속용 유닛(AGB-008)을 연결해서 사용한다.

카드e 리더

발매일 / 2001년 12월 1일 가격 / 5,800엔 모델 / AGB-010

2차원 바코드가 부착된 카드e를 꽂으면 동봉된 다양한 미니게임과 도구를 사용할 수 있다. 「포켓몬 카드e」를 비롯해 닌텐도의 대응 상품은 「동물의 숲」, 「햄타로」, 「도모군」의 4종류.

게임보이 어드밴스SP 전용
헤드폰 변환 단자

발매일 / 2004년 2월 14일 가격 / 500엔 모델 / AGS-004

GBA SP에서 스테레오 이어폰을 쓰기 위한 변환 단자. 이어폰 단자가 없는 GBA SP에서 이어폰을 써야 할 때 필수 제품이다.

게임보이 어드밴스SP 전용
AC 어댑터

발매일 / 2005년 가격 / 1,500엔 모델 / AGS-002

GBA SP와 닌텐도DS가 공유하는 AC 어댑터. 본체에 동봉된 것과 동일하며 GBA에서는 사용할 수 없다.

플레이양

발매일 / 2005년 2월 21일 가격 / 5,000엔(소비세 포함)

GBA에서 음악과 동영상을 즐길 수 있는 포터블 플레이어. 「네코로이드」 등 공식사이트에서 12종류의 미니게임이 배포되었고 『리듬 천국』에서 캐릭터로도 등장. 닌텐도 온라인에서만 판매되었다.

PLAY-YAN micro

발매일 / 2005년 9월 13일 가격 / 5,000엔(동시발매 된 「영상편집 소프트 동봉판」은 6,000엔)(소비세 포함)

『플레이양』의 개량판. 캐릭터가 픽토로 바뀌었고 연속재생과 반복재생도 가능하다. 픽토의 움직임이 재미있으며, SD 카드에 키 파일을 넣으면 마리오가 된다. 넓적한(초기) 형태의 GBA에는 대응하지 않는다.

게임보이 미크로 전용 와이어리스 어댑터

발매일 / 2005년 9월 13일 가격 / 2,000엔 모델 / OXY-004

GB 미크로에서 와이어리스 통신 플레이를 할 수 있는 어댑터. GBA 전용 와이어리스 어댑터를 연결한 GBA, GBA SP, 게임큐브의 GB 플레이어와 무선통신이 가능하다.

게임보이 미크로 전용 통신 케이블

발매일 / 2005년 12월 17일 가격 / 1,400엔 모델 / OXY-008

GB 미크로에서 통신 플레이를 하기 위한 케이블. 중간 박스에 통신 케이블을 연결하면 최대 4인 통신 플레이를 할 수 있다. GBA와는 단자 생김새가 다르다.

게임보이 미크로 전용 변환 커넥터

발매일 / 2005년 12월 17일 가격 / 800엔 모델 / OXY-009

GB 미크로 전용 통신 케이블을 GBA와 GBA SP에 연결하기 위한 변환 커넥터이다.

강렬한 임팩트의 『패미컴 워즈』TV 광고

『패미컴 워즈』(1988년) 발매 전 무료 배포되었던 프로모션 비디오. 당시 TV 광고와 특별반원이 게임의 매력을 전하는 영상이 10분 정도 수록. 일반 유저에게 이런 홍보물을 배포한 것은 드문 일로, 닌텐도가 이 타이틀에 많은 노력을 기울였음을 짐작할 수 있다. 특히 TV 광고는 패미컴에서도 두 손가락에 들어갈 정도로 강렬한 임팩트를 남겼다. 미 해병대원들이 훈련 중 입을 모아 게임의 재미를 선언하는 내용. 당시 일본에서는 이를 흉내 내는 사람들이 많았다. 실제 주일 미군 해병대원을 데리고 주일 미군연습기지에서 촬영되었고, 목소리만 일본어 더빙판으로 바뀌었다. 영상 중 「엄마한테는 비밀이야」라는 말이 큰 공감을 얻었는데 「눈에 나쁘다」「교육에 좋지 않다」라고 설교하는 엄마들이 패미컴의 적이었기 때문이다. 이런 판촉활동 덕에 틈새시장이었던 전쟁 시뮬레이션이라는 장르를 폭넓은 계층에 어필할 수 있었다.

Panasonic SL-GC10 전용 게임보이 플레이어

발매일 / 2003년 10월 1일 가격 / 5,000엔 모델 / SH-GC10-H

Panasonic 『Q』(SL-GC10) 전용 게임보이 플레이어. 닌텐도의 「게임보이 플레이어」와 사이즈가 다르지만 억지로 붙이면 돌릴 수는 있다.

점포에서 무료 배포되었던 『패미컴 워즈』 프로모션 비디오

게임보이 어드밴스
포켓몬센터 한정모델 스이쿤 블루

발매일 / 2001년 3월 21일 가격 / 9,800엔

GBA와 동시에 발매된 포켓몬센터 한정 오리지널이자 포켓몬 6주년 기념 모델(스이쿤 블루)이다. LCD 베젤에 피카츄와 피츄의 실루엣이 프린트되어 있다.

게임보이 어드밴스
포켓몬센터 한정모델 세레비 그린

발매일 / 2001년 7월 21일 가격 / 9,800엔

포켓몬 극장판 애니메이션 『세레비 시간을 뛰어넘은 만남』 개봉 기념 포켓 몬센터 한정 오리지널 모델(세레비 그린)이다. LCD 베젤에 세레비의 실루 엣이 프린트되어 있다.

게임보이 어드밴스
다이에 한정모델 클리어 오렌지 & 클리어 블랙

발매일 / 2001년 9월 29일 가격 / 9,780엔

다이에 한정으로 발매된 오리지널 컬러의 GBA. 클리어 오렌지 & 클리어 블랙의 투톤 색상이 특징이다.

게임보이 어드밴스
이토요카도 한정모델 자이언츠

발매일 / 2001년 10월 3일 가격 / 9,800엔

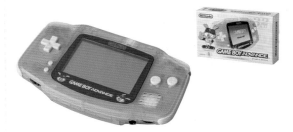

이토요카도 한정으로 판매된 특별사양의 GBA. 기존 컬러인 밀키 블루 LCD 베젤에는 요미우리 자이언츠의 공식 마스코트 캐릭터 '자이비트군'이 프린트되어 있다.

게임보이 어드밴스 토이저러스 한정모델
10th Happy Birthday 미드나이트 블루

발매일 / 2001년 10월 4일 가격 / 9,799엔

토이저러스 10주년을 기념하여 만들어진 오리지널 색상의 GBA. 패키지에 는 '10th Happy Birthday' 리본이 프린트되어 있다.

게임보이 어드밴스
토이저러스 한정모델 미드나이트 블루

발매일 / 2002년 1월경   가격 / 9,799엔

토이저러스 한정으로 판매된 GBA의 컬러 바리에이션. '10th Happy Birthday' 버전과 같지만 패키지의 리본 프린트는 없다.

게임보이 어드밴스
HelloKitty 스페셜 박스 리플렉트 핑크

발매일 / 2001년 10월 19일 가격 / 15,500엔

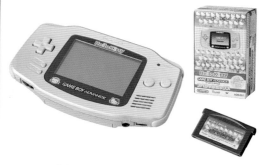

GBA 소프트 『헬로키티 컬렉션 미라클 패션 메이커』와 특별사양의 GBA 본체가 세트로 된 한정품. 본체 LCD 베젤에는 키티가 프린트되어 있다.

게임보이 어드밴스
포켓몬센터 한정모델 뉴욕

발매일 / 2001년 11월 16일 가격 / 9,800엔

포켓몬센터 뉴욕점 오픈 기념으로 판매된 메탈릭 골드의 GBA. 본체에는 포켓몬센터 NY의 로고와 피츄 등 캐릭터가 프린트되어 있다.

게임보이 어드밴스 쟈스코 한정모델
마리오 Bros. 버전 밀키 블루

발매일 / 2001년 11월 29일 가격 / 9,780엔

쟈스코 한정으로 판매된 GBA. 기존 밀키 블루 컬러의 LCD 베젤 하단에 마리오와 루이지가 프린트되어 있다.

게임보이 어드밴스
TSUTAYA 한정모델 실버

발매일 / 2001년 12월 1일 가격 / 9,800엔

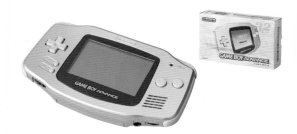

전국의 TSUTAYA에서 판매된 실버 모델. 후일(2002년 9월) 제품화되었는데 그에 앞서 한정판으로 발매된 것이다.

게임보이 어드밴스 이토요카도 한정모델
배틀 네트워크 록맨 에그제 록맨 커스텀 세트

발매일 / 2001년 12월 14일 가격 / 14,600엔

GBA 소프트 『배틀 네트워크 록맨 에그제2』(캡콤)와 록맨 컬러의 GBA 본체가 세트로 된 한정품. 이토요카도 한정으로 판매되었다.

게임보이 어드밴스 『더 킹 오브 파이터즈 EX』
KOF 사양 클리어 블랙 하드 세트

발매일 / 2002년 1월 1일 가격 / 15,600엔

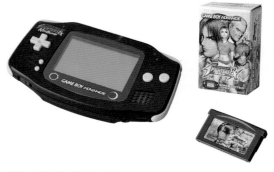

GBA 소프트 『더 킹 오브 파이터즈 EX』(마벨러스)와 GBA 본체가 세트로 된 한정품. 클리어 블랙의 본체에는 KOF의 로고, LCD 베젤 하단에는 쿄와 이오리의 해와 달이 프린트되어 있다.

게임보이 어드밴스 포켓몬센터 한정모델
라티아스 라티오스 버전

발매일 / 2002년 7월 5일 가격 / 8,800엔

극장판 애니메이션 『물의 도시의 수호신』 개봉 기념으로 포켓몬센터 한정으로 판매된 GBA. 본체는 메탈릭 블루 & 빨강의 투톤 사양. LCD 베젤 하단에 라티아스와 라티오스의 실루엣이 프린트되어 있다.

게임보이 어드밴스
쵸비츠 chobits 사양 하드 세트 클리어 블루

발매일 / 2002년 9월 27일 가격 / 14,600엔

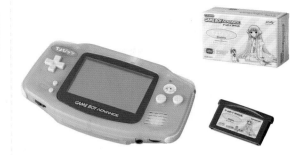

GBA 소프트 『쵸비츠 for GAMEBOY ADVANCE 나만의 사람』(마벨러스)과 특별사양의 GBA 본체 동봉판. 쵸비츠 사양의 본체에는 로고와 캐릭터가 그려져 있고 뒷면에는 캐릭터 씰이 붙어 있다.

게임보이 어드밴스SP 『파이널 판타지 택틱스
어드밴스』 동봉모델 펄 화이트 에디션

발매일 / 2003년 2월 14일 가격 / 18,300엔

GBA 소프트 『파이널 판타지 택틱스 어드밴스』(스퀘어 에닉스)와 오리지널 색상의 GBA SP 본체가 세트로 된 한정품. FFT-A 오리지널 스트랩과 SP 파우치가 포함되었다.

게임보이 어드밴스SP 포켓몬센터 한정모델
아챠모 오렌지

발매일 / 2003년 4월 25일 가격 / 12,500엔

5주년을 맞은 포켓몬센터에서 한정 발매된 오리지널 GBA SP. 포켓몬 아챠모를 모티브로 한 메탈릭 오렌지 본체에는 아챠모의 실루엣이 프린트되어 있다.

게임보이 어드밴스SP 『우리들의 태양』
동봉모델 장고 레드 & 블랙

발매일 / 2003년 7월 17일 가격 / 16,800엔

GBA 소프트 『우리들의 태양』(코나미)과 오리지널 색상의 GBA SP 본체가 세트로 된 한정품. 본체는 메탈릭 레드(장고 레드)와 매트 블랙의 투톤 사양이다.

게임보이 어드밴스SP
『신약 성검전설』 동봉모델 마나 블루

발매일 / 2003년 8월 29일 가격 / 18,300엔

GBA 소프트 『신약 성검전설』(스퀘어 에닉스)과 오리지널 색상의 GBA SP 본체가 세트로 된 한정품. 마나 블루의 본체에는 『신약 성검전설』의 오리지널 파우치가 동봉되었다.

게임보이 어드밴스SP
토이저러스 한정모델 스타라이트 골드

발매일 / 2003년 10월 9일 가격 / 11,999엔

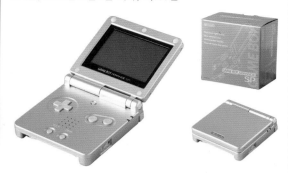

토이저러스 한정으로 판매된 GBA SP의 오리지널 색상. 화려함을 절제한 백금 색상을 표현했다.

게임보이 어드밴스SP『SD건담 G제네레이션
어드밴스』동봉모델 샤아 버전 컬러

발매일 / 2003년 11월 27일 가격 / 18,300엔

GBA 소프트『SD건담 G제네레이션 어드밴스』(반다이)와 특별사양의 GBA SP 본체가 세트 구성된 한정판. 샤아 전용 컬러의 본체에는 지온군의 마크가 프린트되어 있다.

게임보이 어드밴스SP
포켓몬센터 한정모델 가이오가 에디션

발매일 / 2003년 12월 11일 가격 / 14,000엔

포켓몬센터 모바일 한정으로 1,000대가 통신 판매된 오리지널 GBA SP. 포켓몬 가이오가를 모티브로 한 메탈릭 블루의 본체에는 가이오가의 일러스트와 실루엣이 프린트되어 있다.

게임보이 어드밴스SP
포켓몬센터 한정모델 그란돈 에디션

발매일 / 2003년 12월 11일 가격 / 14,000엔

포켓몬센터 모바일 한정으로 1,000대가 통신판매되었던 오리지널 GBA SP. 포켓몬 그란돈을 모티브로 한 메탈릭 레드의 본체에는 그란돈의 일러스트와 실루엣이 프린트되어 있다.

게임보이 어드밴스SP
『록맨 에그제4 토너먼트 레드썬』액세스 세트 SP

발매일 / 2003년 12월 12일 가격 / 17,300엔

GBA 소프트『록맨 에그제4 토너먼트 레드썬』(캡콤)과 특별사양의 GBA SP 본체가 세트인 한정품. 본체는 블루를 기조로 한 투톤 컬러. 『블루문』의 패키지와 맞추면 그림이 완성된다.

게임보이 어드밴스SP
『록맨 에그제4 토너먼트 블루문』액세스 세트 SP

발매일 / 2003년 12월 12일 가격 / 17,300엔

GBA 소프트『록맨 에그제4 토너먼트 블루문』(캡콤)과 특별사양의 GBA SP 본체가 세트인 한정품. 본체는 블루를 기조로 한 투톤 컬러. 『레드썬』의 패키지와 맞추면 그림이 완성된다.

게임보이 어드밴스SP 패미컴 발매 20주년 기념 버전 (복각판 『슈퍼마리오 브라더스 세트』)

발매일 / 2004년 1월 28일 가격 / 비매품

패미컴 발매 20주년 기념 「핫 마리오 캠페인」 제2탄의 경품. 패미컴 컨트롤러 디자인의 GBA SP의 수량은 3,000대. 같은 시기 시행된 이토요카도 「슈퍼마리오 캠페인」에도 200대가 증정되었다.

게임보이 어드밴스SP 포켓몬센터 한정모델 리자몽 에디션

발매일 / 2004년 2월 27일 가격 / 12,500엔

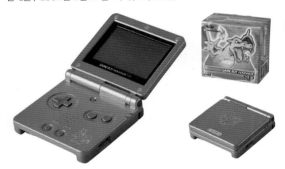

포켓몬센터 한정으로 판매된 GBA SP. 포켓몬 리자몽을 모티브로 한 메탈릭 레드 본체에는 리자몽이 프린트되어 있다.

게임보이 어드밴스SP 포켓몬센터 한정모델 레쿠쟈 에디션

발매일 / 2004년 9월 16일 가격 / 9,800엔

포켓몬센터 한정으로 판매된 오리지널 GBA SP. 포켓몬 레쿠쟈를 모티브로 한 그린 본체에는 레쿠쟈의 실루엣이 프린트되어 있다. GBA 소프트 「포켓몬스터 에메랄드」와 동시 발매되었다.

게임보이 어드밴스SP 포켓몬센터 한정모델 이상해꽃 에디션

발매일 / 2004년 2월 27일 가격 / 12,500엔

포켓몬센터 한정으로 판매된 GBA SP. 포켓몬 이상해꽃을 모티브로 한 메탈릭 블루그린 본체에는 이상해꽃이 프린트되어 있다.

게임보이 어드밴스SP 『나루토 RPG 이어지는 불의 의지』 나루토 오렌지 SP

발매일 / 2004년 7월 22일 가격 / 17,800엔

GBA 소프트 『나루토 RPG 이어지는 불의 의지』(토미)와 스페셜 컬러의 GBA SP가 세트 구성된 한정품. 나루토 오렌지 SP의 본체에는 소용돌이가 프린트되어 있다.

게임보이 어드밴스SP 동키 서머 캠페인 동키 SP

발매일 / 2004년 10월 가격 / 비매품

동키 서머 캠페인의 경품. 게임큐브용 『동키콩가2』 또는 GBA의 『슈퍼 동키콩2』에 동봉된 응모권을 보내면 추첨을 통해 1,000대가 증정되었다.

게임보이 어드밴스SP
킹덤 딥 실버 에디션

발매일 / 2004년 11월 11일 가격 / 15,315엔

GBA 소프트 『킹덤 하츠-체인 오브 메모리즈』(스퀘어 에닉스)와 GBA 본체가 세트 구성된 한정품. 오리지널 액세서리도 포함되어 있다.

게임보이 어드밴스SP
토이저러스 한정모델 펄 그린

발매일 / 2004년 11월 18일 가격 / 9,499엔

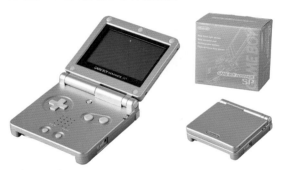

토이저러스 한정으로 판매된 GBA SP의 오리지널 컬러 모델이다.

게임보이 어드밴스SP
펄 블루 & 플래티넘 실버

발매일 / 2004년 2월 19일 가격 / 비매품

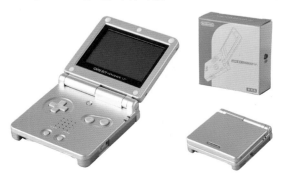

클럽 닌텐도의 GBA SP 하우징 체인지 서비스. 자신이 갖고 있는 GBA SP를 원하는 색상으로 교환해주었다. 펄 블루와 플래티넘 실버의 투톤 모델을 600포인트로 교환할 수 있었다.

게임보이 어드밴스SP
포켓몬센터 한정모델 피카츄 에디션

발매일 / 2005년 3월 5일 가격 / 9,800엔

포켓몬센터 한정으로 판매된 오리지널 GBA SP. 피카츄 색상의 본체에는 피카츄의 얼굴과 실루엣이 프린트되어 있는데, 버튼 색상은 피카츄의 등과 꼬리의 색상인 갈색이다.

게임보이 어드밴스SP
오니키스 블랙 & 플래티넘 실버

발매일 / 2004년 2월 19일 가격 / 비매품

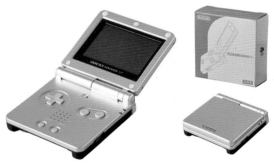

클럽 닌텐도의 GBA SP 하우징 체인지 서비스. 자신이 갖고 있는 GBA SP를 원하는 색상으로 교환해주었다. 오니키스 블랙과 플래티넘 실버의 투톤 모델을 600포인트로 교환할 수 있었다.

게임보이 어드밴스SP
펄 핑크 & 플래티넘 실버

발매일 / 2004년 2월 19일 가격 / 비매품

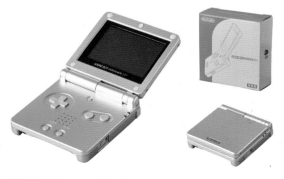

클럽 닌텐도의 GBA SP 하우징 체인지 서비스. 자신이 갖고 있는 GBA SP를 원하는 색상으로 교환해주었다. 펄 핑크와 플래티넘 실버의 투톤 모델을 600포인트로 교환할 수 있었다.

게임보이 어드밴스SP
사무스 투톤

발매일 / 2004년 8월 10일 가격 / 비매품

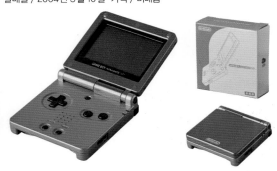

하우징 체인지의 새로운 색상. 사무스를 모티브로 한 투톤 사양인데 단 며칠 만에 신청 마감되는 인기를 자랑했다. 『메트로이드 제로 미션』 스피드퀴즈 캠페인 응모자 중 추첨을 통해 80명에게 각인이 새겨진 특제 GBA SP를 증정.

게임보이 미크로 『파이널 판타지4 어드밴스』
아마노 요시타카 디자인 GB 미크로 FF 모델 동봉세트

발매일 / 2005년 12월 15일 가격 / 17,200엔

GBA 소프트 『파이널 판타지4 어드밴스』(스퀘어 에닉스)와 특별사양의 GB 미크로 본체가 세트 구성된 한정품. 본체 페이스 플레이트는 아마노 요시타카가 디자인했다.

게임보이 미크로
포켓몬센터 한정모델 포켓몬 버전

발매일 / 2005년 11월 17일 가격 / 12,000엔

포켓몬센터에서 판매된 GB 미크로의 한정판. 진홍색 하우징을 베이스로 한 본체에는 검은 페이스 플레이트가 장착되었고 피카츄의 실루엣이 새겨져 있다.

게임보이 미크로
『MOTHER3』 디럭스 박스 동봉모델

발매일 / 2006년 4월 20일 가격 / 18,000엔

GBA 소프트 『MOTHER3』와 특별사양의 GB 미크로 본체, 프랭클린 배지가 세트 구성된 한정품. 본체 페이스 플레이트에는 MOTHER3와 닌텐도의 로고가 프린트되어 있다. 기간 한정 주문생산 제품.

패미컴 미니 컬렉션 BOX1

발매일 / 2004년 4월~5월 발송 가격 / 비매품

패미컴 미니 제1탄 타이틀 10개를 넣을 수 있는 럭셔리한 금색 플레이트가 포함된 특제 박스. 패미컴 빨강을 바탕으로 한 슬리브 케이스에 들어 있다. 10개 타이틀을 구입해 클럽 닌텐도에 등록하면 받을 수 있었다.

패미컴 미니 컬렉션 BOX2

발매일 / 2004년 7월~8월 발송 가격 / 비매품

패미컴 미니 제2탄 타이틀 10개를 넣을 수 있는 럭셔리한 금색 플레이트가 포함된 특제 박스. 패미컴 흰색을 바탕으로 한 슬리브 케이스에 들어 있다. 10개 타이틀을 구입해 클럽 닌텐도에 등록하면 받을 수 있었다.

패미컴 미니 컬렉션 BOX3

발매일 / 2004년 10월~11월 발송 가격 / 비매품

패미컴 미니 제3탄 타이틀 10개를 넣을 수 있는 럭셔리한 금색 플레이트가 포함된 특제 박스. 디스크 카드의 노랑을 바탕으로 한 슬리브 케이스에 들어 있다. 10개 타이틀을 구입 후 클럽 닌텐도에 등록하면 받을 수 있었다.

제2차 슈퍼로봇대전

발매일 / 2005년 3월 가격 / 비매품

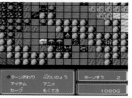

패미컴 미니 사양의 GBA용 『제2차 슈퍼로봇대전』. 게임은 패미컴 버전을 이식했다. 게임큐브 소프트 『슈퍼로봇대전GC』의 구입 특전으로 추첨을 통해 2,000명에게 증정되었다.

파이어 엠블렘 봉인의 검
로손 디럭스팩

발매일 / 2002년 3월 29일 가격 / 7,800엔

GBA 소프트 『파이어 엠블렘 봉인의 검』과 공략본, 달력, 스탬프, 캔 배지, 클리어 파일 3장, 머리띠가 세트인 한정품. 로손 한정으로 특제 봉투에 넣어 판매되었다.

기동전사 Z건담 핫 스크램블

발매일 / 2004년 6월 가격 / 비매품

패미컴 미니 사양의 GBA용 『기동전사 Z건담 핫 스크램블』. 게임은 패미컴 버전을 이식했다. 게임큐브 소프트 『기동전사 건담 전사들의 궤적』의 캠페인 상품으로 추첨을 통해 2,000명에게 증정되었다.

택틱스 오우거 외전
로손 디럭스 팩

발매일 / 2001년 6월 21일 가격 / 7,800엔

로손 한정으로 판매된 소프트 『택틱스 오우거 외전 The Knight of Lodis』. 특제 케이스에 GBA 본체, 통신 케이블, 사진 등이 들어 있다. 패미통 한정으로 통신 판매된 『F/Edition』 버전은 케이스 색상이 다르다.

클럽 닌텐도 오리지널 디자인
와이어리스 어댑터 패미컴 컬러

발매일 / 2004년 7월 6일(교환 시작) 가격 / 비매품

클럽 닌텐도 오리지널의 GBA용 와이어리스 어댑터. 패키지도 패미컴풍의 디자인이다. 400포인트로 받을 수 있었다.

게임보이 어드밴스 전용 통신 케이블
포켓몬스터 루비/사파이어

발매일 / 2002년 11월 21일 가격 / 비매품

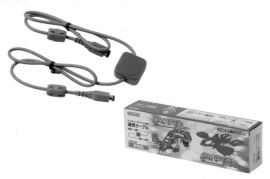

GBA 전용의 통신 케이블. 패키지에 『포켓몬스터 루비/사파이어』가 프린트
되어 있고 내용물은 시판 제품과 동일하다. 포켓몬스터 루비/사파이어의 예
약 특전이었다.

광고지 갤러리

게임보이 본체의 광고지   슈퍼마리오의 광고지

신 오니가시마의 광고지   유유기의 광고지

TV광고 갤러리

테트리스

게임보이 워즈

요시 아일랜드

버철보이

슈퍼마리오64

스타폭스64

닌텐도64
16,800엔 가격 인하

돌려라 메이드 인 와리오

닌텐도 주요 하드웨어 ·소프트웨어 연표

1977년 6월	컬러 TV게임 6/15
1978년	레이싱112
1979년 4월	블록 깨기
1980년	컴퓨터 TV게임
1980년 4월	게임&워치
1983년	컴퓨터 마작 역만
1983년 7월	패밀리 컴퓨터
1985년 9월	슈퍼마리오 브라더스(FC)
1986년 2월	디스크 시스템
	젤다의 전설(FCD)

패밀리 컴퓨터

1987년 2월	패밀리 컴퓨터 골프 토너먼트 개최
1989년 4월	게임보이
1989년 6월	테트리스(GB)
1990년 11월	슈퍼 패미컴
1992년 8월	슈퍼마리오 카트(SFC)
1993년 12월	AV 사양 패밀리 컴퓨터(뉴 패미컴)
1994년 11월	게임보이 브로스
1995년 4월	사테라뷰
1995년 7월	버철보이
1996년 2월	포켓몬스터 레드/그린(GB)

게임보이

1996년 6월	닌텐도64
	슈퍼마리오64(N64)
1996년 7월	게임보이 포켓
1997년 9월	닌텐도 파워 서비스 시작
1998년 3월	포켓 피카츄
	슈퍼 패미컴 주니어
1998년 4월	게임보이 라이트
1998년 10월	게임보이 컬러
1998년 11월	젤다의 전설 시간의 오카리나(N64)
1999년 2월	64DD
2000년 3월	닌텐도 파워GB 다운로드 판매 서비스 시작

슈퍼 패미컴

2001년 1월	모바일 시스템GB 서비스 시작
2001년 3월	게임보이 어드밴스
2001년 9월	닌텐도 게임큐브
2001년 12월	포켓몬 미니
2003년 2월	게임보이 어드밴스SP
2004년 12월	닌텐도DS
2005년 4월	nintendogs(DS)
2005년 5월	뇌를 단련하는 어른의 DS 트레이닝(DS)
2005년 9월	게임보이 미크로

닌텐도64

2005년 11월	놀러오세요 동물의 숲(DS)
2006년 3월	닌텐도DS Lite
2006년 5월	New 슈퍼마리오 브라더스(DS)
2006년 12월	Wii
	Wii 스포츠(Wii)
2007년 12월	Wii fit(Wii)
2008년 3월	Wii웨어 다운로드 시작
2008년 11월	닌텐도DSi
	DSi웨어 다운로드 시작
2009년 5월	Wii의 자리(間) 서비스 시작
2009년 11월	닌텐도DSi LL(XL)

닌텐도DS

Wii

닌텐도
게임큐브 편

손잡이로 이동할 수 있는 스마트한 디자인!
큐브형 본체는 '큐트' 그 자체였다.

닌텐도 하드웨어로는 최초로 광디스크를 채용했다. 익숙한 시리즈 작품
의 신작은 물론이고 탄탄한 신작도 재미있었다.

닌텐도 게임큐브

발매일 / 2001년 9월 14일 가격 / 25,000엔

손잡이로 이동이 가능한 컴팩트한 머신

닌텐도의 가정용 게임기 최초로 광디스크 채용. 마츠시타전기(Panasonic)와 공동 개발한 DVD 베이스의 독자 규격으로 디스크 사이즈는 8cm로 작다. 64 시절에 대한 반성으로 게임 개발이 쉽도록 한 점이 특징. 컨트롤러에 그립을 달아 안정감을 주었고 좌측에는 아날로그 스틱과 십자 버튼, 우측에는 역할이 명확해진 A · B버튼과 X · Y버튼, 좌우 측면에 아날로그 트리거를 배치했다. 닌텐도64와 같이 컨트롤러 단자는 4개, 진동 기능은 표준으로 장비했다. 로딩 속도는 빠르게, 불법복제방지장치는 강화했다. 온라인 통신기능에도 대응하고 있다. 메뉴화면의 배경음악을 16배속으로 하면 디스크 시스템의 기동음으로 들리는 이스터 에그가 있다. 양질의 소프트가 많았지만 PS2를 이기지 못했고 닌텐도64보다 부진했다. 일본에서 404만 대, 전 세계에서 2175만 대 판매.

바이올렛

스펙

■ CPU/IBM PowerPC 'Gekko'(485MHz, 1125DMips, 10.5GFLOPS) ■ 메모리/메인 메모리 1T-SRAM 24M BYTE + 비디오 메모리 1T-SRAM 3M BYTE + A(보조)메모리 DRAM 16M BYTE ■ 그래픽/해상도 256*224~640*480, 시스템LSI 'Flipper'(162MHz), 최대 초당 1200만 폴리곤 연산 ■ 사운드/시스템LSI 'Flipper'에 내장. ADPCM 64채널 ■ 미디어/8cm디스크, 용량 약 1.5GB

닌텐도 게임큐브 컬러 배리에이션

오렌지
발매일 / 2001년 11월 21일 가격 / 25,000엔

블랙
발매일 / 2001년 11월 21일 가격 / 25,000엔

실버
발매일 / 2002년 12월 1일 가격 / 19,800엔

엔조이 플러스팩

발매일 / 2003년 6월 21일 가격 / 19,800엔

기존의 게임큐브 본체에 「게임보이 플레이어」와 「메모리카드 251」이 추가된 세트. 가격은 그대로이며 본체 색상은 바이올렛, 오렌지, 블랙, 실버의 4종류이다.

엔조이 플러스팩 플러스

발매일 / 2004년 7월 22일 가격 / 19,800엔

「엔조이 플러스팩(실버)」에 한정 컬러인 클리어 컨트롤러가 1개 추가된 세트. 가격은 그대로이다.

젤다의 전설 바람의 지휘봉

발매일 / 2002년 12월 13일　가격 / 6,800엔

고양이눈 링크가 대활약하는 첫 번째 카툰 렌더링 게임

카툰 렌더링을 사용한 애니메이션풍의 독특한 그림이 특징. 『시간의 오카리나』에서 천년 뒤를 무대로 고양이눈 링크의 모험이 그려진다. 링크는 의문의 대괴조에 납치당한 동생을 구하기 위해 여 해적 테트라와 먼 바다로 떠난다. 「바람의 지휘봉」이라는 악기를 써서 바람을 조작하고, 파트너인 범선을 타고 먼 바다에 흩어져 있는 섬들을 넘어간다. GBA와 연동하면서 팅글과의 협력 플레이가 가능하다. 피규어 수집 등 파고들기 요소도 충실하고, 우라 젤다를 수록한 예약특전 『젤다의 전설 시간의 오카리나GC』도 호환롭다. 2013년 WiiU로 HD리마스터 버전이 발매되었다.

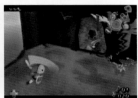

피크민

발매일 / 2001년 10월 26일　가격 / 6,800엔

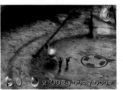

오리마를 조작해, 제한시간 내에(30일)에 피크민과 협력하여 우주선 부품을 모아 탈출하는 것이 목표. 100마리의 피크민이 독립적으로 행동하면서 적과 장애물을 물리치는 인공지능 액션이 참신했다. 닌텐도의 과거 제품도 등장한다. 신비한 세계관과 시스템이 높은 평가를 받았고 CM송 『사랑의 노래』도 유명했다.

슈퍼마리오 선샤인

발매일 / 2002년 7월 19일　가격 / 6,800엔

『슈퍼마리오64』의 속편 격인 3D 액션 게임. 남쪽 섬을 무대로 마리오가 섬 곳곳의 낙서를 지우고 120개의 샤인을 되찾는다. 기본 조작은 전작과 같지만, 펌프 액션을 사용한 스테이지 공략이 참신했다. 요시와 파친코 마리오도 등장하고, 가짜 마리오와의 재판과 같은 연출이 존재한다. 전체적으로 난이도가 매우 높다.

루이지 맨션

발매일 / 2001년 9월 14일 가격 / 6,800엔

 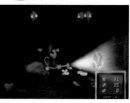

루이지가 주연인 첫 작품으로 게임큐브와 동시 발매. 진공청소기로 귀신들을 빨아들이고 마리오를 구하기 위해 귀신의 집을 돌아다닌다. 음침하고 코미컬한 연출이 분위기를 띄우는 작품으로 2018년 3DS로 이식되었다.

웨이브 레이스 블루 스톰

발매일 / 2001년 9월 14일 가격 / 6,800엔

 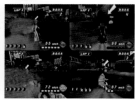

『웨이브 레이스64』의 속편. 기본 시스템은 전작을 답습했고 플레이 캐릭터를 8명으로 늘렸다. 최대 4인 동시 대전이 가능하며 총 8코스 구성이다. 날씨에 따라 파도에 영향을 미치는 구성도 있다. 닌텐도 공식 타임어택 대회도 열렸다.

대난투 스매시 브라더스DX

발매일 / 2001년 11월 21일 가격 / 6,800엔

시리즈 제2탄. 플레이 캐릭터는 총 25명이다. 「올스타」 등 새로운 모드와 피규어 수집이 추가되는 등, 전작에서 대폭 파워업 했다. 숨겨진 캐릭터에는 「미스터 게임&워치」도 있었다. 게임큐브로는 일본 최다인 151만 장을 판매했다.

동물의 숲+ (메모리카드59 동봉)

발매일 / 2001년 12월 14일 가격 / 6,800엔

시리즈 제2탄. 전작을 바탕으로 하면서 아이템과 작업실·박물관 등이 추가되었고 편지 교환도 가능해졌다. 전작에서의 이사 서비스를 이용하면 패미컴 가구도 얻을 수 있었다. GBA와 연동해 섬으로의 이동도 가능하다.

동물번장

발매일 / 2002년 2월 21일 가격 / 6,800엔

 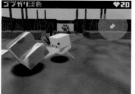

플레이어(돼지)가 동물을 사냥하면서 동물번장을 물리친다는 설정의 액션 게임. 필드 내의 동물을 사냥해 변체(變體)와 교미를 반복함으로써 강해진다. 사각형으로 표현된 캐릭터가 특징으로 총 150종류가 존재한다.

거인의 도신 (메모리카드59 동봉)

발매일 / 2002년 3월 14일 가격 / 6,800엔

64DD 버전 『거인의 도신1』을 재탕했다. 게임 내용은 64DD 버전과 같지만 그래픽이 향상되었고, 헤이트 거인의 그래픽과 움직임이 바뀌었다. 모뉴먼트가 바뀌어 여성 섬 주민과 『동물번장』의 캐릭터가 지면에 그려진 섬도 등장한다.

NBA 코트사이드 2002

발매일 / 2002년 3월 29일　가격 / 6,800엔

2000~2001 시즌의 명선수들을 조작해 챔피언을 노리는 NBA 공인 농구 게임. 전체 9팀의 모든 선수가 실명으로 등장하며 움직임도 3D로 리얼하게 재현했다. 풀 시즌 플레이와 3on3 등의 모드가 있다.

미키 마우스의 이상한 거울

발매일 / 2002년 8월 9일　가격 / 6,800엔

거울 세계를 탐험하는 미키의 어드벤처 게임. 커서를 움직이고, 구멍을 들여다보고, 뛰어내리고 넘어지면서 방의 비밀을 풀어간다. 슈팅과 액션 등 미니게임도 준비되어 있다.

스타폭스 어드벤처

발매일 / 2002년 9월 27일　가격 / 6,800엔

스토리를 따라 3D 지도를 돌아다니며 수수께끼를 풀어가는 액션 어드벤처 게임. 파트너인 트리키와 의문의 소녀 크리스탈 등 매력적인 캐릭터가 시나리오를 풍성하게 한다. 슈팅 미니게임도 있다.

이터널 다크니스
~초대받은 13인~

발매일 / 2002년 10월 25일　가격 / 6,800엔

환각을 주제로 한 호러 어드벤처 게임. 알렉스 외 12인의 주인공을 조작해 어둠의 존재 『앤션트』를 저지하는 것이 목적. 서니티 시스템이라는 정신 게이지에 따라 공포감을 연출하고 있으며 총 12장으로 구성되어 있다.

마리오 파티4

발매일 / 2002년 11월 8일　가격 / 6,800엔

시리즈 제4탄. 3D 지도가 채용되어 2인 1조로 대전할 수 있는 태그 매치가 도입되었다. 이번 작품에서만 대형 버섯, 작은 버섯이 등장한다. 미니게임은 총 62가지이며 순위 경쟁보다 파티 색채가 강해졌다.

NINTENDO 퍼즐 컬렉션
(GBA 케이블 동봉)

발매일 / 2003년 2월 7일　가격 / 5,800엔

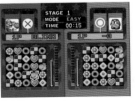

『닥터 마리오』『요시의 쿠키』『패널로 퐁』의 리메이크 버전 3개의 합본. GBA와 연동하면, GBA에서 플레이할 수 있는 데이터 건네받기가 가능하고 GBA를 게임큐브의 컨트롤러로 쓸 수 있다. 세이브 기능과 4인 대전 모드가 추가되었다.

메트로이드 프라임

발매일 / 2003년 2월 28일   가격 / 6,800엔

시리즈 최초의 3D 액션 게임. 시리즈 작품으로서 퍼즐 풀기와 액션은 이어 가면서 사무스 시점의 FPS가 되어 현장감이 강화되었다. 새로운 요소로서 추가된 '스캔바이저' 기능에 의한 탐색이 재밌다.

GIFTPIA(기프트피아)

발매일 / 2003년 4월 25일   가격 / 5,800엔

이름 없는 섬에 사는 소년 호크루가 어른이 되기 위한 방법을 찾는다는 얼터너티브 RPG. 전투는 없고 시간의 흐름에 의해 졸음과 공복감 등의 수치가 바뀐다. 가공의 이야기를 해주는 이름 없는 FM이 독특하다.

포켓몬 박스 루비 & 사파이어

발매일 / 2003년 5월 30일   가격 / 2,000엔

(득템 GBA팩/2,800엔)

※ 발매 / (주) 포켓몬
판매 / 닌텐도

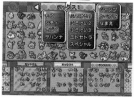

GBA와의 연동으로 최대 1,500마리의 포켓몬을 저장할 수 있는 유틸리티 툴. 특수기를 기억하는 포켓몬의 알을 받거나 포켓몬을 감상하거나 『포켓몬 루비/사파이어』를 TV 화면으로 플레이할 수 있다.

동물의 숲e+ (카드e 리더+ 동봉)

발매일 / 2003년 6월 27일   가격 / 6,800엔

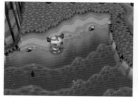

시리즈 제3탄. 새로운 이벤트와 아이템이 추가되어, GBA와 연동하면 패미컴의 게임과 미니게임 3종류를 플레이할 수 있다. 동봉된 『카드e 리더+』를 사용하면 카드의 동물과 디자인 등이 추가된다.

커비의 에어라이드

발매일 / 2003년 7월 11일   가격 / 5,800엔

커비가 에어라이드 머신을 타고 과제를 클리어하는 레이싱 액션 게임. 아날로그 스틱과 A버튼이라는 간단한 조작이 초보자의 진입 장벽을 낮추었다. 복사 능력과 아이템도 사용할 수 있고 2~4인 동시 대전을 지원한다.

포켓몬 채널
~피카츄도 함께~

발매일 / 2003년 7월 18일   가격 / 5,800엔

※ 발매 / (주)
포켓몬
판매/ 닌텐도

피카츄와 함께 TV 프로그램을 시청하고 외출 등을 할 수 있는 게임. 퀴즈와 뉴스 등 10종류 이상의 방송이 있고 GBA와 연동하면 페인트 기능, 나이스카드 수집, 포켓몬 미니 체험판을 플레이할 수 있다.

F-ZERO GX

발매일 / 2003년 7월 25일 가격 / 5,800엔

시리즈 제4탄. 팔콘을 조작해서 총 9화의 시나리오를 클리어해 나간다. 그래픽과 사운드가 진화했고 아케이드 버전 「AX」(세가)와 연동하면 캐릭터와 머신, 코스 등이 개방된다. 총 26개의 코스가 준비되어 있다.

파이널 판타지 크리스탈 크로니클 (GBA 케이블 동봉)

발매일 / 2003년 8월 8일 가격 / 6,800엔

시리즈 제1탄. GBA와 연동하면 최대 4인 동시 플레이를 지원한다. 사람들을 풍토병에서 구해주는 크리스탈에 「미루라의 이슬」을 주는 것이 게임의 목표. 스퀘어 에닉스가 개발했고, 2019년에 닌텐도 스위치로 풀HD 리마스터 되었다.

마리오 골프 패밀리 투어

발매일 / 2003년 9월 5일 가격 / 6,800엔

닌텐도64용 『마리오 골프64』의 속편으로 그래픽이 진화했다. 2스텝으로 공을 치는 「간단 샷」 기능이 생겼고, 더블스와 코인샷 등의 새로운 모드도 추가되었다. GBA용 『마리오 골프 GBA 투어』에서 키운 캐릭터도 사용 가능.

모여라!! 메이드 인 와리오

발매일 / 2003년 10월 17일 가격 / 3,800엔

GBA 버전 『메이드 인 와리오』를 이식. 총 200가지 이상의 미니게임을 즐길 수 있고 4인 동시 플레이가 가능한 파티 모드도 추가되었다. 스피드·레벨 지정과 연습 모드도 추가되어 GBA와 플레이할 수도 있다. 패키지에 주사위가 동봉.

마리오 카트 더블 대시!!

발매일 / 2003년 11월 7일 가격 / 5,800엔

시리즈 제4탄. 2인승에 따른 태그 플레이가 이 게임 최대의 특징으로, 이를 활용한 테크닉과 2인 협력 플레이가 있다. 브로드밴드 어댑터를 쓰면 최대 16인 동시 플레이가 가능하다. 또한 플레이 캐릭터는 20명으로 늘어났다.

포켓몬 콜로세움 (메모리카드59 동봉)

발매일 / 2003년 11월 21일 가격 / 5,800엔

※ 발매 / (주)포켓몬
판매/ 닌텐도

포켓몬 시리즈에서 파생된 RPG. 시나리오 모드에서는 다크 포켓몬을 스내치(강탈)해서 모으고, 마음을 열어(릴라이브) 게임을 진행한다. 대전 모드에서는 GBA와 연동한 통신 교환이 가능하다. 개발은 지니어스 소노리티가 담당했다.

마리오 파티5

발매일 / 2003년 11월 28일 가격 / 5,800엔

시리즈 제5탄. 전체 보드 맵이 완전한 3D가 되었고 플레이어 캐릭터에 키노피오와 미니쿠파 등이 추가되었다. 혼자 혹은 2인이 플레이하는 슈퍼 듀얼 모드를 처음 채용했고 아이템이 든 캡슐도 등장했다. 미니게임은 75종류를 수록했다.

동키콩가
(타루콩가 동봉)

발매일 / 2003년 12월 12일 가격 / 6,800엔

시리즈 제1탄. 동봉된 타루콩가(봉고 컨트롤러)를 타이밍에 맞춰서 때리는 리듬 액션 게임. 애니메이션과 가요, 게임 등 32곡을 수록했다. 타루콩가 2대를 사용한 대전이 가능하고 최대 4대를 설치하면 프리 세션도 가능하다.

1080° 실버스톰

발매일 / 2004년 1월 22일 가격 / 5,800엔

N64용 「1080° 스노우보딩」의 속편. 코스가 새로워졌고 스피드감이 올라갔으며 눈사태 등보다 긴장감 넘치는 내용으로 구성되었다. 배경음악에는 판권곡도 사용되었다. 브로드밴드 어댑터를 이용하면 최대 4인 통신 대전을 지원한다.

커스텀 로보
배틀 레볼루션

발매일 / 2004년 3월 4일 가격 / 5,800엔

시리즈 제4탄으로 로봇이 리얼 사이즈로 바뀌었다. 새로운 로봇과 파츠가 추가되었고 4인 동시 대전을 지원한다. 오프닝에 보컬곡이 채용되었고, FPS 시점의 대전과 아케이드 모드가 준비되어 있다. 적 로봇의 알(R) 제3형태가 강했다.

젤다의 전설 4개의 검+
(GBA 케이블 동봉)

발매일 / 2004년 3월 18일 가격 / 5,800엔

GBA에 접속해서 4명이 플레이하는 젤다 게임. 하이랄 어드벤처, 섀도 배틀, 나비 트랙커즈의 3가지 게임을 수록했다. 두 화면을 사용한 장치가 재밌고 대전 및 협력 플레이도 지원한다. 플레이 환경을 갖추는 것이 어렵다.

피크민2

발매일 / 2004년 4월 29일 가격 / 5,800엔

시리즈 제2탄. 기본 시스템은 전작을 답습했고, 오리마와 새로운 캐릭터 루이를 바꿔가며 플레이한다. 지하동굴 탐색과 스프레이가 추가되어 새로운 색상의 피크민이 등장했다. 협력 및 대전 플레이도 지원하며 CM송 제목은 「종의 노래」이다.

와리오 월드

발매일 / 2004년 5월 27일 가격 / 5,800엔

시리즈 제6탄. 와리오의 첫 3D 액션 게임. 각 지역에 흩어져 있는 「붉은 보석」을 모아 보스를 물리친다. 도와준 네코로의 숫자에 의해 엔딩이 바뀌는데, 조건 클리어 후에 GBA를 연결해서 「메이드 인 와리오」의 체험판을 플레이할 수 있다.

동키콩가2 히트송 퍼레이드

발매일 / 2004년 7월 1일 가격 / 4,500엔

시리즈 제2탄. 기본 시스템은 전작을 답습하면서 새로운 곡 33개를 수록했다. 전곡 클리어로 보너스 칩을 받으면, 「1」의 세이브 데이터가 있는 경우 음색 데이터를 가져올 수 있다. 둘이서 협력하는 듀엣 플레이를 지원한다.

페이퍼 마리오 RPG

발매일 / 2004년 7월 22일 가격 / 5,800엔

『마리오 스토리』의 속편. 전작을 바탕으로 하면서 그래픽이 파워업 되었다. 종이비행기로 변하거나 좁은 틈을 지나가는 등 종이로서 가능한 액션과 연출이 늘어났다. 극장 무대에서 전투가 이루어지는데, 콩트 같은 공방이 재밌다.

쿠루링 스쿼시!

발매일 / 2004년 10월 4일 가격 / 3,800엔

시리즈 제3탄. 장애물을 피해 골인하는 것은 물론, 특제 헤리링으로 공격할 수도 있는 액션 게임. 보스와의 대결과 초보자용 시범 플레이도 있다. 최대 4인 대전이 가능하며 GBA를 연결해서 퀴즈 게임을 플레이할 수 있다.

마리오 테니스GC

발매일 / 2004년 10월 28일 가격 / 5,800엔

『마리오 테니스64』의 기본 시스템을 바탕으로 스페셜 샷(필살기)과 스페셜 게임을 추가했다. 장치가 많은 코트가 특징으로 분위기를 고조시킨다. 스페셜 게임 총 8종 중 6종이 4인 동시 플레이를 지원한다.

마리오 파티6(마이크 동봉)

발매일 / 2004년 11월 18일 가격 / 5,800엔

시리즈 제6탄. 동봉된 마이크로 플레이하는 미니게임이 추가되었고 낮밤의 역전에 따라 코스와 이벤트가 바뀐다. 모은 스타로 숨겨진 요소를 개방하는 「스타 뱅크」도 채용되었으며, 미니게임은 총 82종류를 수록했다.

동키콩 정글비트

발매일 / 2004년 12월 16일　가격 / 5,800엔

「타루콩가」의 좌우를 때리는 조합이나 손 박자만으로도 적을 화려하게 때리는 호쾌한 액션 게임. 바나나(비트)를 모으면 득점이 올라간다. 「타루콩가 동봉판」(6,800엔)도 발매되었다.

동키콩가3
무한 리필! 봄에 갓 수확한 50곡

발매일 / 2005년 3월 17일　가격 / 4,500엔

시리즈 제3탄. 기본 시스템은 전작을 따라가면서 새로운 곡 57개를 수록했다. 새로운 캐릭터(펑키콩)와 새로운 모드 3개가 추가되었다. 동키를 대포로 날리거나 마구 돌리면서 미션을 클리어하는 것이 재밌다.

메트로이드 프라임2
다크 에코즈

발매일 / 2005년 5월 26일　가격 / 6,800엔

시리즈 제2탄. 혹성 에텔을 무대로 빛과 어둠의 세계를 왕래하면서 싸운다. 캐릭터와 빔에는 2가지 속성이 있어서 공격하려면 반대 속성으로 때려야 한다. 시리즈 최초로 대전 모드를 탑재했으며 최대 4인 대전을 지원한다.

스타폭스 어설트

발매일 / 2005년 2월 24일　가격 / 6,800엔

시리즈 제4탄. 『스타폭스 어드벤처』에서 1년 뒤의 이야기를 그린 슈팅 게임. 캐릭터와 전차를 사용하는 지상전과 전투기의 공중전 등 총 10스테이지 구성이다. 남코가 개발했으며 4인 동시 대전을 지원한다.

파이어 엠블렘
창염의 궤적

발매일 / 2005년 4월 20일　가격 / 6,800엔

시리즈 제9탄. 주인공 아이크를 중심으로 테리우스 대륙의 전쟁을 그린 시뮬레이션 RPG. 첫 3D 그래픽으로 스킬이 리메이크되었으며 「거점」과 「몸통 박치기」, 신 유닛 등의 요소가 추가되었다.

치비로보!

발매일 / 2005년 6월 23일　가격 / 5,800엔

신장 10cm의 치비로보를 조작해서 선더슨 일가의 다양한 문제를 해결하는 액션 어드벤처 게임. 가족의 해피를 모아 치비로보 랭킹 1위를 노린다. 밤이 되면 장난감이 움직이고 말을 한다.

댄스댄스 레볼루션 with MARIO
(매트 컨트롤러 동봉)
발매일 / 2005년 7월 14일 가격 / 6,800엔

코나미의 인기 음악 게임 『댄스댄스 레볼루션』과 마리오의 콜라보 작품으로, 마리오의 명곡을 다수 수록했다. 화면 위로 올라가는 화살표에 맞춰서 매트를 밟아야 한다. 본작 시리즈에는 없는 기믹과 미니게임이 존재한다.

슈퍼마리오 스타디움
미라클 베이스볼
발매일 / 2005년 7월 21일 가격 / 5,800엔

마리오 캐릭터가 나오는 야구 게임. 총 54명의 캐릭터 중에서 스타팅 멤버 9명을 선택해서 6개의 필드에서 싸운다. 타격과 투구 시에는 필살기를 쓸 수 있으며 오리지널 팀을 만들 수 있다. 남코가 개발했으며 미니게임도 즐길 수 있다.

포켓몬XD
어둠의 선풍 다크 루기아
발매일 / 2005년 8월 4일 가격 / 5,800엔

※ 발매 / (주)포켓몬
판매/ 닌텐도

『포켓몬 콜로세움』의 속편. 전작에서 5년 후, 오레 지방을 무대로 다크 포켓몬을 둘러싼 새로운 모험이 펼쳐진다. 다크 포켓몬은 83마리로 늘어나고 특수한 기술을 배울 수 있다. 야생 포켓몬도 출현한다.

돌격!! 패미컴 워즈
발매일 / 2005년 10월 27일 가격 / 5,800엔

3D 그래픽과 3인칭으로 진행되는 액션 슈팅 게임. 간략화 된 플레이어 지휘관의 유니트 조작에 따라 주위 동료에게 지시를 내리고 적을 공격한다. 총 24스테이지 구성이다.

마리오 파티7(마이크 동봉)
발매일 / 2005년 11월 10일 가격 / 5,800엔

시리즈 제7탄으로 캐서린과 가론이 추가되었다. 컨트롤러 1개를 둘이서 쓰며 최대 8명이 플레이할 수 있다. 새로워진 미니게임은 총 88종류인데, 이 중 8인용이 12종류이고 마이크 대응은 10종류이다.

전설의 퀴즈왕 결정전
(마이크 동봉)
발매일 / 2005년 12월 8일 가격 / 5,800엔

마이크를 통해 음성으로 답변하는 퀴즈 방송 느낌의 게임. 퀴즈는 총 11개 장르, 8,000문제 이상이 수록되어 있다. 계절마다 60종류 이상의 특별 방송이 있고 트로피와 훈장 수집, 캐릭터의 커스터마이즈도 지원한다. 최대 4인 대전이 가능.

슈퍼마리오 스트라이커즈

발매일 / 2006년 1월 19일 가격 / 5,800엔

마리오 캐릭터를 사용한 파이팅 축구 게임. 한 팀은 5명으로 구성되며 태클과 슬라이딩, 아이템으로 공격할 수 있다. 필살 슛과 스테이지 기믹으로 대역전도 가능한 것이 특징. 4인 플레이를 지원한다.

오오타마
(마이크 · 마이크 홀더 동봉)

발매일 / 2006년 4월 13일 가격 / 6,800엔

전국시대가 무대인 핀볼 게임. 마이크로 병사에게 명령하고 컨트롤러로 전설의 가보 『오오타마』를 움직여 시간 안에 병사를 목적지에 진입시켜야 한다. 플레이어인 야마노우치 가문의 가훈인 「닌텐도(道)」도 재밌다. 난이도는 높은 편.

젤다의 전설 황혼의 공주

발매일 / 2006년 12월 2일 가격 / 6,800엔

『시간의 오카리나』의 어린이 시대부터 이어지는 세계가 무대인 액션 어드벤처. 리얼 노선으로 돌아와 늑대 링크, 기마전 등의 새로운 요소가 추가되었고, Wii 버전과 좌우가 바뀌었다. 닌텐도 온라인에서만 판매되어 게임큐브의 마지막을 장식했다.

바텐 카이토스II 시작의 날개와 신들의 사자

발매일 / 2006년 2월 23일 가격 / 6,800엔

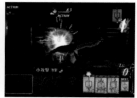

남코의 『바텐 카이토스 끝없는 날개와 잃어버린 바다』의 속편. 전작에서 20년 전의 세계를 무대로 과거와 현대를 오가며, 마그너스라고 불리는 카드화 된 무기와 아이템으로 싸운다. 이 작품부터 닌텐도의 세컨드 파티가 된 모노리스 소프트 개발.

「이것이 패밀리 컴퓨터다!!」 책자

패미컴과 디스크 시스템 본체에 들어 있던 작은 책자로 총 3종 발행. 패미컴의 지식과 기본적인 사용법 등을 만화로 꾸몄다. 주인공인 「콘키치」가 패미컴 소년에게 본체와 소프트, 디스크의 구조 등을 설명한다. 세 번째 수록된 『골프 토너먼트 편』에서는 『골프 JAPAN 코스』(1987년) 발매와 함께 열린 게임 대회를 설명한다. 여기서는 이전의 두 작품과 주인공이 다르고 우주인 「디스카」가 해설한다. 네 번째 「네트워크 시스템 편」이 예고되었지만 불발. 점포에서도 배포되었으므로 발행 부수는 상당하다.

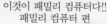

이것이 패밀리 컴퓨터다!!
패밀리 컴퓨터 편

이것이 패밀리 컴퓨터다!!
디스크 시스템 편

이것이 패밀리 컴퓨터다!!
골프 토너먼트 편

컨트롤러 바이올렛

발매일 / 2001년 9월 14일 가격 / 2,500엔 모델 / DOL-003

「닌텐도 게임큐브 컨트롤러」의 바이올렛 색상. 본체에 동봉된 것과 같다. 게임보이와 닌텐도64에서 쓰였던 '브로스' 명칭은 폐지되었다.

컨트롤러 바이올렛 & 클리어

발매일 / 2001년 11월 21일 가격 / 2,500엔 모델 / DOL-003

닌텐도 순정 컨트롤러의 바이올렛과 클리어의 투톤 사양. 『대난투DX』의 컨트롤러 수요에 대응하도록 타이틀과 함께 발매되었다.

컨트롤러 블랙

발매일 / 2001년 11월 21일 가격 / 2,500엔 모델 / DOL-003

닌텐도 순정 컨트롤러의 블랙 버전. 게임큐브의 새로운 라인업인 블랙의 동봉품과 같은 것으로 본체와 함께 발매되었다.

컨트롤러 오렌지

발매일 / 2001년 11월 21일 가격 / 2,500엔 모델 / DOL-003

닌텐도 순정 컨트롤러의 오렌지 버전. 게임큐브의 새로운 라인업인 오렌지의 동봉품과 같은 것으로 본체와 함께 발매되었다.

컨트롤러 실버

발매일 / 2002년 12월 5일 가격 / 2,500엔 모델 / DOL-003

닌텐도 순정 컨트롤러의 실버 버전. 게임큐브의 새로운 라인업인 실버의 동봉품과 같은 것으로 본체와 함께 발매되었다.

컨트롤러 에메랄드 블루

발매일 / 2002년 12월 5일 가격 / 2,500엔 모델 / DOL-003

닌텐도 순정 컨트롤러의 에메랄드 블루 버전. 게임큐브 본체 색상에는 없지만 실버와 함께 발매되었다.

컨트롤러 화이트

발매일 / 2008년 4월 24일 가격 / 2,000엔 모델 / DOL-003(-01)

닌텐도 순정 컨트롤러의 화이트 버전. Wii용 『대난투 X』와 함께 발매. 광택이 없는 화이트로 케이블 길이가 3m로 길어졌지만 다른 게임큐브용 컨트롤러보다 가격을 저렴하게 책정했다.

웨이브 버드 실버

발매일 / 2002년 12월 5일 가격 / 4,500엔 모델 / DOL-004,DOL-005

무선 컨트롤러. 본체에 연결된 무선 리시버(DOL-005)가 「웨이브 버드」의 신호를 수신한다. AA전지 2개를 사용하며 통신 거리는 6미터 정도. 진동 기능은 없다.

모노 AV 케이블

발매일 / 2001년 9월 14일 가격 / 1,200엔 모델 / SHVC-007

영상과 음성을 출력하는 케이블. 사운드는 모노로 출력된다. 패키지 디자인이 새로워졌으며 대응 기기에 N64 로고를 비롯해 새롭게 게임큐브 로고가 추가되었다.

스테레오 AV 케이블

발매일 / 2001년 9월 14일 가격 / 1,500엔 모델 / SHVC-008

영상과 음성을 출력하는 케이블. 사운드는 스테레오로 출력한다. 패키지 디자인이 새로워졌으며 대응 기기에 N64 로고를 비롯해 새롭게 게임큐브 로고가 추가되었다.

S단자 케이블

발매일 / 2001년 9월 14일 가격 / 2,500엔 모델 / SHVC-009

S-VIDEO 영상과 음성을 출력하는 케이블. 480p 프로그레시브 모드에는 대응하지 않으며 480i까지만 지원. 패키지 디자인이 새로워졌으며 대응 기기에 N64 로고를 비롯해 새롭게 게임큐브 로고가 추가되었다.

D단자 비디오 케이블

발매일 / 2001년 9월 14일 가격 / 3,500엔 모델 / DOL-009

D단자가 있는 TV와 프로그레시브 대응 HDTV에서 사용 가능. S단자보다 깨끗하고 지글거림이 없는 깔끔한 화면을 볼 수 있다. 2004년 7월 이후에 발매된 디지털 단자가 없는 게임큐브에서는 사용할 수 없다.

컴포넌트 비디오 케이블

발매일 / 2001년 9월 14일 가격 / 3,500엔 모델 / DOL-010

컴포넌트 단자가 있는 TV와 프로그레시브 대응 HDTV에서 사용 가능. D단자 케이블과 단자 생김새만 다르다. 케이블 내부에 영상 처리 칩이 내장된 탓에 모조품이 없어 중고 가격에 프리미엄이 크게 붙었다.

AC 어댑터

발매일 / 2001년 9월 14일 가격 / 3,000엔 모델 / DOL-002

게임큐브 전용 AC 어댑터. 게임큐브 본체에 동봉된 것과 같다. 지금은 게임기 본체보다도 비싸다.

메모리카드59

발매일 / 2001년 9월 14일 가격 / 1,400엔 모델 / DOL-008

게임 내용을 보존할 수 있는 메모리카드. 게임에 따라 필요한 블록 숫자가 다른데 최대 59블록을 보존할 수 있다. 임의로 적을 수 있는 라벨 2장이 제공되었다.

메모리카드251

발매일 / 2002년 7월 19일 가격 / 2,000엔 모델 / DOL-014

게임 내용을 보존할 수 있는 메모리카드. 용량이 늘어나서 최대 251블록까지 보존할 수 있다. 메모리카드59와 구별하기 위해 하우징을 검정색으로 만들었다.

GBA 케이블

발매일 / 2001년 12월 14일 가격 / 1,400엔 모델 / DOL-011

게임큐브 본체에 GBA를 연결하기 위한 케이블. GBA 케이블에 대응하는 소프트를 사용할 수 있지만, GBA의 영상을 TV에 보내지는 못한다. 「젤다의 전설 4개의 검+」를 포함해 소프트와 세트인 동봉판이 3종류 있다.

게임보이 플레이어 바이올렛

발매일 / 2003년 3월 21일 가격 / 5,000엔 모델 / DOL-017

게임큐브 아래에 장착해 게임보이, 게임보이 컬러, 게임보이 어드밴스 소프트를 TV 화면에서 게임큐브 컨트롤러로 플레이하는 기기. 한 대로 동시 플레이는 지원하지 않는다. 게임보이 플레이어 스타트업 디스크가 동봉됐다.

게임보이 플레이어 블랙

발매일 / 2003년 3월 21일 가격 / 5,000엔 모델 / DOL-017

「게임보이 플레이어 바이올렛」과 동일한 주변 기기로 단지 색상만 블랙이다. 게임보이 플레이어 스타트업 디스크를 분실한 경우 닌텐도 온라인에서 1,500엔에 구입할 수 있었다.

브로드밴드 어댑터

발매일 / 2002년 10월 3일 가격 / 3,800엔 모델 / DOL-015

게임큐브를 인터넷에 연결하는 어댑터. 게임큐브 아래의 시리얼 포트에 연결한 후 LAN 케이블을 연결하면 된다. 10BASE-T 규격을 사용하며 닌텐도 온라인에서만 판매했다.

모뎀 어댑터

발매일 / 2002년 9월 12일 가격 / 3,800엔 모델 / DOL-012

게임큐브를 인터넷에 연결하기 위한 어댑터. 156k BPS/V.90에 대응하고, ISDN 전화회선을 통해 인터넷에 연결한다. 4m 전화선이 동봉되었으며 닌텐도 온라인에서만 판매되었다.

게임보이 플레이어 오렌지

발매일 / 2003년 3월 21일 가격 / 5,000엔 모델 / DOL-017

「게임보이 플레이어 바이올렛」과 동일한 주변 기기로 단지 색상만 오렌지이다. 게임큐브의 색상에 맞춰서 꽂는 것이 상식이지만, 각각의 색상이 다르더라도 사용하는 데 문제는 없다.

게임보이 플레이어 실버

발매일 / 2003년 3월 21일 가격 / 5,000엔 모델 / DOL-017

「게임보이 플레이어 바이올렛」과 동일한 주변 기기로 단지 색상만 실버이다. 별매의 GBA 케이블로 연결한 GBA를 컨트롤러로 사용할 수 있다. 기울임 센서와 진동 기능이 있는 팩은 대응하지 않는다.

SD카드 어댑터

발매일 / 2003년 7월 18일 가격 / 1,500엔 모델 / DOL-019

지금은 대중화된 SD카드를 게임큐브에서 쓰기 위한 어댑터. SD카드 어댑터의 우측에 SD카드 단자가 있다. 닌텐도 온라인에서만 판매했다.

SD카드 어댑터(SD카드 동봉판)

발매일 / 2003년 7월 18일 가격 / 3,000엔 모델 / DOL-019

SD카드 어댑터와 SD카드(16MB)가 세트로 구성된 상품. 닌텐도 온라인에서만 판매했다.

「게임 플레이어 Q」 전용 게임보이 플레이어

발매일 / 2003년 10월 1일 가격 / 5,000엔 모델 / SH-GB10-H
제조사 / 마츠시타전기산업

파나소닉「Q」(SL-GC10) 전용 게임보이 플레이어. 게임큐브 본체와 사이즈가 다르며 호환성은 없다. 게임큐브용 실버보다 진한 회색이다.

타루콩가

발매일 / 2003년 12월 12일 가격 / 3,000엔 모델 / DOL-021

게임큐브 소프트『동키콩가』시리즈와『동키콩 정글비트』에 대응하는 나무통 모양의 봉고 컨트롤러. 나무통의 중앙에 스타트 버튼이 위치해 있고, 손박자 등의 소리를 인식하는 마이크 기능도 있다.

매트 컨트롤러

발매일 / 2005년 7월 14일 가격 / 3,000엔 모델 / DOL-024

게임큐브 소프트『댄스댄스 레볼루션 with MARIO』를 플레이하기 위한 매트. 통신판매 상품이다.

광고지 갤러리

슈퍼 게임보이의 광고지

슈퍼 스코프의 광고지

포켓 카메라의 광고지

포켓 헬로키티의 광고지

포켓 피카츄 컬러 골드/실버와 함께의 광고지

포켓 피카츄의 광고지

포켓몬스터 골드/실버의 광고지

포켓몬스터 레드/그린의 광고지

닌텐도 게임큐브 크리스탈 화이트 에디션
with 파이널 판타지 크리스탈 크로니클

발매일 / 2003년 8월 8일 가격 / 비매품

게임큐브 소프트 『파이널 판타지 크리스탈 크로니클』 특별 컬러의 게임큐브 본체, 게임보이 플레이어 등이 포함된 엔조이 플러스팩. 슈에이샤 점프 계열 잡지와 게임 전문지 등에서 총 190대가 증정되었다.

닌텐도 게임큐브 테일즈 오브 심포니아 + 엔조이플러스
테일즈 오브 심포니아 심포닉 그린 에디션

발매일 / 2003년 8월 29일 가격 / 28,000엔

게임큐브 소프트 『테일즈 오브 심포니아』 특별 컬러의 게임큐브 본체, 게임보이 플레이어 등이 세트인 엔조이 플러스팩. 오리지널 이름판도 동봉되었다.

닌텐도 게임큐브 메탈기어 솔리드
THE TWIN SNAKES 프리미엄 패키지

발매일 / 2004년 3월 11일 가격 / 21,000엔

게임큐브 소프트 『메탈기어 솔리드 THE TWIN SNAKES』(코나미)와 특별 사양의 게임큐브 본체의 한정 세트. 패미컴의 『메탈기어』 복각판과 특전 영상의 「스페셜 디스크」도 동봉되었다.

닌텐도 게임큐브 한신 타이거즈
2003년 우승 기념 모델

발매일 / 2003년 9월 16일 가격 / 27,700엔

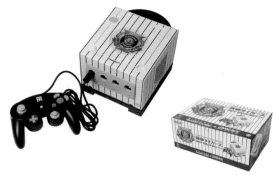

2003년 한신 타이거즈의 센트럴리그 우승을 기념한 한정 세트. 우승 메모리얼 로고가 들어간 게임큐브 본체, 게임보이 플레이어, 닌텐도 로고가 들어간 오리지널 공식 응원 유니폼이 동봉되었다.

닌텐도 게임큐브 샤아 전용 BOX

발매일 / 2003년 11월 27일 가격 / 21,000엔

샤아 전용 컬러의 게임큐브 본체, 게임보이 플레이어, 『기동전사 건담 전사들의 궤적』의 체험판 등을 수록한 디스크, 샤아 전용 자쿠의 피규어가 동봉된 한정판. 샤아 전용 컬러의 GBA SP도 같이 발매되었다.

닌텐도 게임큐브 스타라이트 골드

발매일 / 2004년 7월 15일 가격 / 13,799엔

토이저러스 한정 컬러. 토이저러스 오리지널 GBA 본체(2003년 10월 9일 발매)와 같은 색상으로 고급스럽고 차분한 금색이다. 이 모델에서부터 디지털 단자가 삭제되었고, 본체 상판의 이름판을 교체할 수 없게 되었다.

닌텐도 게임큐브 피크민2 스타터 세트

발매일 / 2004년 7월 21일 가격 / 19,800엔

이토요카도에서 한정 발매된 게임큐브 소프트 『피크민2』와 게임큐브 본체 실버가 세트로 구성된 한정품. 『컨트롤러 에메랄드 블루』와 보라색 피크민 인형도 동봉되었다.

닌텐도 게임큐브 바이올렛
(슈퍼마리오 선샤인 오리지널 슬리브 케이스)

발매일 / 2002년 7월 19일 가격 / 19,800엔

게임 체인점 「테레비 패닉」 오리지널의 슬리브 케이스. 『슈퍼마리오 선샤인』 발매 기념으로 게임큐브 박스에 붙여 판매되었다(전국 5,000개 한정). 뒷면 을 선에 따라 자르면 부채가 된다.

젤다의 전설 시간의 오카리나GC

발매일 / 2002년 12월 13일 가격 / 비매품

게임큐브 소프트 『젤다의 전설 바람의 지휘봉』의 예약 특전. N64용 『젤다의 전설 시간의 오카리나』가 이식되었고 개발 중지되었던 64DD 버전 『시간의 오카리나 우라』도 들어 있다. 이들은 후에 닌텐도 3DS의 『시간의 오카리나3D』에 수록.

닌텐도 게임큐브+동키콩가 스타터 BOX

발매일 / 2003년 12월 12일 가격 / 19,800엔

이토요카도에서 한정 판매된 게임큐브 본체와 게임큐브 소프트 『동키콩가』 가 세트인 상품. 『메모리카드251』『타루콩가』『동키콩가 오리지널 이름판』 도 동봉되었다.

닌텐도 게임큐브 포켓몬XD 세트

발매일 / 2005년 8월 4일 가격 / 16,800엔

게임큐브 소프트 『포켓몬XD 어둠의 선풍 다크 루기아』와 게임큐브 본체가 세트인 한정판이다. 『메모리카드59』『트리플 체인징 스티커』『오리지널 메 모리카드 라벨』이 동봉되었다.

팩맨 VS.

발매일 / 2003년 12월 11일 가격 / 비매품

팩맨과 몬스터로 나눠 대전하는 원조 『팩맨』의 어레인지 버전으로 플레이 하려면 GBA가 필수. 대상 소프트의 포인트를 클럽 닌텐도에 등록하면 받 을 수 있었으며, 어레인지는 미야모토 시게루가 담당했다.

젤다 컬렉션

발매일 / 2004년 3월 19일 가격 / 비매품

클럽 닌텐도에서 500포인트에 받았던 경품. 패미컴의 『젤다의 전설』 『링크의 모험』, 닌텐도64의 『젤다의 전설 시간의 오카리나/무쥬라의 가면』, 게임큐브의 『젤다의 전설 바람의 지휘봉』의 체험판을 수록했다.

동물의 숲+ 로손DX 세트

발매일 / 2001년 12월 14일 가격 / 9,800엔

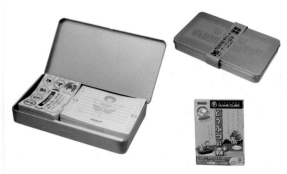

로손에서만 판매된 패키지 팩. 알루미늄 캔 케이스에 게임큐브 소프트 『동물의 숲+』, 편지지 세트, 샤프, 씰이 들어 있었다. 500세트 한정.

동물의 숲+
(패미컴 데이터 「슈퍼마리오 브라더스」)

발매일 / 2001년 12월 가격 / 비매품

『주간 패미통 2001년 12월 14일호』(추첨 30명), 월간 『닌텐도 드림 2002년 5월호』(추첨 100명)의 경품. 『동물의 숲+』에서 플레이할 수 있는 패미컴 『슈퍼마리오 브라더스』가 들어 있는 메모리카드이다.

동물의 숲+
(패미컴 데이터 「마리오 브라더스」)

발매일 / 2002년 1월 가격 / 비매품

『주간 패미통 2001년 12월 27일호』의 경품. 『동물의 숲+』에서 플레이할 수 있는 패미컴 『마리오 브라더스』가 들어 있는 메모리카드이다. 추첨으로 50명에게 증정됐다.

루이지 맨션(실연용 샘플)

발매일 / 2001년 9월 가격 / 비매품

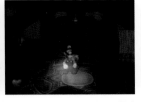

『루이지 맨션』의 판촉용 디스크. 제품 버전과 큰 차이는 없다. 디스크 윗면에 '실연용 샘플'이라 적혀 있다. 매장에서 플레이할 수 있었다.

피크민(실연용 샘플)

발매일 / 2001년 10월 가격 / 비매품

피크민 체험판, 무비, CM, 『대난투 스매시 브라더스DX』의 무비를 수록한 데모 디스크. 소매점에 배포된 것으로 일반 판매는 안 되었다. 디스크 윗면에 '실연용 샘플' 표기가 있다.

대난투 스매시 브라더스DX(실연용 샘플)

발매일 / 2001년 11월 가격 / 비매품

『대난투 스매시 브라더스DX』의 체험판과 『거인의 도신』의 무비 등을 수록한 데모 디스크. 소매점에 배포된 것으로 일반 판매는 이루어지지 않았다. 디스크 윗면에 '실연용 샘플' 표기가 있다.

NBA 코트사이드 2002(실연용 샘플)

발매일 / 2002년 3월 가격 / 비매품

『NBA 코트사이드 2002』의 판촉 디스크. 제품판과 큰 차이는 없다. 소매점에 배포된 것으로 일반 판매는 이루어지지 않았다. 디스크 윗면에 '실연용 샘플' 표기가 있다.

동키콩가 매장용 데모 디스크

발매일 / 2003년 11월 가격 / 비매품

『동키콩가』의 데모 디스크. 제품판과 큰 차이는 없다. 소매점에 배포된 것으로 일반 판매는 이루어지지 않았다. 디스크 윗면에 '실연용 샘플' 표기가 있다.

게임큐브 매장용 디스크 VOL.3

발매일 / 2002년 2월 가격 / 비매품

닌텐도가 소매점에 배포한 판촉 디스크. 『동물번장』의 체험판 등이 들어 있으며 매장에서 플레이할 수 있었다.

대난투 스매시 브라더스DX
게임 대회 입상 기념 스매시 브라더스 DX 무비 디스크

발매일 / 2002년 2월 가격 / 비매품

『대난투 스매시 브라더스DX』 게임 대회의 상위 입상자에게 증정된 게임큐브용 디스크. 2001년에 열렸던 『점프 페스타 2001 최강 태그팀 결정전』 등의 플레이 영상이 들어 있다.

게임큐브 매장용 디스크 VOL.4

발매일 / 2002년 3월 가격 / 비매품

닌텐도가 소매점에 배포한 판촉 디스크. 게임큐브 소프트 『NBA 코트사이드 2002』의 체험판과 『스타폭스 어드벤처』의 무비 등이 들어 있으며 매장에서 플레이할 수 있었다.

2004년 매장 게임대회 이벤트용 디스크

발매일 / 2004년 1월　가격 / 비매품

게임대회용으로 소매점에 배포된 디스크. 『마리오 카트 더블 대시!!』 『마리오 파티5』 『NARUTO2』를 수록했으며 게임의 일부를 플레이할 수 있다.

닌텐도 게임큐브 소프트 e카탈로그 2003 봄

발매일 / 2003년 5월 30일　가격 / 비매품

『RUNEII 코르텐의 열쇠의 비밀』 『패밀리 스타디움 2003』 『포켓몬 박스 루비&사파이어』에 동봉된 프로모션용 디스크. 신작 소프트 정보 등 115개 타이틀을 수록했다.

닌텐도 게임큐브 소프트 e카탈로그 2003 엔조이 플러스팩 버전

발매일 / 2003년 6월 21일　가격 / 비매품

『닌텐도 게임큐브 엔조이 플러스팩』에 동봉된 프로모션용 디스크. 신작 소프트 정보와 『소닉 어드벤처DX』 『메이드 인 와리오』의 체험판 등 116개 타이틀을 수록했다.

클럽 닌텐도 오리지널 e카탈로그 2004

발매일 / 2004년 12월　가격 / 비매품

2004년도 클럽 닌텐도의 골드, 플래티넘 회원을 위한 특전. 신작 소프트 영상과 『NARUTO −나루토− 격투 닌자대전3』 『뷰티플 죠2 블랙 필름의 수수께끼』의 체험판, Touch! DS의 무비 등을 수록했다.

포켓몬 콜로세움 확장 디스크

발매일 / 2003년 11월 21일　가격 / 비매품

게임큐브 소프트 『포켓몬 콜로세움』의 예약 특전. 이토요카도, TSUTAYA, 토이저러스, 세븐일레븐에서 배포되었다. 『포켓몬 채널』의 체험판과 닌텐도 소프트의 최신 정보 등을 수록했다.

포켓몬 콜로세움 닌텐도 특제 디스크

발매일 / 2003년 11월 21일　가격 / 비매품

게임큐브 소프트 『포켓몬 콜로세움』의 예약 특전. 이토요카도, TSUTAYA, 토이저러스, 세븐일레븐 외의 점포에서 배포되었다. 닌텐도 소프트의 최신 정보 등을 수록했다.

동키콩가 1+2팩

발매일 / 2004년 7월 1일 가격 / 7,980엔

게임큐브 소프트 『동키콩가』와 『동키콩가2 히트송 퍼레이드』, 전용 컨트롤러 『타루콩가』의 세트 상품이다.

월간 닌텐도 매장 데모 2002년 5월호

발매일 / 1990년 11월 21일 가격 / 7,000엔

닌텐도가 소매점에 배포한 판촉용 디스크. 『CAPCOM vs SNK2』의 체험판과 『크레이지 택시』의 무비 등을 수록했고 일반 배포는 하지 않았다.

월간 닌텐도 매장 데모 2002년 7월호

발매일 / 2002년 7월 8일 가격 / 비매품

닌텐도가 소매점에 배포한 판촉용 디스크. 게임큐브 소프트 『미키 마우스의 이상한 거울』의 체험판과 E3 특집(닌텐도, 서드파티 편) 등을 수록했고 일반 배포는 하지 않았다.

월간 닌텐도 매장 데모 2002년 4월호

발매일 / 2002년 4월 12일 가격 / 비매품

닌텐도가 소매점에 배포한 판촉용 디스크 『월간 닌텐도 매장 데모』의 창간호. 『NBA 코트사이드 2002』 체험판과 『거인의 도신』의 무비 등을 수록했고 일반 배포는 하지 않았다.

월간 닌텐도 매장 데모 2002년 6월호

발매일 / 2002년 6월 11일 가격 / 비매품

닌텐도가 소매점에 배포한 판촉용 디스크. 속보! E3 특집과 게임큐브 소프트 『슈퍼마리오 선샤인』의 무비 등을 수록했고 일반 배포는 하지 않았다.

월간 닌텐도 매장 데모 2002년 7월 증간호

발매일 / 2002년 7월 13일 가격 / 비매품

닌텐도가 소매점에 배포한 판촉용 디스크로 7월호의 증간호이다. 게임큐브 소프트 『슈퍼마리오 선샤인』의 체험판, 무비, 광고 등을 수록했고 일반 배포는 하지 않았다.

월간 닌텐도 매장 데모
2002년 8월호

발매일 / 2002년 8월 2일 가격 / 비매품

닌텐도가 소매점에 배포한 판촉용 디스크. 게임큐브 소프트 『슈퍼마리오 선샤인』, 『미키 마우스의 이상한 거울』의 체험판 등을 수록했고 일반 배포는 하지 않았다.

월간 닌텐도 매장 데모
2002년 9월호

발매일 / 2002년 8월 30일 가격 / 비매품

닌텐도가 소매점에 배포한 판촉용 디스크. 게임큐브 소프트 『슈퍼마리오 선샤인』의 체험판과 『스타폭스 어드벤처』의 무비 등을 수록했고 일반 배포는 하지 않았다.

월간 닌텐도 매장 데모
2002년 10월호

발매일 / 2002년 9월 30일 가격 / 비매품

닌텐도가 소매점에 배포한 판촉용 디스크. 게임큐브 소프트 『이터널 다크니스』의 체험판과 닌텐도의 광고 영상 등을 수록했고 일반 배포는 하지 않았다.

월간 닌텐도 매장 데모
2002년 11월호

발매일 / 2002년 10월 29일 가격 / 비매품

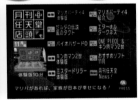

닌텐도가 소매점에 배포한 판촉용 디스크. 게임큐브 소프트 『마리오 파티4』의 체험판과 『젤다의 전설 바람의 지휘봉』의 무비 등을 2장에 나누어 수록했으며 일반 배포는 하지 않았다.

월간 닌텐도 매장 데모
2002년 12월호

발매일 / 2002년 12월 가격 / 비매품

닌텐도가 소매점에 배포한 판촉용 디스크. 게임큐브 소프트 『젤다의 전설 바람의 택트』의 체험판과 게임큐브 소프트의 광고 영상, 「12월 발매 소프트 대특집」의 무비 등을 수록했고 일반 배포는 하지 않았다.

월간 닌텐도 매장 데모
2003년 1월호

발매일 / 2002년 12월 28일 가격 / 비매품

닌텐도가 소매점에 배포한 판촉용 디스크. 게임큐브 소프트 『젤다의 전설 바람의 지휘봉』의 체험판과 2003년 소프트 라인업의 우비, 게임큐브, GBA의 광고 영상 등을 수록했고 일반 배포는 하지 않았다.

월간 닌텐도 매장 데모
2003년 2월호

발매일 / 2003년 2월 1일 가격 / 비매품

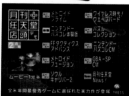

닌텐도가 소매점에 배포한 판촉용 디스크. 게임큐브 소프트 『닌텐도 퍼즐 컬렉션』의 체험판과 GBA 소프트 『메트로이드 퓨전』의 무비, GBA SP의 광고 영상 등을 수록했고 일반 배포는 하지 않았다.

월간 닌텐도 매장 데모
2003년 3월호

발매일 / 2003년 2월 24일 가격 / 비매품

닌텐도가 소매점에 배포한 판촉용 디스크. 게임큐브 소프트 『메트로이드 프라임』의 체험판과 GBA 소프트 『메이드 인 와리오』의 체험판, 게임큐브, GBA의 광고 영상 등을 수록했고 일반 배포는 하지 않았다.

월간 닌텐도 매장 데모
2003년 4월호

발매일 / 2003년 3월 29일 가격 / 비매품

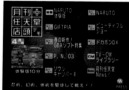

닌텐도가 소매점에 배포한 판촉용 디스크. 게임큐브 『NARUTO』의 체험판과 『봄의 신작! GBA 소프트 특집』의 무비, 『TV 광고 라이브러리』 등을 수록했고 일반 배포는 하지 않았다.

월간 닌텐도 매장 데모
2003년 5월호

발매일 / 2003년 4월 30일 가격 / 비매품

닌텐도가 소매점에 배포한 판촉용 디스크. 게임큐브 소프트 『뷰티풀 죠』의 체험판과 『포켓몬 박스』의 무비 등을 수록했고 일반 배포는 하지 않았다.

월간 닌텐도 매장 데모
2003년 6월호

발매일 / 2003년 6월 2일 가격 / 비매품

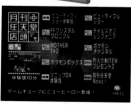

닌텐도가 소매점에 배포한 판촉용 디스크. 게임큐브 소프트 『소닉DX』의 체험판과 GBA 소프트 『MOTHER 1+2』의 무비 등을 수록했고 일반 배포는 하지 않았다.

월간 닌텐도 매장 데모
2003년 7월호

발매일 / 2003년 6월 28일 가격 / 비매품

닌텐도가 소매점에 배포한 판촉용 디스크. 게임큐브 소프트 『케로케로킹 DX』의 체험판과 『F-ZERO GX』 『커비의 에어라이드』 무비 등을 수록했고 일반 배포는 하지 않았다.

월간 닌텐도 매장 데모
2003년 8월호

발매일 / 2003년 7월 22일 가격 / 비매품

닌텐도가 소매점에 배포한 판촉용 디스크. 게임큐브 소프트 『커비의 에어라이드』의 체험판과 GBA 소프트 『포켓몬 핀볼』의 체험판 등을 2장에 나누어 수록했으며 일반 배포는 하지 않았다.

월간 닌텐도 매장 데모
2003년 9월호

발매일 / 2003년 8월 29일 가격 / 비매품

닌텐도가 소매점에 배포한 판촉용 디스크. 게임큐브 소프트 『마리오 골프 패밀리 투어』와 GBA 소프트 『전설의 스타피2』의 무비, TV 광고 모음 등을 수록했고 일반 배포는 하지 않았다.

월간 닌텐도 매장 데모
2003년 10월호

발매일 / 2003년 9월 28일 가격 / 비매품

닌텐도가 소매점에 배포한 판촉용 디스크. GBA 소프트 『메이드 인 와리오』와 게임큐브 소프트 『마리오 카트 더블 대시!!』의 무비 등을 수록했고 일반 배포는 하지 않았다.

월간 닌텐도 매장 데모
2003년 11월호

발매일 / 2003년 10월 30일 가격 / 비매품

닌텐도가 소매점에 배포한 판촉용 디스크. 게임큐브 소프트 『마리오 파티5』 『동키콩가』 『포켓몬 콜로세움』의 무비 등을 수록했고 일반 배포는 하지 않았다.

월간 닌텐도 매장 데모
2003년 12월호

발매일 / 2002년 11월 29일 가격 / 비매품

닌텐도가 소매점에 배포한 판촉용 디스크. GBA 소프트 『마리오와 루이지 RPG』의 체험판과 『크리스마스 특집』 무비 등을 2장에 나누어 수록했으며 일반 배포는 하지 않았다.

월간 닌텐도 매장 데모
2004년 1월호

발매일 / 2003년 12월 20일 가격 / 비매품

닌텐도가 소매점에 배포한 판촉용 디스크. 게임큐브와 GBA의 신작 소프트, 추천 게임, 게임큐브 소프트 『젤다의 전설 4개의 검+』의 무비 등을 수록했고 일반 배포는 하지 않았다.

월간 닌텐도 매장 데모
2004년 1월호 열매 재배 문제 패치 프로그램 포함

발매일 / 2003년 12월 20일 가격 / 비매품

닌텐도가 소매점에 배포한 판촉용 디스크. 앞의 1월호 내용에 더해서 GBA 소프트 『포켓몬스터 루비/사파이어』의 버그(열매 재배 문제) 패치를 수록했으며 일반 배포는 하지 않았다.

월간 닌텐도 매장 데모
2004년 2월호

발매일 / 2004년 1월 30일 가격 / 비매품

닌텐도가 소매점에 배포한 판촉용 디스크. 게임큐브 소프트 『1080°실버 스톰』의 체험판과 게임큐브, GBA의 2004년 소프트 라인업 무비 등을 수록했고 일반 배포는 하지 않았다.

월간 닌텐도 매장 데모
2004년 2월호 열매 재배 문제 패치 프로그램 포함

발매일 / 2004년 1월 30일 가격 / 비매품

닌텐도가 소매점에 배포한 판촉용 디스크. 위의 2월호 내용에 더해서 GBA 소프트 『포켓몬스터 루비/사파이어』의 버그(열매 재배 문제) 패치를 수록했으며 일반 배포는 하지 않았다.

월간 닌텐도 매장 데모
2004년 3월호

발매일 / 2004년 2월 28일 가격 / 비매품

닌텐도가 소매점에 배포한 판촉용 디스크. 게임큐브 소프트 『커스텀 로보 배틀 에볼루션』과 GBA 소프트 『별의 커비 거울의 대미궁』의 무비 등을 수록했고 일반 배포는 하지 않았다.

월간 닌텐도 매장 데모
2004년 3월호 열매 재배 문제 패치 프로그램 포함

발매일 / 2004년 2월 28일 가격 / 비매품

닌텐도가 소매점에 배포한 판촉용 디스크. 위의 3월호 내용에 더해서 GBA 소프트 『포켓몬스터 루비/사파이어』의 버그(열매 재배 문제) 패치를 수록했으며 일반 배포는 하지 않았다.

월간 닌텐도 매장 데모
2004년 4월호

발매일 / 2004년 3월 27일 가격 / 비매품

닌텐도가 소매점에 배포한 판촉용 디스크. GBA 소프트 『별의 커비 거울의 대미궁』의 체험판과 게임큐브 소프트 『피크민2』의 무비 등을 수록했고 일반 배포는 하지 않았다.

월간 닌텐도 매장 데모
2004년 5월호

발매일 / 2004 4월 26일 가격 / 비매품

닌텐도가 소매점에 배포한 판촉용 디스크. 게임큐브 소프트 『피크민2』와 『와리오 월드』, GBA소프트 『메트로이드 제로 미션』의 무비 등을 수록했고 일반 배포는 하지 않았다.

월간 닌텐도 매장 데모
2004년 7월호

발매일 / 2004년 7월 7일 가격 / 비매품

닌텐도가 소매점에 배포한 판촉용 디스크. 게임큐브 소프트 『페이퍼 마리오 RPG』와 『동키콩가2 히트송 퍼레이드』의 무비 등을 수록했고 일반 배포는 하지 않았다.

월간 닌텐도 매장 데모
2004년 9월호

발매일 / 2004년 9월 가격 / 비매품

닌텐도가 소매점에 배포한 판촉용 디스크. GBA 소프트 『쿠루링 스쿼시』와 『포켓몬스터 에메랄드』의 무비 등을 수록했고 일반 배포는 하지 않았다.

월간 닌텐도 매장 데모
2004년 6월호

발매일 / 2004년 5월 29일 가격 / 비매품

닌텐도가 소매점에 배포한 판촉용 디스크. GBA 소프트 『마리오 vs 동키콩』과 게임큐브 소프트 『와리오 월드』의 무비 등을 수록했고 일반 배포는 하지 않았다.

월간 닌텐도 매장 데모
2004년 8월호

발매일 / 2004년 7월 가격 / 비매품

닌텐도가 소매점에 배포한 판촉용 디스크. GBA 소프트 『슈퍼마리오 볼』의 체험판과 『전설의 스타피3』의 무비 등을 수록했고 일반 배포는 하지 않았다.

월간 닌텐도 매장 데모
2004년 10월호

발매일 / 2004년 9월 30일 가격 / 비매품

닌텐도가 소매점에 배포한 판촉용 디스크. GBA 소프트 『돌려라 메이드 인 와리오』와 게임큐브 소프트 『마리오 테니스GC』의 무비 등을 수록했고 일반 배포는 하지 않았다.

월간 닌텐도 매장 데모
2004년 11월호

발매일 / 2004년 10월 30일 가격 / 비매품

닌텐도가 소매점에 배포한 판촉용 디스크. 게임큐브 소프트 『마리오 파티6』의 체험판과 GBA소프트 『게임보이 워즈 어드밴스 1+2』의 무비 등을 수록했고 일반 배포는 하지 않았다.

월간 닌텐도 매장 데모
2004년 12월호

발매일 / 2004년 11월 28일 가격 / 비매품

닌텐도가 소매점에 배포한 판촉용 디스크. 닌텐도DS의 소프트 정보와 게임큐브 소프트 『동키콩 정글 비트』, GBA 소프트 『요시의 만유인력』의 무비 등을 수록했고 일반 배포는 하지 않았다.

월간 닌텐도 매장 데모
2004년~2005년 연말연시호

발매일 / 2004년 12월 가격 / 비매품

닌텐도가 소매점에 배포한 판촉용 디스크. 닌텐도DS의 소프트 정보와 게임큐브 소프트 『마리오 파티6』, GBA 소프트 『젤다의 전설 이상한 모자』의 체험판 등을 수록했고 일반 배포는 하지 않았다.

월간 닌텐도 매장 데모
2005년 1월호

발매일 / 2005년 1월 가격 / 비매품

닌텐도가 소매점에 배포한 판촉용 디스크. 닌텐도DS의 소프트 정보와 GBA 소프트 『마리오 파티 어드밴스』, 게임큐브 소프트 『바이오 하자드4』의 무비 등을 수록했고 일반 배포는 하지 않았다.

월간 닌텐도 매장 데모
2005년 2월호

발매일 / 2005년 2월 가격 / 비매품

닌텐도가 소매점에 배포한 판촉용 디스크. 게임큐브 소프트 『스타폭스 어설트』와 『동키콩가3 무한 리필! 봄에 갓 수확한 50곡』의 체험판 및 무비 등을 수록했고 일반 배포는 하지 않았다.

월간 닌텐도 매장 데모
2005년 3월호

발매일 / 2005년 3월 가격 / 비매품

닌텐도가 소매점에 배포한 판촉용 디스크. 닌텐도DS의 소프트 정보와 GBA 소프트 『천년가족』의 무비 등을 수록했고 일반 배포는 하지 않았다.

월간 닌텐도 매장 데모
2005년 4월호

발매일 / 2005년 3월　가격 / 비매품

닌텐도가 소매점에 배포한 판촉용 디스크. 닌텐도DS의 본체/소프트 정보와 게임큐브 소프트 『파이어 엠블렘 창염의 궤적』, GBA 소프트 『The Tower SP』의 무비 등을 수록했고 일반 배포는 하지 않았다.

월간 닌텐도 매장 데모
2005년 5월호

발매일 / 2005년 4월　가격 / 비매품

닌텐도가 소매점에 배포한 판촉용 디스크. 닌텐도DS의 소프트 정보와 GBA 소프트 『흔들흔들 동키』, 게임큐브 소프트 『메트로이드 프라임2 다크 에코즈』의 무비 등을 수록했고 일반 배포는 하지 않았다.

월간 닌텐도 매장 데모
2005년 6월호

발매일 / 2005년 6월　가격 / 비매품

닌텐도가 소매점에 배포한 판촉용 디스크. 닌텐도DS의 소프트 정보와 게임큐브 소프트 『치비 로보!!』, 『DDR with MARIO』의 무비 등을 수록했고 일반 배포는 하지 않았다.

월간 닌텐도 매장 데모
2005년 7월호

발매일 / 2005년 7월　가격 / 비매품

닌텐도가 소매점에 배포한 판촉용 디스크. 닌텐도DS의 소프트 정보와 게임큐브 소프트 『슈퍼마리오 스타디움 미라클 베이스볼』의 체험판 등을 수록했고 일반 배포는 하지 않았다.

월간 닌텐도 매장 데모
2005년 8월호

발매일 / 2005년 7월　가격 / 비매품

닌텐도가 소매점에 배포한 판촉용 디스크. 닌텐도DS의 소프트 정보와 게임큐브 소프트 『포켓몬XD 어둠의 선풍 다크 루기아』의 체험판과 무비 등을 수록했고 일반 배포는 하지 않았다.

월간 닌텐도 매장 데모
2005년 9월호

발매일 / 2005년 8월　가격 / 비매품

닌텐도가 소매점에 배포한 판촉용 디스크. 게임큐브 소프트 『포켓몬XD 어둠의 선풍 다크 루기아』의 체험판과 GB미크로, 슈퍼마리오 20주년 정보 등을 수록했고 일반 배포는 하지 않았다.

월간 닌텐도 매장 데모
2005년 10월호

발매일 / 2005년 9월 가격 / 비매품

닌텐도가 소매점에 배포한 판촉용 디스크. GB미크로의 정보와 『슈퍼마리오 20주년 특집』, GBA 소프트 『마리오 테니스 어드밴스』의 무비 등을 수록했고 일반 배포는 하지 않았다.

월간 닌텐도 매장 데모
2005년 11월호

발매일 / 2005년 10월 가격 / 비매품

닌텐도가 소매점에 배포한 판촉용 디스크. 닌텐도DS의 소프트 정보와 게임큐브 소프트 『돌격!! 패미컴 워즈』, GBA 소프트 『통근 한 획』의 무비 등을 수록했고 일반 배포는 하지 않았다.

월간 닌텐도 매장 데모
2005년 11월호 개정판

발매일 / 2005년 11월 가격 / 비매품

닌텐도가 소매점에 배포한 판촉용 디스크. 닌텐도DS 소프트 『놀러오세요 동물의 숲』『마리오 카트DS』의 정보와 게임큐브의 소프트 정보 등을 수록했고 일반 배포는 하지 않았다.

월간 닌텐도 매장 데모
2005년 12월호

발매일 / 2005년 11월 가격 / 비매품

닌텐도가 소매점에 배포한 판촉용 디스크. 닌텐도DS의 소프트 정보와 게임큐브 소프트 『마리오 파티7』, GBA 소프트 『포켓몬 불가사의 던전 빨강 구조대』의 무비 등을 수록했고 일반 배포는 하지 않았다.

월간 닌텐도 매장 데모
2006년 1월호

발매일 / 2005년 12월 가격 / 비매품

닌텐도가 소매점에 배포한 판촉용 디스크. 닌텐도DS의 소프트 정보와 게임큐브 소프트 『전설의 퀴즈왕 결정전』, GBA 소프트 『슈퍼 동키콩3』 무비 등을 수록했고 일반 배포는 하지 않았다.

월간 닌텐도 매장 데모
2006년 2월호

발매일 / 2006년 1월 가격 / 비매품

닌텐도가 소매점에 배포한 판촉용 디스크. DS 소프트인 뇌 단련과 영어교실, 게임큐브 소프트 『슈퍼마리오 스트라이커즈』 체험판 등을 수록했고 일반 배포는 하지 않았다.

월간 닌텐도 매장 데모
2006년 4월호
발매일 / 2006년 3월 31일 가격 / 비매품

닌텐도가 소매점에 배포한 판촉용 디스크. DS 소프트 『DS한자사전』, 『테트리스DS』와 게임큐브 소프트 『오오타마』, GBA 소프트 『MOTHER3』의 무비 등을 수록했고 일반 배포는 하지 않았다.

월간 닌텐도 매장 데모
2006년 5월호
발매일 / 2006년 5월 11일 가격 / 비매품

닌텐도가 소매점에 배포한 판촉용 디스크. DS 소프트 『New 슈퍼마리오 브라더스』와 GBA 소프트 『카루쵸비쵸』의 무비 등을 수록했고 일반 배포는 하지 않았다.

월간 닌텐도 매장 데모
2006년 6월호
발매일 / 2006년 6월 1일 가격 / 비매품

닌텐도가 소매점에 배포한 판촉용 디스크. DS 소프트 『New 슈퍼마리오 브라더스』『메트로이드 프라임 헌터즈』의 무비 등을 수록했고 일반 배포는 하지 않았다.

월간 닌텐도 매장 데모
2006년 7월호
발매일 / 2006년 7월 1일 가격 / 비매품

닌텐도가 소매점에 배포한 판촉용 디스크. DS 소프트 『말하는 요리 네비』『마리오 농구 3on3』, GBA 소프트 『bit generations』 시리즈의 무비 등을 수록했고 일반 배포는 하지 않았다.

월간 닌텐도 매장 데모
2006년 8월호
발매일 / 2006년 8월 1일 가격 / 비매품

닌텐도가 소매점에 배포한 판촉용 디스크. DS 소프트 『포켓몬스터 다이아몬드/펄』과 GBA 소프트 『리듬 천국』의 무비 등을 수록했고 일반 배포는 하지 않았다.

월간 닌텐도 매장 데모
2006년 9월호
발매일 / 2006년 9월 1일 가격 / 비매품

닌텐도가 소매점에 배포한 판촉용 디스크의 최종호. DS 소프트 『햇병아리 팅글의 장밋빛 루피랜드』와 『초조종 메카MG』의 무비 등을 수록했고 일반 배포는 하지 않았다.

월간 닌텐도 캘린더 카드

발매일 / 2004년 11월 가격 / 비매품

월간 닌텐도 데모에서 사용하는 주변기기. 메모리 슬롯에 달력 카드를 꽂으면 게임 발매일까지의 카운트다운을 시작한다. DS의 발매 카운트다운도 있었다. 매장용이라 일반 배포는 하지 않았다.

이름판 클럽 닌텐도 경품 젤다의 전설 바람의 지휘봉

발매일 / 2003년 12월 9일 가격 / 비매품

클럽 닌텐도 오리지널의 게임큐브용 이름판으로 150포인트로 교환할 수 있었다.

이름판 포켓몬 채널(발매 기념)

발매일 / 2003년 7월 18일 가격 / 비매품

클럽 닌텐도 오리지널의 게임큐브용 이름판으로, 온라인에서 게임큐브 소프트 『포켓몬 채널』을 예약하면 받을 수 있었다.

이름판 클럽 닌텐도 경품 마리오 카트 더블 대시!!

발매일 / 2003년 12월 9일 가격 / 비매품

클럽 닌텐도 오리지널의 게임큐브용 이름판으로 150포인트로 교환할 수 있었다. 이토요카도 한정의 캠페인 상품과는 디자인이 다르다.

이름판 클럽 닌텐도 경품 동물의 숲

발매일 / 2003년 12월 9일 가격 / 비매품

클럽 닌텐도 오리지널의 게임큐브용 이름판으로 150포인트로 교환할 수 있었다.

이름판 동키콩가 스타터 박스 동봉품

발매일 / 2003년 12월 12일 가격 / 비매품

이토요카도 한정의 게임큐브용 오리지널 이름판으로 『게임큐브+동키콩가 스타터 박스』에 동봉되었다.

이름판 마리오 카트 더블 대시!!

발매일 / 2003년 12월 12일 가격 / 비매품

이토요카도 한정의 게임큐브용 오리지널 이름판. 게임큐브 본체와 게임큐브 소프트 『마리오 카트 더블 대시!!』를 구입하면 받을 수 있었다. 클럽 닌텐도의 경품과는 디자인이 다르다.

이름판 포켓몬 콜로세움

발매일 / 2003년 12월 12일 가격 / 비매품

이토요카도 한정의 게임큐브용 오리지널 이름판. 게임큐브 본체와 게임큐브 소프트 『포켓몬 콜로세움』을 구입하면 받을 수 있었다.

이름판 마리오 파티5

발매일 / 2003년 12월 12일 가격 / 비매품

이토요카도 한정의 게임큐브용 오리지널 이름판. 게임큐브 본체와 게임큐브 소프트 『마리오 파티5』를 구입하면 받을 수 있었다.

오리지널 디자인 컨트롤러 마리오

발매일 / 2004년 7월 20일(교환 시작일) 가격 / 비매품

클럽 닌텐도 오리지널 디자인의 게임큐브용 컨트롤러. 마리오의 옷에서 따온 레드와 그린의 투톤 컬러로, 마리오의 모자에 있는 M 마크가 프린트되어 있다. 500포인트로 교환할 수 있었다.

오리지널 디자인 컨트롤러 루이지

발매일 / 2004년 8월 24일(교환 시작일) 가격 / 비매품

클럽 닌텐도 오리지널 디자인의 게임큐브용 컨트롤러. 루이지의 옷에서 따온 그린과 블루의 투톤 컬러로, 루이지의 모자에 있는 L 마크가 프린트되어 있다. 500포인트로 교환할 수 있었다.

오리지널 디자인 컨트롤러 와리오

발매일 / 2005년 11월 30일(교환 시작일) 가격 / 비매품

클럽 닌텐도 오리지널 디자인의 게임큐브용 컨트롤러. 와리오의 옷에서 따온 옐로와 퍼플의 투톤 컬러로, 와리오의 모자에 있는 W 마크가 프린트되어 있다. 500포인트로 교환할 수 있었다.

오리지널 디자인 컨트롤러
클럽 닌텐도 백색/하늘색

발매일 / 2003년 12월 9일(교환 시작일) 가격 / 비매품

클럽 닌텐도 오리지널 컬러(백색/하늘색)의 게임큐브 컨트롤러. 500포인트로 교환할 수 있었다.

오리지널 디자인 웨이브 버드
클럽 닌텐도 백색/하늘색

발매일 / 2005년 10월 12일(교환 시작일) 가격 / 비매품

클럽 닌텐도 오리지널 컬러(백색/하늘색)의 웨이브 버드. 900포인트로 교환할 수 있었다.

웨이브 버드 샤아 전용 컬러

발매일 / 2005년 2월 가격 / 비매품

클럽 닌텐도의 캠페인 상품. 게임큐브 소프트 『기동전사 건담 건담 vs Z건담』(반다이)에 있는 클럽 닌텐도의 시리얼 넘버를 등록한 사람들 중 추첨을 통해 1,000명에게 증정했다.

클럽 닌텐도 오리지널 디자인
메모리카드251

발매일 / 2004년 7월 20일(교환 시작일) 가격 / 비매품

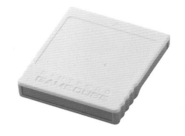

클럽 닌텐도 오리지널 컬러(백색과 하늘색의 투톤)의 게임큐브용 메모리카드. 400포인트로 교환할 수 있었다.

포켓몬 박스 루비&사파이어
(득템 GBA 케이블팩)

발매일 / 2003년 5월 30일 가격 / 2,800엔

게임큐브 소프트 『포켓몬 박스 루비&사파이어』에 GBA 케이블과 오리지널 컬러의 메모리카드59가 동봉된 세트 상품. 3가지를 단품으로 구입하는 것보다 저렴했다.

주주 대상 자료

닌텐도의 주주에게 증정된 책자류 등을 소개한다. 닌텐도 주식은 최저 100주 단위로 거래되기 때문에 많은 자금이 필요하다. 닌텐도가 주주에게 환원해주는 방법은 주로 배당이며, 우대권이나 상품을 보내주는 경우는 거의 없다. 결산 발표 시기가 되면 회사의 방침과 업적 등의 자료, 주주총회의 출석 권리 등을 보내준다.

배당금계산서

회사의 업적에 의해 주주에게 환원되는 배당금의 통지서

제79기 중간보고서 주주 대상 자료

닌텐도DS 편

NINTENDO
COMPLETE
GUIDE

스마트폰보다도 일찍 터치펜을 채용한
닌텐도의 진격이 시작된다!

게임&워치를 방불케 하는 듀얼 스크린. 인터페이스 혁신과 새로운 장르
의 소프트 창출로 새로운 유저를 만들어냈다.

닌텐도DS

발매일 / 2004년 12월 2일 가격 / 15,000엔

게임 인구를 확대시킨 세계 최다 판매 게임기

초보자부터 숙련자까지 즐길 수 있는 게임 분야를 개척했다. 터치스크린이라는 직관적 조작과 음성 입력, 인터넷 접속 기능이라는 혁신적 스펙을 채용해 닌텐도 부활의 주역이 되었다. 또한 전 연령대를 대상으로 한 소프트 'Touch Generations'의 뇌 단련 시리즈를 시작으로 새로운 장르를 창출했다. 그동안 게임과 관련 없던 중장년과 여성층을 공략해 일대 붐을 일으킨 것이다. 본체의 액정화면에는 백라이트가 채용되었고 무선 랜 기능을 내장해 무선통신도 지원한다. 또한 팩 슬롯을 2개 채용해서 GBA와의 호환성을 유지했다. 상위 모델인 DS Lite, DSi, DSi LL(XL)로 업그레이드 하면서 본체 보급에 박차를 가했다. 한국에서는 대원 씨아이가 발매했는데 소프트를 일본어판으로 내놓아 반응이 영 좋지 않았다. 대응 소프트의 수는 일본에서 1,800개 이상이며 본체(시리즈 전체)는 일본에서 3299만 대, 전 세계에서 1억 5402만 대가 판매되었다.

플래티넘 실버

스펙

■ CPU/ARM946ES 67MHz CPU + ARM7TDMI 33MHz CPU ■ 액정/상단: 3.25인치 투과형 TFT 컬러액정, 하단: 3인치 투과형 TFT 컬러액정 ■ 해상도/256*192(0.24mm 도트피치), 26만색 표시 ■ 본체 사이즈/가로148.7x세로84.7x두께 28.9mm ■ 무게/약 275g (내장배터리, 터치펜 포함) ■ 연속사용시간/약 6~10시간. (사용시간은 소프트에 따라 다름) 충전시간 약 4시간

닌텐도DS 컬러 배리에이션

퓨어 화이트
발매일 / 2005년 3월 24일

그래파이트 블랙
발매일 / 2005년 3월 24일

캔디 핑크
발매일 / 2005년 4월 21일

터쿼이즈 블루
발매일 / 2005년 4월 21일

레드
발매일 / 2005년 8월 8일

닌텐도DS의 책자

닌텐도DS Lite

발매일 / 2006년 3월 2일 가격 / 16,800엔 ※한국판: 2007년 1월 18일

■ 시리즈 최다 판매!
■ 휴대성이 향상된 개량판

기본 기능은 DS와 같지만 본체가 얇고 가벼워져 휴대성이 좋아졌다. 액정화면이 투과형 컬러 TFT 액정으로 바뀌고 하단 액정의 크기를 상단과 통일해 보다 밝고 선명해졌다(26만 색 표시). 4단계 밝기 조정 기능이 채택되어 전 버전보다 더 밝게 설정할 수도 있다. 전 버전에 비해 충전 시간을 줄였고 GBA 소프트와의 하위 호환을 유지했다. 밝기 설정과 소프트에 따라 플레이 시간이 달라지지만, 약 3시간 충전으로 5~19시간을 플레이할 수 있다. 「터치 스트랩」이 있던 전 버전에 비해 터치펜이 조금 더 커지고 스트랩이 일반적인 것으로 바뀌었다. 발매와 동시에 품절 사태가 이어진 인기 상품으로 닌텐도DS 보급에 기폭제 역할을 했다. 본체 가격은 16,800엔으로 전 버전보다 높지만, 2010년 6월 19일 오픈 가격으로 바뀌었다. 일본에서 1820만 대, 전 세계에서 9387만 대가 판매되었으며 한국에는 2007년 닌텐도 진출과 함께 정식 발매되었다.

크리스탈 화이트

스펙

■ 본체 사이즈/가로133x세로73.9x두께21.5mm ■ 액정/상단 및 하단: 3.25인치 투과형 TFT 컬러액정 ■ 무게/약 218g (내장배터리, 터치펜 포함) ■ 연속사용시간/약 5~19시간. (사용시간은 액정 밝기와 소프트에 따라 다름) 충전시간 약 3시간

닌텐도DS Lite 컬러 배리에이션

아이스 블루
발매일 / 2006년 3월 11일

에나멜 네이비
발매일 / 2006년 3월 11일

노블 핑크
발매일 / 2006년 7월 20일

제트 블랙
발매일 / 2006년 9월 2일

메탈릭 로제
발매일 / 2007년 6월 23일

글로스 실버
발매일 / 2007년 6월 23일

크림 존 / 블랙
발매일 / 2007년 10월 4일

닌텐도DS Lite의 카탈로그

닌텐도DSi

발매일 / 2008년 11월 1일 가격 / 18,900엔 ※한국판: 2010년 4월 15일

▍카메라 2개를 채용한
▍나만의(My) DS

2007년 발매된 아이폰을 의식한 DS Lite의 상위 모델. 카메라 2개를 채용해 사진앨범을 만들거나 게임에 활용하는 등 '나만의 DS'로서 다양하게 즐길 수 있다. 또한 내부에 플래시 메모리, 오른쪽에 SD카드 슬롯이 장착되어 DSi웨어 등을 다운로드할 수 있다. 음악 재생과 본체 업데이트 기능도 향상되었다. 액정화면이 3.0에서 3.25인치로 늘어났고 스피커 사양이 바뀌어 음질과 음량도 좋아졌다. 약 2.5시간 충전으로 3~14시간 플레이할 수 있다. 전원버튼을 짧게 누르면 메뉴화면으로 돌아가고 4초 이상 누르면 전원이 꺼진다. GBA 슬롯이 폐지되어 GBA 소프트는 사용할 수 없다. 터치펜은 조금 길어졌지만 전용 스트랩은 동봉되지 않았다. 2008년 본체의 국가 간 이동을 막고자 국가코드를 도입했으나, 실제로 국가코드가 적용된 게임은 DS에서도 플레이할 수 있어 큰 의미는 없었다. 일본에서 589만 대, 전 세계에서 2844만 대 판매되었다.

화이트

스펙

■ CPU/ARM946ES 133MHz CPU + ARM7TDMI 33MHz CPU ■ 액정/상단 및 하단: 3.25인치 투과형 TFT 컬러액정 ■ 본체/가로137x세로74.9x두께18.9mm ■ 무게/약 214g (내장배터리, 터치펜 포함) ■ 연속사용시간/약 3~14시간. (사용시간은 액정 밝기와 소프트에 따라 다름) 충전시간 약 2.5시간

닌텐도DSi 컬러 배리에이션

블랙

핑크

라임그린

메탈릭 블루

레드

닌텐도DSi의 책자

닌텐도DSi LL(해외판은 닌텐도DSi XL)

발매일 / 2009년 11월 21일 가격 / 20,000엔 ※한국판: 2010년 5월 1일

가족, 친구와 함께 즐기는 대화면 DS

DSi의 기능은 그대로 유지되면서 화면 사이즈가 4.2 인치로 커졌다. 화면 시야각이 넓어져 힌지 부분이 2개로 고정되기 때문에 테이블에 올려놓고 모두가 플레이할 수 있게 되었다. 상부 액정 패널에 투명감이 있는 소재가 사용되어 보기도 편하고 다부진 디자인이 되었다. 본체 사이즈 확대로 인한 배터리 용량 증가에 따라 충전 시간은 약 3시간으로 늘어났지만, DSi보다 더 길게 4~17시간을 플레이할 수 있다. 또한 스피커의 구멍 모양이 바뀌어 소리가 깨끗하게 들리게 되었다. DSi웨어 뇌 단련 2가지와 명경 국어사전이 내장되었고 『닌텐도DSi 브라우저』와 『움직이는 메모장』이 기본으로 들어가 있다. (DSi는 2009년 가을 이후 출하분에 내장되었다.) 아울러 크기가 다른 2종류의 터치펜이 내장되는 등, 사이즈를 제외하고도 DSi와의 차별화가 이루어졌다. 한국에는 영어판으로 발매되었다.

와인 레드

스펙

■ 본체사이즈/가로161x세로91.4x두께21.2mm ■ 액정/상단 및 하단: 4.2인치 투과형 TFT 컬러액정 ■ 무게/약 314g (내장배터리, 터치펜 포함) ■ 연속 사용시간/약 4~17시간. (사용시간은 액정 밝기와 소프트에 따라 다름) 충전시간 약 3시간

닌텐도DSi LL 컬러 배리에이션

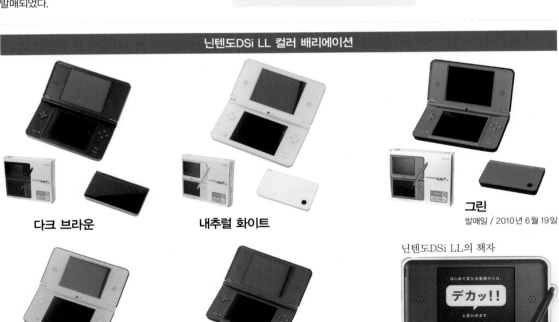

다크 브라운

내추럴 화이트

그린
발매일 / 2010년 6월 19일

닌텐도DSi LL의 책자

옐로
발매일 / 2010년 6월 19일

블루
발매일 / 2010년 6월 19일

New 슈퍼마리오 브라더스

발매일 / 2006년 5월 25일 가격 / 4,800엔

슈퍼마리오 브라더스 첫 작품을 현대적 방식으로 어레인지하다

『슈퍼마리오 브라더스』의 간단한 조작과 재미를 업그레이드시킨 횡스크롤 액션 게임. 게임은 2D 방식으로 진행되지만 그래픽과 캐릭터는 3D이다. 마리오의 기본 액션을 따라가면서 엉덩이 찍기, 벽차기 등의 새로운 액션과 거대 마리오와 콩 마리오로의 변신 요소가 추가되었다. 총 8개 월드에 10여 가지 코스가 있고, 월드4에서 월드7로 가려면 숨겨진 통로를 지나가야 한다. 마리오와 루이지의 2인 대전 외에 터치펜을 이용한 미니게임이 수록되었고 4인 통신 대전도 지원한다. 적당한 난이도로 하면 할수록 실력이 늘어난다. DS 소프트 중 일본 최다 판매량인 640만 개 이상을 기록.

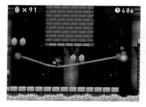

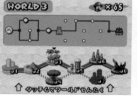
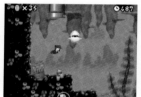

토호쿠 대학 미래과학기술공동연구센터 카와시마 류타 교수 감수 뇌를 단련하는 어른의 DS트레이닝

발매일 / 2005년 5월 19일 가격 / 2,800엔

※한국판:
2007년
1월 18일

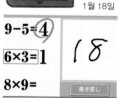

계산과 음독 등을 반복해 뇌를 활성화시키는 소프트로, 매일 트레이닝하면 뇌 연령이 젊어진다. 손 글씨와 음성 인식 등 직관적 조작으로 폭넓은 층의 지지를 받으며 '뇌 단련' 붐을 일으켰다. 총 4명분의 데이터를 보존할 수 있다. 일본에서 384만 개, 전 세계에서 1901만 개가 판매되어 닌텐도DS 보급에 큰 공헌을 했다. 한국판은 『매일매일 DS 두뇌 트레이닝』.

놀러오세요 동물의 숲

발매일 / 2005년 11월 23일 가격 / 4,800엔

※한국판:
2007년
12월 6일

시리즈 제4탄. 전작처럼 동물들과 대화하거나 가구를 모아서 방을 꾸밀 수 있다. 2화면 표시가 되어 모자와 액세서리가 새로 추가되었다. 무선 연결을 통해, 다른 마을로 넘어가 4인 동시 플레이도 가능. 휴대기 특유의 편리한 이동과 무선 연결에 따른 통신 플레이가 호평받아 여성들을 중심으로 대히트를 기록했다. 일본에서 523만 개, 전 세계에서 1175만 개 판매.

슈퍼마리오64 DS

발매일 / 2004년 12월 2일 가격 / 4,800엔

※한국판: 2007년
7월 26일

닌텐도DS와 동시 발매. 닌텐도64판을 이식했다. 터치펜 조작에 대응해 아래 화면에는 지도가 표시되고 새로운 스테이지와 보스가 추가되었다. 루이지, 요시, 와리오 캐릭터도 추가되었으며 VS모드와 미니게임도 플레이 가능.

대합주! 밴드 브라더스
(초회 수량 한정 이어폰 동봉판)

발매일 / 2004년 12월 2일 가격 / 4,800엔

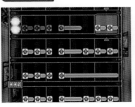

리듬에 맞추어 키를 때리는 음악 게임. J-POP과 클래식 등 37곡을 수록했으며 약 50종류의 악기로 연주할 수 있다. 소프트 1개로 8명까지 채점과 합주를 할 수 있다. 자기 취향의 곡을 만들 수 있는 모드도 있다.

직감 한 획

발매일 / 2004년 12월 2일 가격 / 3,800엔

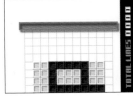

닌텐도DS와 동시 발매. 흑백 피스를 한 획으로 덧쓰면 피스가 반전되고, 같은 색이 횡으로 연결되면 사라지는 퍼즐 게임. 100문제가 준비된 체크메이트 문제를 직접 만들 수도 있다. 2인 대전 등 게임 모드는 3가지.

만져라 메이드 인 와리오

발매일 / 2004년 12월 2일 가격 / 4,800엔

※한국판: 2007년
6월 14일

시리즈 제4탄. 5초 정도에 끝나는 미니게임 181+1가지 이상을 수록했는데 대부분 게임은 터치스크린을 이용해 플레이한다. 오른손잡이와 왼손잡이 설정을 지원하며 설정에 따라 게임 내용이 조금 바뀌기도 한다. 113만 개 판매.

포켓몬 대시

발매일 / 2004년 12월 2일 가격 / 4,800엔

※발매/ (주)포켓몬
판매 / 닌텐도

※한국판: 2007년
3월 22일

닌텐도DS와 동시 발매되었다. 피카츄를 조작해 다른 포켓몬보다 빨리 골인하게 하는 레이싱 게임으로, 아래 화면에서 터치펜을 슬라이드하면 피카츄가 달려간다. 무선통신으로 6인 대전을 지원한다.

캐치! 터치! 요시!

발매일 / 2005년 1월 27일 가격 / 4,800엔

터치펜으로 구름의 궤도를 그려서, 아기 마리오를 업은 요시를 골로 유도한다. 스테이지는 2화면 공통으로 표시되어, 마이크에 입김을 불어넣으면 구름을 지울 수 있다. 2인 대전의 VS배틀을 포함 총 5가지 모드가 있다.

어나더 코드 2개의 기억

발매일 / 2005년 2월 24일 가격 / 4,800엔

주인공 소녀 「애슐리」가 11년 전 실종된 아버지에 대한 의문을 풀어가는 어드벤처 게임. 2화면을 활용한 화면 구성, 터치스크린과 마이크를 이용한 장치 등, 닌텐도DS의 기능을 활용하여 높은 평가를 받았다.

터치! 커비

발매일 / 2005년 3월 24일 가격 / 4,800엔

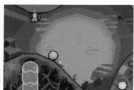

터치펜으로 무지개 라인을 그려서 공이 된 커비를 골로 이끈다. 적에게 터치해서 마비시키거나 장치에 터치해서 작동시키면서 돌격한다. 복사 능력은 11종류 준비되어 있는데 적의 반응이 재밌다.

역만DS

발매일 / 2005년 3월 31일 가격 / 4,800엔

초급자부터 상급자까지 즐길 수 있는 4인 마작. 마리오 시리즈의 캐릭터를 고를 수 있고 「프리 대국」 「랭킹 대국」 「챌린지 대국」의 3개 모드가 준비되어 있다. 터치로 조사할 수 있는 마작 용어사전도 있다.

일렉트로 플랑크톤
(이어폰 동봉)

발매일 / 2005년 4월 7일 가격 / 4,800엔

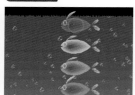

전자 플랑크톤의 움직임을 즐기는 이와이 준지의 아트 작품. 플랑크톤 10종류를 터치펜으로 접촉하거나 마이크에 숨을 불어넣을 때의 반응을 즐긴다. 이어폰 환경에서의 플레이가 권장되어 소프트에 이어폰이 동봉되었다.

nintendogs
닥스훈트 & 친구들

발매일 / 2005년 4월 21일 가격 / 4,800엔

※한국판: 2007년
5월 3일

강아지와 노는 커뮤니케이션 소프트. 터치펜으로 쓰다듬고 마이크로 말을 걸며 플레이한다. 처음 수록된 견종은 국가마다 다른데 일본판에는 닥스훈트와 요크셔테리어 등 5종이다. 엇갈림 통신으로 다른 개와 소통할 수도.

nintendogs
치와와 & 친구들

발매일 / 2005년 4월 21일 가격 / 4,800엔

※한국판: 2007년
5월 3일

이 시리즈의 강아지들은 대부분 사람 말을 안 듣는 것이 특징. 일본판에는 치와와, 비글, 시추, 스패니얼, 리트리버의 5종이 등장한다. nintendogs 3개 버전을 합쳐 일본에서 185만 개, 전 세계에서 2396만 개가 판매되었다.

nintendogs 시바 & 친구들
(한국판:nintendogs 래브라도&친구들)

발매일 / 2005년 4월 21일　가격 / 4,800엔

※한국판: 2007년
5월 3일

이 시리즈에서 다른 강아지를 플레이(입양)하려면, 게임을 하나 더 사거나 세이브를 지워야 하는 문제가 있다. 일본판에는 시바견, 토이푸들, 웰시 코기, 시프도그, 핀셔가 수록되었다.

DS간편사전

발매일 / 2005년 6월 16일　가격 / 4,800엔

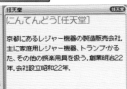

모르는 단어를 터치펜으로 직접 써서 검색할 수 있는 사전 소프트. 터치펜을 이용한 직접 입력 방식과 페이지의 단어를 연결하는 DS만의 기능을 가지고 있다. 닌텐도 관련 단어일 경우 마리오와 펄럭펄럭 만화를 볼 수 있다.

패미컴 워즈DS

발매일 / 2005년 6월 23일　가격 / 4,800엔

인기 시리즈의 DS판. 2화면 맵이 등장했으며, 2명의 쇼군이 나오는 태그 배틀에서는 필살기「태그 브레이크」를 발동시킬 수 있다. 2~8인 대전 모드는 다채롭고, 첫 작품을 포함해 총 281개의 맵을 수록했다.

말랑말랑 머리학원
(한국판: 말랑말랑 두뇌교실)

발매일 / 2005년 6월 30일　가격 / 2,800엔

※한국판: 2007년
8월 2일

두뇌를 말랑말랑하게 해주는 뇌 활성 소프트.「언어」「기억」「분석」「수학」「지식」의 5가지 장르에서 6단계로 출제되는 문제를 풀어간다. 터치펜으로 조작하며 소프트 1개로 최대 8인이 플레이 가능하다. 158만 개 판매.

오스! 싸워라! 응원단

발매일 / 2005년 7월 28일　가격 / 4,800엔

응원단 멤버가 되어 힘들어하는 사람을 응원하는 리듬 액션 게임. 음악에 맞춰 아래 화면의 마커를 타이밍에 맞게 터치한다. 위 화면에는 음악과 스토리가 흐르는데 응원 결과에 따라 스토리가 바뀐다.

JUMP SUPER STARS

발매일 / 2005년 8월 8일　가격 / 4,800엔

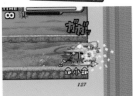

주간 소년점프에 나온 역대 27개 작품의 캐릭터가 싸우는 격투 액션. 아래 화면의 만화 데크에서 캐릭터의 말과 접촉하면 위 화면에서 전투가 시작된다. 원작을 재현한 캐릭터 4명이 난입하여 독자적인 합체기를 구사한다.

대합주! 밴드 브라더스 추가곡 카트리지 (리퀘스트 셀렉션)

발매일 / 2005년 9월 26일 가격 / 2,350엔+배송료450엔

유저의 신청에 의해 선택된 추가곡을 연주할 수 있는 팩. 닌텐도 게임 음악을 포함해 전체 32곡을 수록했다. GBA 슬롯에 꽂아 기동하며 단독으로는 플레이할 수 없다. 닌텐도 온라인에서만 판매했다.

슈퍼 프린세스 피치

발매일 / 2005년 10월 20일 가격 / 4,800엔

피치 공주가 주인공이 되어 마리오들을 도우러 가는 횡스크롤 액션 게임. 4가지 희로애락 파워와 신비한 우산 「양솔(캇사)」을 이용한 액션으로 장치들을 풀어 나간다. 마이크를 사용하는 미니게임과 퍼즐도 있다.

포켓몬 토로제

발매일 / 2005년 10월 20일 가격 / 3,800엔

※발매 / (주)포켓몬
판매 / 닌텐도

※한국판: 2007년 5월 17일

터치펜으로 포켓몬을 슬라이드시켜 지워 나가는 퍼즐 게임. 4마리 이상 연결되면 토로제에서 토로제 찬스가 되어 연쇄를 노릴 수 있다. 통신대전과 협력 플레이, 스토리 모드도 있으며 엇갈림 통신에도 대응한다.

누구와도 놀이대전

발매일 / 2005년 11월 3일 가격 / 3,800엔

트럼프와 장기, 체스 등 널리 알려진 게임 42종류를 수록한 테이블 게임 모음. 터치펜으로 조작할 수 있으며 최대 8인까지 통신대전을 할 수 있다. 통신 기능을 이용해 친구에게 게임을 선물할 수도 있다.

어른의 DS골프

발매일 / 2005년 11월 10일 가격 / 4,800엔

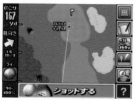

터치펜을 클럽에 맞춰서 샷을 날리는 골프 게임. 터치펜을 움직이는 속도에 따라 볼의 궤도와 비거리가 바뀌고, 드로우 샷과 페이드 샷을 구분하는 것도 가능하다. 4인 통신대전과 채팅도 지원한다.

포켓몬 불가사의 던전 파랑 구조대

발매일 / 2005년 11월 17일 가격 / 4,800엔

※발매 / ㈜포켓몬
판매 / 닌텐도

※한국판: 2007년 8월 30일

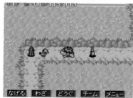

포켓몬이 된 플레이어가 구조대가 되어 힘들어하는 포켓몬을 돕는다는 RPG. 포켓몬 386마리가 등장해 동료가 된다. 엇갈림 통신과 터치스크린에 대응하고, 함께 발매된 GBA판 『빨강 구조대』와 연동한 플레이도 가능.

돗토코 햄타로 의문의문Q
구름 위의 ? 성

발매일 / 2005년 12월 1일 가격 / 4,800엔

시리즈 제6탄. 출제되는 퀴즈에 터치펜으로 대답한다. 450문제 이상을 수록했으며 일부 퀴즈는 특정 조건을 달성하면 나온다. 햄스터들의 방을 커스터마이즈할 수 있는 「햄 하우스」도 준비되어 있다.

마리오 & 루이지 RPG2 (한국판: 마리오 & 루이지 RPG 시간의 파트너)

발매일 / 2005년 12월 29일 가격 / 4,800엔

※한국판: 2007년 7월 8일

시리즈 제2탄. 아기 마리오와 아기 루이지가 캐릭터에 추가되어 4명이 과거와 현재를 오간다. 이동 시에는 위 화면에 지도가 나오고, 따로 행동할 때는 위아래에 각 팀이 표시된다. 배틀 시에 2화면을 활용한 장치도 있다.

메트로이드 프라임 핀볼
(DS진동팩 동봉)

발매일 / 2006년 1월 19일 가격 / 4,800엔

볼이 된 사무스를 조작하여 다양한 미션에 도전하는 핀볼게임. 진동팩에 대응하여 화면을 터치해 테이블을 흔들 수 있다. 적과 배틀하는 미니게임과 아이템 수집 등이 있다.

마리오 카트DS

발매일 / 2005년 12월 8일 가격 / 4,800엔

※한국판: 2007년 4월 5일

시리즈 제5탄. DS오리지널인 「니트로 그랑프리」와 기존 코스를 포함 총 32코스를 수록했다. 8인 대전 외에도 온라인 연결로 전 세계인들과의 통신대전을 지원한다. 일본에서 400만 개, 전 세계에서 2360만 개 판매.

토호쿠 대학 미래과학기술공동연구센터 카와시마 류타 교수 감수 좀 더 뇌를 단련하는 어른의 DS트레이닝

발매일 / 2005년 12월 29일 가격 / 2,800엔

※한국판: 2008년 8월 2일

『뇌 단련』의 속편. 「동시 단어」「단어 완성」「기억 덧셈」 등 21종류(한국판은 17종류)의 새로운 트레이닝을 추가했고 퍼즐 게임 「세균 섬멸」도 수록. 일본에서 509만 개 판매. 한국판은 「매일매일 더욱 더! DS 두뇌 트레이닝」.

영어가 서투른 어른의 DS트레이닝 영어 삼매경
(한국판: 듣고 쓰고 친해지는 DS 영어 삼매경)

발매일 / 2006년 1월 26일 가격 / 3,800엔

※한국판: 2007년 1월 18일

PC에서 어레인지 이식했다. DS에서 나오는 음성을 듣고 터치펜으로 쓰는 영어 학습 소프트. 1400개 이상의 영어 단어와 1800개 이상의 예문을 수록해 영어 기초를 배울 수 있다. 8인 동시 대전도 지원하며 222만 개 판매.

아이실드21 MAX DEVILPOWER

발매일 / 2006년 2월 2일　가격 / 4,800엔

미식축구의 패스와 태클 등 여러 가지 경기 장면을 터치펜으로 재현했다. 총 3가지 모드를 채용했는데, 시나리오 모드에서는 주인공 세나가 되어 원작의 명장면을 즐길 수 있다. 오리지널 팀도 만들 수 있다.

순감 퍼즈 루프

발매일 / 2006년 3월 2일　가격 / 3,800엔

쥬얼 스톤을 터치펜으로 끌어 같은 색을 3개 이상 연결하여 지우는 액션 퍼즐. 인력에 의해 달라붙는 특성을 살린 연쇄도 존재한다. 진동팩 대응으로 GBA판 『통근 한 획』과 연동한 플레이를 지원한다.

포켓몬 레인저

발매일 / 2006년 3월 23일　가격 / 4,800엔

※발매 / ㈜포켓몬
판매 / 닌텐도

시리즈 제1탄. 야생의 포켓몬을 터치펜으로 둘러싸서 캡처하고 포켓몬과 협력하여 주민의 고민 등을 해결하는 액션 어드벤처 게임이다. 캡처를 보조하는 『포켓 어시스트』는 15종류가 있다.

한자 그대로 DS간편사전

발매일 / 2006년 4월 13일　가격 / 4,800엔

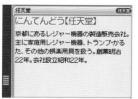

전작의 『히라가나』『가타카나』『영어 숫자』외에 『한자』를 터치펜으로 입력할 수 있다. 발음 재생 13,000개, 토익 대응의 영어 단어장, 일본어 퀴즈를 수록했고, 일부 단어 검색으로 게임&워치판 『맨홀』 등을 플레이할 수도.

전설의 스타피4

발매일 / 2006년 4월 13일　가격 / 4,800엔

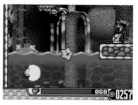

시리즈 제4탄. 전작에 이어 스타피와 스타삐를 교대해가며 진행하는 액션 게임이다. 새로운 기술인 『스피르』 4종류에는 기력을 일정 시간 회복시켜주는 『모나무 힐』 등이 있고 탈것은 5종류 준비되어 있다.

여행의 가리키기 회화수첩DS 태국편

발매일 / 2006년 4월 20일　가격 / 2,800엔

해외여행에서 태국어 회화를 도와주는 소프트. 상대에게 화면을 보여주면서 발음하는 방법으로 소통한다. 28종류의 카테고리를 수록했으며 태국 요리와 태국 문화에 대한 내용도 충실하다.

여행의 가리키기 회화수첩DS 중국편

발매일 / 2006년 4월 20일 가격 / 2,800엔

해외여행에서 중국어 회화를 도와주는 소프트. 상대에게 화면을 보여주면서 발음하는 방법으로 소통한다. 여행에 도움이 되는 32종류의 카테고리를 수록했다.

여행의 가리키기 회화수첩DS 한국편

발매일 / 2006년 4월 20일 가격 / 2,800엔

한국여행에서 한국어 회화를 도와주는 소프트. 상대에게 화면을 보여주면서 발음하는 방법으로 소통한다. 여행에 도움이 되는 29종류의 카테고리를 수록했다. 한국어 발음은 그리 좋지 않다.

여행의 가리키기 회화수첩DS 미국편

발매일 / 2006년 4월 27일 가격 / 2,800엔

해외여행에서 영어 회화를 도와주는 소프트. 상대에게 화면을 보여주면서 발음하는 방법으로 소통한다. 여행에 도움이 되는 33종류의 카테고리를 수록했다.

여행의 가리키기 회화수첩 DS 독일편

발매일 / 2006년 4월 27일 가격 / 2,800엔

해외여행에서 독일어 회화를 도와주는 소프트. 상대에게 화면을 보여주면서 발음하는 방법으로 소통한다. 34종류의 카테고리를 수록했으며 독일의 역사와 문화도 다루고 있다.

테트리스DS

발매일 / 2006년 4월 27일 가격 / 3,800엔

※한국판: 2007년 7월 7일

6가지 모드를 채용했으며, 위 화면에는 패미컴과 게임보이 소프트를 바탕으로 한 스테이지가 많이 등장한다. 10인까지 로컬 대전이 가능하고, 온라인 연결로 전 세계 플레이어와의 4인 동시 대전도 지원한다.

돌려서 잇는 터치 패닉

발매일 / 2006년 5월 25일 가격 / 3,800엔

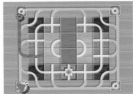 

바닥의 패널을 슬라이드시켜 공을 골로 이끄는 퍼즐 게임. 터치펜으로 패널을 회전시켜 트럼프 모양의 터치 패널로 역을 만들면 고득점이 가능하다. 『클리어로 모드』는 전체 100스테이지를 수록했다.

메트로이드 프라임 헌터즈

발매일 / 2006년 6월 1일 가격 / 4,800엔

※한국판: 2007년 12월 6일

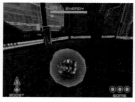

프라임 시리즈에서 파생된 외전. 십자버튼으로 이동하고 터치펜으로 시점을 조작하는 FPS. 사무스가 주인공인 어드벤처 모드와 헌터 4명으로 동시 대전하는 멀티플레이 모드가 있다. 최초로 온라인 음성채팅을 지원했다.

매지컬 배케이션 5개의 별이 늘어설 때

발매일 / 2006년 6월 22일 가격 / 4,800엔

GBA판 『매지컬 배케이션』의 속편. 전작과 세계관은 동일하지만 시대 설정이 다르고, 전투 시스템이 크게 바뀌어 터치펜 조작이 메인이 되었다. 무선통신으로 최대 6인 동시 플레이를 할 수 있는 모드도 있다.

프로젝트 해커 각성

발매일 / 2006년 7월 13일 가격 / 4,800엔

사이버 범죄 수사관이 되어 다양한 사건을 해결해가는 어드벤처 게임. 게임 내 가상 웹에서 정보를 수집해 해킹 등에 사용한다. 상대의 해킹 기술은 터치펜을 사용한 미니게임 등으로 대처한다.

말하는 DS요리 네비게이션

발매일 / 2006년 7월 20일 가격 / 3,800엔

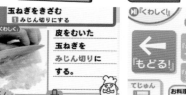

음성으로 요리의 순서를 알려주는 실용 소프트. 츠지쿠킹이 감수한 레시피 200개 이상을 수록해 누구나 쉽게 가정요리를 만들 수 있다. 식재료와 레시피 검색, 메모 기능은 물론 게임&워치판 『쉐프』 등도 수록했다.

닌텐도DS 브라우저 (닌텐도DS용)

발매일 / 2006년 7월 24일 가격 / 3,800엔

닌텐도DS에서 인터넷을 보기 위한 소프트. 웹브라우저 『Opera』를 커스터마이즈한 것으로 무선 랜에 대응한다. 터치펜에 의한 직관적인 조작이 특징이며 동봉된 메모리 확장팩을 넣어야 기동한다.

닌텐도DS 브라우저 (닌텐도DS Lite용)

발매일 / 2006년 7월 24일 가격 / 3,800엔

닌텐도DS Lite에서 인터넷을 보기 위한 소프트. 웹브라우저 『Opera』를 커스터마이즈한 것으로 무선 랜에 대응한다. 터치펜에 의한 직관적인 조작이 특징이며 동봉된 메모리 확장팩을 넣어야 기동한다.

마리오 농구 3on3

발매일 / 2006년 7월 27일 가격 / 4,800엔

마리오 패밀리에 의한 3on3 농구 게임. 십자버튼으로 이동하고 터치로 드리블과 슛을 한다. 코인과 아이템을 사용한 스페셜 샷으로 골을 넣는다. 스퀘어와 에닉스가 공동 개발했다.

스타폭스 커맨드

발매일 / 2006년 8월 3일 가격 / 4,800엔

지도 위의 캐릭터를 이동시키고 적기와는 3D 슈팅으로 싸운다. 샷 외에는 터치펜으로 조작하는 것이 특징. 스테이지 클리어 이후의 행동으로 스토리가 바뀌며 멀티 엔딩을 채용했다. 온라인 연결에도 대응한다.

초 조종 메카MG

발매일 / 2006년 9월 2일 가격 / 4,800엔

100대 이상의 거대 로봇 「MG(마리오네이션 기어)」를 조종해 미션을 수행한다. 아래 화면에서 터치펜으로 MG를 조종하면, 위 화면에서 MG가 움직인다. 70~80년대 로봇 애니메이션 같은 분위기가 느껴진다.

햇병아리 팅글의 장밋빛 루피랜드

발매일 / 2006년 9월 2일 가격 / 4,800엔

젤다 시리즈의 팅글이 주인공인 황금만능주의 RPG. 경험치와 HP는 루피(돈)로 환산되고 무엇을 하더라도 루피가 필요하다. 전투는 고용한 해결사가 담당하고 팅글이 돕는 구조다. 황당한 분위기가 재밌다.

온라인 대응 역만DS

발매일 / 2006년 9월 14일 가격 / 4,800엔

「역만DS」의 온라인 대응 버전. 전국 플레이어와 대국할 수 있고, 헤드셋을 쓰면 친구 등록한 상대와 음성채팅도 할 수 있다. 김수한무가 해설해주는 초보자 강의 「마작 입문」도 준비되어 있다.

포켓몬스터 다이아몬드
(한국판: 포켓몬스터 디아루가)

발매일 / 2006년 9월 28일 가격 / 4,800엔

※발매 / ㈜포켓몬 판매 / 닌텐도

※한국판: 2008년 2월 14일

4세대 포켓몬스터로 「펄」과 동시 발매. 펄과는 포켓몬 출현율과 종류 등이 다르다. 새로운 포켓몬 107마리가 나와 합계 493마리가 되었고, 필드에서는 아래 화면의 「포켓치」를 조작한다. 두 버전 합쳐 582만 개 판매.

포켓몬스터 펄
(한국판: 포켓몬스터 펄기아)

발매일 / 2006년 9월 28일　가격 / 4,800엔

※발매 / ㈜포켓몬
판매 / 닌텐도

※한국판: 2008년
2월 14일

『다이아몬드』와 동시 발매. 신오 지방을 무대로 시간과 공간을 다루는 전설의 포켓몬을 둘러싼 모험을 한다. 이번 작품부터 닌텐도DS의 무선통신과 온라인 기능을 이용한 포켓몬 교환과 대전이 활성화되어 지금에 이른다.

격투! 커스텀 로보

발매일 / 2006년 10월 19일　가격 / 4,800엔

시리즈 제5탄으로 『커스텀 로보 V2』에서 3년 후가 무대이다. 파츠류는 총 240종류 이상, 로봇은 50대가 등장하며 디오라마에 로봇을 장식하는 요소 등도 추가되었다. 무선통신과 온라인 연결을 통한 대전을 지원한다.

감수 일본 상식력 검정협회 나이 먹고 누구에게 물어볼 수 없는 어른의 상식력 트레이닝 DS

발매일 / 2006년 10월 26일　가격 / 3,800엔

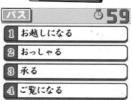

관혼상제와 비즈니스 매너 등을 배울 수 있는 소프트. 약 2,000개의 상식 문제를 수록했으며 트레이닝이 끝나면 「상식력 진단」을 할 수 있다. 온라인 연결을 이용해 진단 결과를 전국 평균과 비교할 수 있다.

별의 커비 참상! 도롯체단
(한국판: 별의 커비 도팡 일당의 습격)

발매일 / 2006년 11월 2일　가격 / 4,800엔

※한국판: 2007년
9월 13일

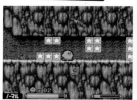

시리즈 제8탄. 새로운 시스템인 「카피 파레트」를 이용해 아이템과 복사 능력의 보관이 가능해졌다. 라이프제의 부활로 새로운 복사 능력이 5종류 추가되었으며, 서브 게임에서는 4인 동시 플레이를 지원한다. 119만 개 판매.

마법대전

발매일 / 2006년 11월 16일　가격 / 3,800엔

DS를 사용한 마법을 친구들에게 보여주는 소프트. 「매료되는 마법」「혼자서 마법」「이상한 트레이닝」의 3가지 모드를 탑재했으며 부속된 트럼프로 플레이한다. 트레이닝 모드에는 미니게임을 수록했다.

JUMP ULTIMATE STARS

발매일 / 2006년 11월 23일　가격 / 4,800엔

『JUMP SUPER STARS』의 속편. 41개 작품 300개 이상의 캐릭터가 등장하고 그중 65명을 조작할 수 있다. 「삼각 점프」와 링아웃을 방해하는 「붙잡기」 등의 새로운 액션이 추가되었다. 온라인 연결로 전국 대전도 지원.

건강 응원 레시피 1000 DS식단 전집

발매일 / 2006년 12월 7일 가격 / 3,800엔

냉장고에 있는 식재료 등 8종류의 검색 방법을 통해 적절한 식단을 골라주는 소프트. 1,000개 이상의 레시피를 수록해 3가지 요리를 동시 진행할 수 있다. 온라인으로 식재료가 적힌 심부름 메일을 보낼 수 있다.

터치로 즐기는 백인일수(百人一首) DS시구레덴

발매일 / 2006년 12월 14일 가격 / 3,800엔

일본 와카 시선집 「오구라 백인일수」를 플레이하는 소프트. 가인 5명과의 대전, 2~4인 대전, 교토 명소를 안내하는 네비게이션 등 수록. 닌텐도가 참여한 백인일수의 디지털 전시관 「시구레덴(時雨殿)」의 장치를 바탕으로 했다.

괴도 와리오 더 세븐

발매일 / 2007년 1월 18일 가격 / 4,800엔

시리즈 제7탄. 애니메이션의 세계에 뛰어든 와리오가 어떤 소원이든 들어준다는 「위시톤」을 찾아 모험하는 액션 게임. 터치펜을 이용해 7가지 모습으로 변신하면서 퍼즐을 풀어간다. 스테이지는 총 10화 준비되어 있다.

위시룸 천사의 기억 (한국판: 호텔 더스크의 비밀)

발매일 / 2007년 1월 25일 가격 / 4,800엔

※한국판: 2009년 2월 12일

1979년 로스앤젤레스 교외에 있는 호텔이 무대로, 그곳에 머무는 인물들의 과거와 의문을 풀어가는 어드벤처 게임. 모노톤의 하드 보일드한 세계관이 특징으로 추리소설을 읽듯이 DS를 세로로 잡고 플레이한다.

피크로스DS

발매일 / 2007년 1월 25일 가격 / 3,800엔

※한국판: 2007년 9월 20일

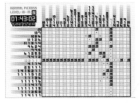

숫자를 힌트로 네모 칸를 깎아 그림을 완성하는 퍼즐 게임. 300문제 이상을 수록했으며 마리오 시리즈의 캐릭터가 나오는 문제도 있다. 온라인으로 전국 대전을 지원하고 과거작을 다운로드해서 플레이할 수도 있다.

제트 임펄스

발매일 / 2007년 2월 8일 가격 / 4,800엔

세계대전을 둘러싸고 다양한 미션을 수행하는 플라이트 슈팅 게임. 화면 하단에서 레이더와 무기를 바꿔가며 싸운다. 총 19스테이지 구성으로 온라인 대전도 가능하다. 처음에는 5종류의 비행기를 다운로드할 수 있다.

요시 아일랜드DS

발매일 / 2007년 3월 8일　가격 / 4,800엔

※한국판: 2007년 11월 8일

슈퍼 패미컴판 『슈퍼마리오 요시 아일랜드』의 속편. 기본적인 시스템은 전작과 같지만, 이번에는 요시가 능력이 다른 아기 5명을 교체해가며 진행한다. 조건을 만족시키면 나타나는 숨겨진 코스와 미니게임도 있다.

영어가 서투른 어른의 DS트레이닝
좀 더 영어 삼매경 (한국판: 살아 있는 영어로 강해지는 실전! DS 영어삼매경)

발매일 / 2007년 3월 29일　가격 / 3,800엔

※한국판: 2008년 1월 10일

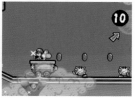

『영어 삼매경』 시리즈 제2탄. 이번에는 일상생활에서 사용하는 영어를 중심으로 약 400종류의 상황을 수록했다. 쓰기 세계일주 등 다양한 트레이닝도 할 수 있다.

마리오 vs 동키콩2
미니미니 대행진!

발매일 / 2007년 4월 12일　가격 / 4,800엔

시리즈 제8탄. 터치펜 조작으로 미니 마리오를 골로 유도하는 액션 퍼즐 게임. 「진행」 「점프」 등의 액션을 지시하며 동키콩과 대결한다. 에디트 기능으로 제작한 코스를 닌텐도 온라인으로 배포할 수도 있었다.

온라인 대응
세계의 누구와도 놀이대전

발매일 / 2007년 4월 19일　가격 / 3,800엔

『누구와도 놀이대전』의 기능은 그대로 둔 채, 7종의 게임을 교체하고 온라인 연결을 지원. 새로운 게임은 「도미노」 「탈출 퍼즐」 등이다. 총 수록 게임은 42종인데 그중 35종이 온라인에 대응하며 최대 8인 동시 플레이를 지원.

패널로 퐁DS

발매일 / 2007년 4월 26일　가격 / 3,800엔

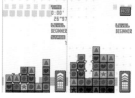

『패널로 퐁』의 DS판. 패널의 좌우를 바꿔서 같은 색을 3개 연결해 지우는 퍼즐 게임. 터치패널 조작이 도입되어, 터치펜으로 이동하고 싶은 패널을 좌우로 움직인다. 무선 대전과 온라인 대전도 지원한다.

불타라! 열혈 리듬 혼
오스! 싸워라! 응원단2

발매일 / 2007년 5월 17일　가격 / 4,800엔

시리즈 제2탄. 전작과 같이 리듬에 맞춰 표시되는 마커를 터치한다. 응원 장면의 흥과 열의가 높아졌고, 재수생과 여직원 등 도움을 요청하는 사람들도 개성이 강하게 꾸며졌다. 히트곡을 중심으로 19곡 수록.

쿠리킨
나노 아일랜드 스토리
발매일 / 2007년 5월 24일 가격 / 4,800엔

나노 아일랜드에 사는 생물 「킨」을 채취해 키운다는 설정의 어드벤처 RPG. 터치펜으로 채취한 킨은 상대의 킨 집단과 싸우며 성장한다. 전체 24장 구성이며, 공식 홈페이지에서 「숨겨진 킨」이 배포된 적도 있다.

보는 힘을 실전에서 단련하는
DS안력 트레이닝
(한국판: 숨어 있는 눈의 힘 DS안력 트레이닝)
발매일 / 2007년 5월 31일 가격 / 3,800엔

※한국판: 2008년 1월 24일

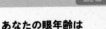

동체 시력, 순간 시력, 안구 운동, 주변 시야, 눈과 손의 협응 동작의 5가지 안력을 단련하는 소프트. 「기초 트레이닝」 10종류와 응용편인 「스포츠 트레이닝」 7종류를 수록했다.

수진대전
발매일 / 2007년 6월 7일 가격 / 3,800엔

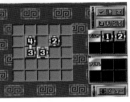

판 위에서 숫자 패를 연결해 고득점을 노리는 대국형 퍼즐 게임. 수열, 같은 수 등의 역을 만들면 점수가 올라간다. 득점과 교환한 아이템을 쓰면 패의 자리를 바꿀 수 있으며, 4인 통신대전과 온라인 대전도 지원.

젤다의 전설
몽환의 모래시계
발매일 / 2007년 6월 23일 가격 / 4,800엔

※한국판: 2008년 4월 3일

「바람의 지휘봉」의 속편. 전작에서 몇 달 후의 먼 바다가 무대로, 유령선에 납치당한 테트라를 구하기 위해 링크가 모험을 떠난다. 터치펜과 마이크를 사용한 퍼즐이 많고 해상의 이동도 자연스러워졌다. 2인 대전도 지원.

꽃을 피워라! 치비로보!
발매일 / 2007년 7월 5일 가격 / 4,800엔

게임큐브판 「치비로보」의 속편으로 해외판 타이틀은 「치비로보 공원 순찰」. 치비로보를 조작해 망가진 공원에 씨를 뿌리고 물을 주어 꽃을 피운다. 공원시설에서 놀 수도 있고 장난감과 친구가 되면 공원 정비를 도와준다.

노력하는 나의 가계 다이어리
발매일 / 2007년 7월 12일 가격 / 3,800엔

터치펜으로 조작하는 가계부 소프트. 식비와 전기, 수도, 가스비 등 항목을 골라 금액을 입력하면 수입과 지출을 그래프로 만들어주므로 간단하게 가계관리를 할 수 있다. 주택담보대출과 차입금 등의 변제 계획도 작성 가능.

슬라이드 어드벤처 매그 키트
(슬라이드 컨트롤러 동봉)

발매일 / 2007년 8월 2일 가격 / 5,800엔

동봉된 슬라이드 컨트롤러를 GBA 슬롯에 꽂고, 본체를 슬라이드시켜서 「매그 키트」를 조작하는 액션 게임. 자석으로 적에 달라붙어 파워업을 하고 보스를 물리친다. 미니게임과 최대 4인 대전도 있다.

페이스닝으로 표정을 풍부하게 인상 UP
어른의 DS얼굴 트레이닝

발매일 / 2007년 8월 2일 가격 / 4,800엔

얼굴 근육을 단련해 인상을 좋게 하는 트레이닝 방법인 「페이스닝」용 소프트. 동봉된 얼굴 인식 팩 「페이스닝 스캔」과 스탠드를 설치해서 화면의 지시에 따라 얼굴을 움직인다. 표정 측정과 안경 기능도 있다.

동키콩 정글 클라이머

발매일 / 2007년 8월 9일 가격 / 4,800엔

GBA판 『흔들흔들 동키』의 속편. L과 R버튼만 조작해 손잡이를 잡고 이동하고, 공격을 피하거나 적을 물리치면서 위아래 화면에 걸친 스테이지를 공략한다. 최대 4인이 플레이할 수 있는 VS배틀 모드도 있다.

시타

발매일 / 2007년 9월 6일 가격 / 3,800엔

아톰(원자)을 모아 모레큘라(분자)를 만들고, 수조의 환경을 좋게 만드는 퍼즐 게임. 아톰은 회전 퍼즐을 풀면 얻을 수 있다. DS를 옆으로 눕혀서 물고기를 감상하거나 도감에서 물고기에 대한 해설을 볼 수도 있다.

포켓몬 불가사의 던전
어둠의 탐험대

발매일 / 2007년 9월 13일 가격 / 4,800엔

※발매 / ㈜포켓몬
판매 / 닌텐도

※한국판: 2008년
12월 11일

인간에서 포켓몬이 되어 버린 주인공이 포켓몬 탐험대와 함께 모험하는 로그라이크 RPG. 490마리 이상의 포켓몬이 나오고 그들을 동료로 만들 수 있다. 동시 발매된 『시간의 탐험대』와는 포켓몬의 출현율과 일부 도구가 다르다.

포켓몬 불가사의 던전
시간의 탐험대

발매일 / 2007년 9월 13일 가격 / 4,800엔

※발매 / ㈜포켓몬
판매 / 닌텐도

※한국판: 2008년
12월 11일

동시 발매된 『어둠의 탐험대』와는 포켓몬의 출현율과 아이템, 출현 함정 패턴이 다르다. 게임은 시간의 탐험대 쪽이 조금 더 쉬운 편. 포켓몬 불가사의 던전 시리즈로는 한글화 된 마지막 작품이다.

알카익 실드 히트

발매일 / 2007년 10월 4일 가격 / 5,800엔

파이널 판타지로 유명한 사카구치 히로노부가 개발한 시뮬레이션 RPG. 화염에 불타버린 인간이 「재의 전사」로서 동료가 되는 것이 특징. 3인 1조로 행동하며 전투는 최대 3:3이다. 게임 중에 아름다운 3D CG 무비가 삽입.

타시텐
채워서 10이 되는 이야기

발매일 / 2007년 10월 10일 가격 / 4,800엔

2개 이상의 숫자를 조합해서 10을 만드는 계산 게임. 순간적으로 나타나는 숫자를 보고 10이 되는지를 답하거나, 십자말풀이에 숫자를 써서 10을 완성시키는 등 30종류 이상의 게임을 수록했다.

DS문학전집

발매일 / 2007년 10월 18일 가격 / 2,800엔

나쓰메 소세키와 다자이 오사무의 작품 등 개화기 이후의 소설 100개를 수록한 전자책. DS를 책처럼 세워서 페이지를 넘기고 중간에 책갈피를 끼울 수도 있다. 배경음악 설정이 가능하고 온라인으로 평가를 보낼 수도 있다.

마리오 파티DS

발매일 / 2007년 11월 8일 가격 / 4,800엔

※한국판: 2008년 5월 22일

『마리오 파티』의 DS판. 시리즈 전통의 규칙으로 주사위 블록을 때리며 진행한다. 터치펜과 마이크 기능을 활용한 미니게임 76종류를 수록했으며 최대 4인 플레이를 지원한다. 211만 개가 판매되었다.

고속 카드 배틀 카드 히어로

발매일 / 2007년 12월 20일 가격 / 4,800엔

게임보이판 『트레이드 & 배틀 카드 히어로』의 속편. 「몬스터 카드」 「매직 카드」 등 150가지 이상의 카드를 조합해서 싸운다. CPU의 AI 사고 시간이 단축되었고 「스피드 배틀」이 새로 추가되었다.

마리오 & 소닉 AT
베이징 올림픽

발매일 / 2008년 1월 17일 가격 / 4,800엔

※한국판: 2008년 5월 29일

마리오와 소닉이 함께 등장한 첫 번째 게임이다. Wii 버전에서 약 2개월 뒤에 발매되어 터치펜과 마이크 기능을 활용한 16종류의 경기를 플레이할 수 있다. 무선통신을 이용한 4인 대전과 온라인 랭킹 등록도 가능하다.

소마 브링거

발매일 / 2008년 2월 28일　가격 / 4,800엔

「소마」라 불리는 에너지가 다스리는 세계가 무대인 액션 RPG. 전투는 리얼타임으로 진행되고, 플레이 캐릭터는 직업과 어빌리티 등을 자유롭게 커스터마이즈할 수 있다. 3인 동시 플레이에서는 협력과 트레이드도 가능.

DS미(美)문자 트레이닝
(붓 터치펜 동봉)

발매일 / 2008년 3월 13일　가격 / 3,800엔

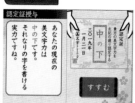

견본 문자를 보며 아름다운 글씨를 쓰는 방법을 연습하는 소프트. 상용한자와 히라가나, 가타카나, 인명 3,119개 문자를 수록했다. 미(美)문자의 측정과 미(美)문자사전 기능도 준비되어 있다.

포켓몬 레인저 바토나지

발매일 / 2008년 3월 20일　가격 / 4,800엔

※발매 / ㈜포켓몬
판매 / 닌텐도

시리즈 제2탄. 기본적인 시스템은 전작과 같고 「아르미아 지방」이 무대가 되었다. 캡처 시스템이 변경되어 동료 포켓몬을 자유롭게 선택할 수 있다. 온라인을 통해 스페셜&엑스트라 미션 6개가 배포되었다.

우리들은 카세키호리다

발매일 / 2008년 4월 17일　가격 / 4,800엔

묻혀 있는 공룡 화석을 발굴하고 터치펜으로 깎아 복원한다. 부활한 공룡 3마리는 한 팀이 되어 배틀을 벌이고 마스터 호리다를 노린다. 2인 대전과 엇갈림 통신을 이용해 상대에게 카세키 암석을 선물할 수도 있다.

헤라클래스의 영광
~혼의 증명~

발매일 / 2008년 5월 22일　가격 / 4,800엔

고대 그리스를 무대로 한 RPG로 데이터이스트가 발매한 시리즈를 토대로 했다. 불사의 몸을 가진 주인공이 자신의 기억을 되찾기 위해 여행에 나선다는 내용으로, 숙소에서 잠들면 꿈속에서 잃어버린 기억을 볼 수도 있다.

대합주! 밴드 브라더스DX

발매일 / 2008년 6월 26일　가격 / 4,800엔

『대합주 밴드 브라더스』의 속편. 기본 시스템은 전작과 같고 연주, 노래, 작곡의 3가지 모드가 있다. 인기 J-POP 등 초기 수록된 31곡에 온라인 통신으로 100곡까지 다운받아 보존할 수 있다. 최대 8인 동시 연주를 지원.

전설의 스타피 대결! 다일 해적단

발매일 / 2008년 7월 10일　가격 / 4,800엔

시리즈 최종작. 소년 「란파」와 협력하여, 불을 뿜는 공룡이 되거나 귀신이 되어 모습을 감추는 등 4가지 형태로 변신할 수 있다. 미니게임은 최대 4인 동시 플레이를 지원하고, 동생 스타삐와의 협력 플레이도 가능하다.

파이어 엠블렘 신 암흑룡과 빛의 검

발매일 / 2008년 8월 7일　가격 / 4,800엔

시리즈 제1탄의 리메이크판. 슈퍼 패미컴판 「문장의 비밀」 「암흑전쟁편」의 요소를 받아들여 새로운 시스템인 병종 변경과 유니트 수에 대응한 새로운 캐릭터와 새로운 맵이 추가되었다. 시리즈 최초로 통신대전을 실현했다.

내 맘대로 패션 걸즈 모드

발매일 / 2008년 10월 23일　가격 / 4,800엔

숍의 점원이 되어 패션 아이템을 들여와 판매하는 시뮬레이션 게임. 16가지 브랜드, 1만 점 이상의 패션 아이템을 코디네이션 한다. 온라인 통신에서의 가상 숍과 콘테스트도 있었다.

리듬 천국 골드 (한국판: 리듬 세상)

발매일 / 2008년 7월 31일　가격 / 3,800엔

※한국판: 2009년 9월 24일

「리듬 천국」의 속편. 전작과 마찬가지로 리듬을 타고 타이밍에 맞춰 터치하거나 퉁겨내면 된다. 총 10스테이지에 50종류 이상의 리듬 게임을 수록했다. 메달 수집과 찻집 등의 부가 요소도 있으며 191만 개가 판매되었다.

포켓몬스터 플래티넘 (한국판: 포켓몬스터pt 기라티나)

발매일 / 2008년 9월 13일　가격 / 4,800엔

※한국판: 2009년 7월 2일

「다이아몬드/펄」의 확장판. 두 작품과의 주된 차이점은 포켓몬 분포를 리셋했고, 이벤트와 일부 포켓몬의 자세 변경 등이 추가된 것이다. 던전 「깨어진 세계」에 숨어 있는 기라티나를 중심으로 이야기가 전개된다.

걸어서 아는 생활리듬DS (생활리듬 합계 2개 동봉)

발매일 / 2008년 11월 1일　가격 / 5,800엔

동봉된 만보계를 이용해 생활리듬을 체크하는 소프트로 걸음 수는 1분마다 기록된다. 걸으면서 만드는 지구 지도와 온라인 통신에 의한 걸음 수 랭킹 등 다양한 기능이 있다. Mii에도 대응하며 최대 4명을 등록할 수 있다.

별의 커비
울트라 슈퍼 디럭스

발매일 / 2008년 11월 6일 가격 / 4,800엔

※한국판: 2008년 11월 13일

슈퍼 패미컴판 『슈퍼 디럭스』의 리메이크작. 게임 모드 4개와 서브 게임 3개, 새로운 캐릭터와 배경음악이 추가되었다. 소프트 2개로 2인 동시 플레이가 가능하고 클리어 후에는 이벤트의 3D CG 무비를 볼 수 있다.

세계의 식사
말하는! DS요리 네비게이터

발매일 / 2008년 12월 4일 가격 / 3,800엔

『요리 네비』의 기능을 답습하면서 세계 26개국 300종 이상의 레시피를 수록했다. 요리 지식을 담은 『요리사전』과 블랙리스트 등록 기능 외에 게임&워치의 『EGG』도 수록. 온라인 통신으로 인기 요리 랭킹도 볼 수 있었다.

DS점괘 생활

발매일 / 2009년 1월 15일 가격 / 3,800엔

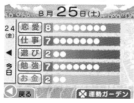
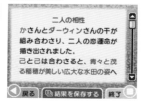

서양 점성술과 사주 등의 점괘를 담은 소프트. 성명 판단과 손금 보기는 터치펜으로 조작한다. 친구와 가족의 상성 진단은 물론 유명인, 역사상의 인물도 점을 볼 수 있다. 간단한 미니게임도 수록했다.

마리오 & 루이지 RPG3!!!
(한국판: 마리오 & 루이지 RPG3 쿠파 몸속 대모험)

발매일 / 2009년 2월 11일 가격 / 4,800엔

※한국판: 2011년 7월 21일

시리즈 제3탄. 쿠파가 플레이 캐릭터로 추가되어서 마리오, 루이지와 교대하며 진행한다. 마리오들은 쿠파의 몸속에 들어가 쿠파를 지원한다. 세로 화면 모드의 DS에서 거대화 되는 쿠파의 싸움은 박력 만점이다.

입체 피크로스

발매일 / 2009년 3월 12일 가격 / 3,800엔

깊이의 개념이 도입된 3D 『피크로스』. 가로·세로·깊이 세 방향의 숫자를 힌트로 블록을 회전 및 파괴하며 숨겨진 그림을 찾는다. 350문제 이상이 수록되었고, 온라인 통신으로 추가 문제와 콘테스트 우수작 다운로드 가능.

포켓몬 불가사의 던전
하늘의 탐험대

발매일 / 2009년 4월 18일 가격 / 4,800엔

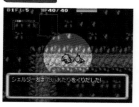

※발매 / ㈜포켓몬 판매 / 닌텐도

『시간/어둠의 탐험대』를 바탕으로 새로운 요소를 추가한 마이너 체인지판. 플레이 캐릭터에 포켓몬 5마리가 추가되었고 새로운 던전과 스페셜 에피소드도 추가되었다. 492마리 분량의 전용도구와 『꼭 닮은 도구』도 등장.

메이드 인 나
발매일 / 2009년 4월 29일 가격 / 4,800엔

약 5초에 끝나는 미니게임을 만들 수 있는 소프트. 친절한 게임 제작 순서와 다양한 서포트 기능도 있다. 미리 수록된 샘플은 90종류. 닌텐도와 유명인이 만든 신작 미니게임이 온라인으로 추가 배포되기도 했다.

친구 컬렉션
발매일 / 2009년 6월 18일 가격 / 3,800엔

자신과 친구의 Mii를 등록해 생활을 관찰하고 참견을 즐기는 소프트. Mii와는 같은 아파트에서 살며 교우, 연애, 결혼 등의 인간관계를 즐긴다. 높은 자유도가 호평을 받아 369만 개가 판매되는 대 히트작이 되었다.

어서 오세요! 치비로보! 해피 리치 대청소
발매일 / 2009년 7월 23일 가격 / 4,800엔

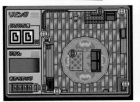

시리즈 제3탄. 바쁜 엄마 제니를 대신해 치비로보가 대청소를 한다. 보석 등을 모아 방의 형태를 바꾸고 가구를 사서 가족을 기쁘게 해준다. 게임 내의 치비로보 랭크에 의해 특전을 얻거나 미니게임을 플레이할 수 있다.

사랑에 눈뜬 팅글의 사랑의 벌룬 트립
발매일 / 2009년 8월 6일 가격 / 4,800엔

『햇병아리 팅글의 장밋빛 루피랜드』의 속편으로, 책의 세계에서 탈출하기 위해 여성의 호감도를 올리는 어드벤처 게임. 과거로 돌아가는 「벌룬 트립」과 호감도를 상승시키는 「러브 푸시」로 여성의 마음을 사로잡는다.

일본경제신문사 감수 모르고 있으면 손해 보는 「물건과 돈의 구조」DS
발매일 / 2009년 8월 27일 가격 / 3,800엔

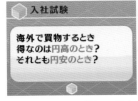

물건과 돈의 구조에 관한 500문제의 해석을 통해 경제 감각을 익히는 소프트. 문제를 풀어서 성적과 수입이 올라가면 복습 툴을 구입하거나 승진 시험을 봐서 사장을 목표로 할 수 있다.

포켓몬스터 하트 골드
(포켓워커 동봉)
발매일 / 2009년 9월 12일 가격 / 4,800엔

※발매 / (주)포켓몬
판매 / 닌텐도

※한국판:
2010년 2월 4일

『골드』의 리메이크작. 함께 발매된 『소울 실버』와는 야생 포켓몬의 출현율과 장소, 전설의 포켓몬이 다르다. 이번 작품에서만 칠색조와 만나기 위한 아이템을 얻을 수 있고, 루기아는 전당 입성 후에 나타난다.

포켓몬스터 소울 실버
(포켓워커 동봉)

발매일 / 2009년 9월 12일 가격 / 4,800엔

※발매 / (주)포켓몬
판매 / 닌텐도

※한국판:
2010년 2월 4일

『실버』의 리메이크작. 『하트 골드』와는 야생 포켓몬 출현율과 장소, 전설의 포켓몬이 다르다. 이번 작품에서만 루기아와 만나기 위한 아이템을 얻을 수 있고, 칠색조는 전당 입성 후에 나타난다. 두 타이틀 합계 393만 개 판매.

마리오 & 소닉 AT
밴쿠버 올림픽

발매일 / 2009년 11월 19일 가격 / 4,800엔

※한국판: 2009년
12월 3일

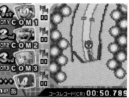

2010년 동계 올림픽을 소재로 마리오와 소닉이 등장한다. Wii 버전에는 없는 「어드벤처 투어즈」 모드가 있다. DS 본체를 가까이해서 소프트 1개로 4인 대전이 가능한 경기 모드와 파티 게임 3종류도 수록했다.

젤다의 전설 대지의 기적

발매일 / 2009년 12월 23일 가격 / 4,800엔

『몽환의 모래시계』의 속편으로 전작에서 100년 후가 무대이다. 신입 기관사가 된 링크는 혼이 된 젤다 공주와 모험을 떠난다. 신의 기차가 되어 다시 대지의 선로를 되찾아간다는 내용으로 팬텀도 플레이 캐릭터가 되었다.

라스트 윈도우 한밤중의 약속

발매일 / 2010년 1월 14일 가격 / 4,800엔

『위시룸 천사의 기억(호텔 더스크의 비밀)』의 속편. 아파트가 철거되어 삶의 터전을 잃은 주인공 카일은 뒷벌이로 물건 찾는 일을 하는데 예상치 않은 사건에 휘말리는 어드벤처 게임. 전작에서 시스템 등이 개선되었다.

어른의 연애소설
DS할리퀸 셀렉션

발매일 / 2010년 2월 25일 가격 / 3,800엔

성인 여성향 연애소설 「할리퀸 시리즈」의 33개 작품을 수록했다. 등장인물의 상관도를 보거나 지난 이야기를 확인할 수 있고 좋아하는 배경음악을 고를 수 있다. 온라인 통신으로 인기 랭킹과 소감도 볼 수 있었다.

포켓몬 레인저 빛의 궤적

발매일 / 2010년 3월 6일 가격 / 4,800엔

※발매 / (주)포켓몬
판매 / 닌텐도

시리즈 제3탄. 오블리비아 지방에서 포켓몬을 포획해 매매하는 조직을 물리치기 위해 주인공 일행이 출동한다. 우쿨렐레피츄가 서포트 캐릭터로 참전하며, 무선통신으로 4인 협력 미션 23건에 도전할 수 있다.

미술교실DS
(한국판: 숨은 소질을 깨우는 그림교실)
발매일 / 2010년 6월 19일 가격 / 2,800엔

※한국판: 2010년 10월 14일

터치펜으로 연필과 그림붓을 바꿔가며 그림을 그리는 소프트. 10가지 레슨을 받아 단계적으로 그림을 그리는 방법을 익힌다. 모티브용 사진을 50장 수록했으며 자유롭게 그림을 그릴 수 있다.

파이어 엠블렘 신 문장의 비밀
~빛과 그림자의 영웅~
발매일 / 2010년 7월 15일 가격 / 4,800엔

슈퍼 패미컴판 『문장의 비밀』 제2부로 「영웅전쟁편」의 리메이크이다. 세밀한 사양 변경과 함께 플레이어의 분신 「마이 유니트」 및 HP가 0이 되어도 죽지 않고 다음 맵에 부활하는 「캐주얼 모드」 등이 추가되었다.

포켓몬스터 블랙
발매일 / 2010년 9월 18일 가격 / 4,800엔

※발매 / ㈜ 포켓몬
판매 / 닌텐도

※한국판: 2011년 4월 21일

5세대 포켓몬스터. 함께 발매된 『화이트』와는 포켓몬의 종류와 출현율이 다르다. 하나 지방이 무대인데 스토리 클리어 이전까지는 새로운 포켓몬만이 등장하여 신선한 모험을 즐길 수 있다. 포켓몬은 총 649마리가 되었다.

포켓몬스터 화이트
발매일 / 2010년 9월 18일 가격 / 4,800엔

※발매 / ㈜ 포켓몬
판매 / 닌텐도

※한국판: 2011년 4월 21일

함께 발매된 『블랙』과는 포켓몬의 종류와 출현율이 다르다. 무선통신을 이용해 특별한 섬 「하이링크」에서 주변 플레이어의 세계로 이동해 플레이를 도울 수 있었다. 두 타이틀을 합쳐 일본에서 548만 개가 판매되었다.

황금의 태양 칠흑의 새벽
발매일 / 2010년 10월 28일 가격 / 4,800엔

시리즈 제3탄. 전작에서 30년 후를 무대로 주인공인 무트들이 에너지의 힘을 사용해 싸우고, 전설의 록조를 찾는다. 70마리 이상의 진과 에너지스트를 조합해서 100종류의 클래스로 커스터마이즈할 수 있다.

슈퍼 카세키호리다
발매일 / 2010년 11월 18일 가격 / 4,800엔

『우리들은 카세키호리다』의 속편. 발굴한 카세키를 세척해서 공룡으로 부활시킨다. 슈퍼 카세키를 공룡으로 융합하면 궁극의 진화를 할 수 있다. 온라인 통신으로 최대 4인 대전이 가능하고 특수한 데이터를 받을 수 있었다.

마리오 vs 동키콩 돌격! 미니랜드

발매일 / 2010년 12월 2일 가격 / 4,800엔

시리즈 제4탄. 터치펜으로 미니 마리오를 목적지로 유도한다. 유원지 놀이기구에는 총 103스테이지가 있어 곳곳에서 동키콩과 대결한다. 온라인 통신에서 자작 스테이지의 송수신과 닌텐도가 배포한 스테이지도 플레이 가능.

영어로 여행하는 리틀 챠로

발매일 / 2011년 1월 20일 가격 / 3,800엔

NHK 영어 애니메이션 『리틀 챠로』를 소재로 한 어드벤처 게임. 이야기를 즐기면서 영어를 배울 수 있다. 음성은 영어와 일본어 중 고를 수 있고, 미니게임과 퀴즈 등도 수록. 밝은 이야기인데 왠지 눈물이 나오는 장면이 많다.

배틀 & GET! 포켓몬 타이핑DS
(닌텐도 무선 키보드 동봉)

발매일 / 2011년 4월 21일 가격 / 5,800엔

※발매 / ㈜포켓몬
판매 / 닌텐도

부속된 키보드를 사용하는 타이핑 게임. 60종류 이상의 코스에서 400종류 이상의 포켓몬이 등장하는데, 포켓몬의 이름을 입력하면 포획할 수 있다. 검정색 키보드 동봉판이 2011년 11월 12일에 추가됐다.

모여라! 커비

발매일 / 2011년 8월 4일 가격 / 3,800엔

※한국판: 2011년
12월 1일

시리즈 제13탄. 최대 10마리까지 늘어나는 커비를 터치펜으로 조작하여 목적지로 인도한다. 핀볼과 RPG 등의 미니게임도 준비되어 있다. 역대 작품 속의 게스트 캐릭터가 등장하는 등 팬 서비스가 확실하다.

포켓몬스터 블랙2

발매일 / 2012년 6월 23일 가격 / 4,800엔

※발매 / ㈜포켓몬
판매 / 닌텐도

※한국판: 2012년
11월 8일

『화이트2』와 동시 발매된 『블랙』의 속편. 체육관장 교대와 생식 분포 변화 등, 2년 후의 하나 지방이 무대이다. 새로운 시설인 「포켓우드」에서 포켓 영화가 만들어지고, 전설의 포켓몬끼리 합체한 「블랙 큐레무」가 등장한다.

포켓몬스터 화이트2

발매일 / 2012년 6월 23일 가격 / 4,800엔

※발매 / ㈜포켓몬
판매 / 닌텐도

※한국판: 2012년
11월 8일

『블랙2』와 동시 발매된 『화이트』의 속편. 역대 체육관장 및 챔피언과 다시 싸울 수 있는 「포켓몬 월드 토너먼트」와 엔딩 후의 레어 포켓몬 포획 이벤트도 있다. 전설의 포켓몬끼리 합체한 「블랙 큐레무」가 등장한다.

닌텐도DSi 브라우저

발매일 / 2008년 11월 1일 가격 / 무료

DSi에서 인터넷 서핑을 하기 위한 소프트. Opera를 바탕으로 터치펜 조작에 맞춰 개량됐다. 문자 입력은 가상 키보드와 손으로 쓰는 것 중에서 선택 가능. 위아래 화면의 내용을 따로 표시하거나 한 화면처럼 쓸 수도 있다.

닌텐도DSi 카메라

발매일 / 2008년 11월 1일 가격 / 무료

DSi 본체에 내장된 카메라 소프트. 사진을 찍거나, 가공하거나, 2인의 얼굴 사진 유사도를 측정할 수 있다. 11종류의 카메라를 수록했으며, 앨범에 찍은 사진을 달력에 등록하고 손글씨로 메모를 남길 수도 있다.

닌텐도DSi 사운드

발매일 / 2008년 11월 1일 가격 / 무료

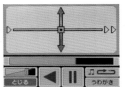

음악 플레이어로 사용해 SD카드에 저장된 곡을 감상할 수 있다. 연주에 맞는 소리를 버튼에 할당하거나 마이크로 음성을 추가할 수도 있다. 음악의 파형과 음량으로 마리오 등의 그림이 움직인다.

닌텐도DSi 숍

발매일 / 2008년 11월 1일 가격 / 무료

DSi 시리즈에서 이용할 수 있는 쇼핑 서비스로 「DSi웨어」를 다운로드 구매할 수 있다. 신용카드와 선불카드 등에서 「DSi포인트」를 구입해서 지불하면 된다. 2017년 3월에 서비스가 종료되었다.

움직이는 메모장

발매일 / 2008년 12월 24일 가격 / 무료

터치펜으로 메모를 하거나 펄럭펄럭 만화처럼 「움직이는 메모」를 만들 수 있다. DSi에서 찍은 사진과 배경음악, 효과음을 추가할 수도 있다. 인터넷에 많은 작품이 공개되어 주목을 끌었다.

Art Style 시리즈: AQUARIO

발매일 / 2008년 12월 24일 가격 / 500포인트

같은 색상의 패널을 3개 연결해서 심해에 가라앉히는 퍼즐 게임. 패널을 움직여서 파이프에 밀어 넣고, 패널이 지워질 때마다 다이버가 심해에 내려간다. 바다생물을 감상할 수 있는 모드도 있다.

Art Style 시리즈: DECODE

발매일 / 2008년 12월 24일 가격 / 500포인트

화면에 나온 숫자의 배열을 바꾸어 합계 10이 되는 조합을 만드는 퍼즐 게임. 터치펜으로 숫자를 반전 이동시켜 조합해 나간다. 2인 대전 모드에서는 상대에게 지운 숫자를 보내거나 셔플(카드 섞기)을 할 수 있다.

종이비행기

발매일 / 2008년 12월 24일 가격 / 200포인트

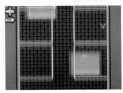

낙하하는 종이비행기를 조작하여 장애물을 피하는 게임. 2인 대전에서는 DS 한 대의 방향키와 우측 버튼들로 조작한다. 랜덤 생성되는 코스의 비행과 타임 어택 모드가 있다.

조금 닥터 마리오

발매일 / 2008년 12월 24일　가격 / 500포인트

낙하하는 캡슐로 바이러스를 격퇴하는 인기 퍼즐 게임. 위 화면에 스코어와 하이 스코어, 아래 화면에 병과 캡슐 등이 표시된다. 대전은 CPU와만 할 수 있다. 소프트를 바꿔 꽂지 않고 가볍게 플레이할 수 있는 게임.

조금 마법대전
3가지 셔플 게임

발매일 / 2008년 12월 24일　가격 / 200포인트

상대에게 표시되는 국가명을 읽어주기만 해도, 그 안에서 상대가 선택한 「가고 싶은 나라」를 맞추는 마법 시연 소프트. 생일과 가고 싶은 장소를 맞추는 마법도 있다. 「사라지는 트럼프」도 수록.

조금 마법대전
퍼니 페이스

발매일 / 2008년 12월 24일　가격 / 200포인트

DSi에 그린 그림이 말을 하고, 상대가 고른 트럼프를 맞추는 마법을 즐길 수 있다. DS용 『마법대전』에 들어있는 게임 중 하나로, 보너스 마법으로 「사라지는 트럼프」도 수록.

조금 마법대전
무서운 수학

발매일 / 2008년 12월 24일　가격 / 200포인트

「무서운 수학」「투데이즈 스페셜」「사라지는 트럼프」 3종류를 혼자서 체험하는 마법 소프트. 「무서운 수학」은 생년월일에서 나온 숫자와 직접 선택한 숫자가 무서운 수학이 되는 마법이다.

토호쿠 대학 미래과학기술공동연구센터
카와시마 류타 교수 감수
조금 뇌를 단련하는 어른의 DSi 트레이닝 문과편

발매일 / 2008년 12월 24일　가격 / 800포인트

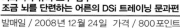

「한자 쓰기」「명작 읽기」「명곡 연주」 등 한자와 기억력을 중심으로 6가지 트레이닝법을 수록했다. 플레이를 마치고 뇌 연령을 체크할 수 있고, 카메라를 보고 문제에 따른 얼굴 표정을 찍는 모드도 있다.

토호쿠 대학 미래과학기술공동연구센터
카와시마 류타 교수 감수
조금 뇌를 단련하는 어른의 DSi 트레이닝 이과편

발매일 / 2008년 12월 24일　가격 / 800포인트

「계산20」「배수 찾기」「거스름돈 넘기기」 등 수학과 계산을 중심으로 7가지 트레이닝법을 수록했다. 플레이 후에 뇌 연령을 체크할 수 있고, 최대 7명의 기록을 저장할 수 있다. 낙하형 퍼즐 『세균 섬멸』도 있다.

새와 콩

발매일 / 2008년 12월 24일　가격 / 200포인트

새를 조작해서 하늘에서 떨어지는 콩을 혀를 내밀어서 먹는 게임. 혀는 대각선으로 늘어나는데 콩을 높은 위치에서 잡을수록 득점이 올라간다. 씨를 날려서 콩을 떨어뜨리는 『2』도 수록되었다.

조금 놀이대전 가벼운 트럼프

발매일 / 2008년 12월 24일　가격 / 500포인트

『온라인 대응 세계의 누구와도 놀이대전』에도 수록된 「Old Maid」「Sevens」「Spit」「Memory」「Doubt」의 트럼프 게임 5종류를 수록했다. CPU 대전과 무선통신으로 최대 8인 대전을 지원한다.

복사하는 메이드 인 와리오
발매일 / 2008년 12월 24일 가격 / 500포인트

DSi 카메라로 복사한 얼굴과 손을 움직여서 문제를 해결하는 미니게임. 터치펜과 버튼은 전혀 쓰지 않고 몸을 움직이기만 하는 것이 특징이다. 문제 5개가 끝나면 선물을 받을 수 있으며 총 20종류를 수록했다.

Art Style 시리즈: SOMNIUM
발매일 / 2009년 1월 28일 가격 / 500포인트

 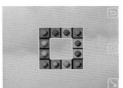

같은 색상의 셀(바닥)과 코어(공)를 맞추는 퍼즐 게임. 겹친 코어를 이동시키는 셀 등 다양한 기믹으로 가능한 한 적은 횟수로 해결해야 한다. 셀은 세로 1열이나 가로 1열 분량이 연동된다.

닌텐도DSi 시계 포토 스탠드 타입
발매일 / 2009년 1월 28일 가격 / 200포인트

DSi를 시계로 사용하는 소프트. 위 화면은 시계, 아래 화면은 시각과 알람 설정 등이 가능하다. 「동물의 숲」「패미컴 마리오 타입」 등 3종류 중에서 고를 수 있고 아날로그와 디지털시계가 준비되어 있다.

거의 매일 노선도 2009
발매일 / 2009년 1월 28일 가격 / 500포인트

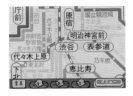 

「거의 일본」이 만든 「거의 일본 노선도」의 DS판. 삿포로, 도쿄, 나고야, 교토, 오사카, 고베, 후쿠오카의 JR선, 사철, 지하철 노선도를 수록. 손글씨 검색 기능 외에 메모 기능과 연동시켜서 자신만의 노선도 제작도 가능.

Art Style 시리즈: PiCOPiCT
발매일 / 2009년 1월 28일 가격 / 500포인트

 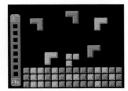

낙하하는 같은 색상의 블록을 조합해서 지우는 퍼즐 게임. 비어 있는 곳을 터치하면 팔레트에 들어간 블록을 이동시킬 수 있다. 스테이지는 패미컴 소프트를 바탕으로 구성되어 마리오 등이 등장한다.

조금 놀이대전 똑바로 트럼프
발매일 / 2009년 1월 28일 가격 / 500포인트

「Black jack」「Last card」「Last card Plus」「President」「Five card draw」의 트럼프 게임 5가지가 수록된 소프트. 무선통신으로 최대 8인 대전을 지원한다. 「누구라도 놀이대전」에도 수록되었다.

솔리테어DSi
발매일 / 2009년 1월 28일 가격 / 200포인트

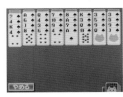 

「스파이더 카드놀이」와 「클론다이크」라는 두 가지 「솔리테어」를 수록했다. 스파이더는 4가지 마크와 숫자를 순번대로 겹쳐서 모든 카드를 지우고, 클론다이크는 모든 카드를 같은 모양끼리 모아서 오름차순으로 정렬한다.

조금 패널로 퐁
발매일 / 2009년 1월 28일 가격 / 500포인트

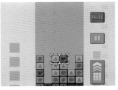 

패널을 좌우로 바꾸며 3개 이상을 연결해서 지우는 퍼즐 게임 「패널로 퐁」을 DSi에서 가볍게 플레이할 수 있다. DS 본체를 세로로 세워서 터치펜으로 조작한다. 「스코어 어택」과 「VS COM」 등 4가지 모드가 있다.

조금 수진대전

발매일 / 2009년 1월 28일 가격 / 500포인트

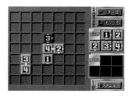

숫자의 패를 연결해서 득점을 겨루는 대국형 퍼즐 게임. 패의 방향을 바꾸거나 2장의 패를 바꾸거나 하는 등의 아이템이 여러 개 있다. 『수진대전』을 어레인지한 것으로, 온라인 통신으로 최대 4인 플레이를 지원한다.

Art Style 시리즈: HACOLIFE

발매일 / 2009년 2월 25일 가격 / 500포인트

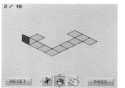

한 장의 큰 종이에서 입체의 전개도를 잘라내고 그것을 접어서 조립하는 퍼즐 게임. 제한시간 안에 종이가 남지 않도록 많은 입체를 만들어야 한다. 점수가 올라가면 캐릭터와 타이틀 화면이 바뀐다.

이데 요스케의 건강 마작장 DSi

발매일 / 2009년 2월 25일 가격 / 800포인트

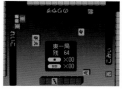
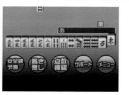

세대와 지역별로 상이한 규칙을 통일한 마작 게임. 개성 있는 캐릭터와의 대국을 즐길 수 있다. 온라인 연결에 의한 통신 대전과 Mii를 사용한 플레이도 지원한다. 대국 중에 특정 조건을 만족시키면 칭호가 부여된다.

닌텐도DSi 계산기 패미컴 마리오 타입

발매일 / 2009년 2월 25일 가격 / 200포인트

DS를 전자계산기로 쓸 수 있는 「패미컴 마리오 타입」 소프트. 사칙연산 외에 「인치」를 미터로 바꾸거나 집의 넓이를 평방미터로 환산하는 「단위 변환」 기능도 있다.

Art Style 시리즈: nalaku

발매일 / 2009년 2월 25일 가격 / 500포인트

낙하하는 큐브를 피하면서 계단을 오르는 액션 게임. 바닥에 비치는 그림자를 보면서 낙하하는 큐브를 피하거나 큐브를 움직이면서 위로 올라간다. 큐브는 계속 나락의 바닥으로 떨어져간다.

조금 DS문학전집 세계의 문학20

발매일 / 2009년 2월 25일 가격 / 500포인트

「플란다스의 개」, 「게잡이 공선」 등 해외 명작문학 20권과 일본명작문학 5권을 수록한 소프트. DS를 세로로 세워서 문고책처럼 읽을 수 있다. 배경음악을 바꿀 수도 있다.

조금 놀이대전 익숙한 테이블

발매일 / 2009년 2월 25일 가격 / 500포인트

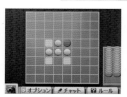

장기, 오목, 오델로, 화투, 하사미 쇼기의 5가지 테이블 게임을 수록. 친구와의 대전 중에 터치펜으로 채팅할 수도 있다. 플레이 인원은 2명까지 가능하지만 최대 8명까지 관전을 지원한다.

닌텐도DSi 계산기 동물의 숲 타입

발매일 / 2009년 2월 25일 가격 / 200포인트

DS를 전자계산기로 쓸 수 있는 「동물의 숲 타입」 소프트. 사칙연산 외에 「인치」를 미터로 바꾸거나 집의 넓이를 평방미터로 환산하는 「단위 변환」 기능도 있다.

조금 마법대전 호불호 발견기

발매일 / 2009년 4월 1일 가격 / 200포인트

좋아하는 것과 싫어하는 것을 적은 종이를 섞어 DSi의 마이크에 좋아하는 것을 읽어주면 발견기가 반응해서 알아맞히는 마법. 상대의 취향을 알아낼 때 사용한다. 패키지로 나온 『마법대전』에는 수록되지 않았다.

둘러싸고 지우고 틀의 시간

발매일 / 2009년 4월 1일 가격 / 500포인트

흑과 백의 피스로 틀을 만들어서 지워가는 퍼즐 게임. 하얀 피스로 검정을 둘러싸든지 검정 피스로 하얀색을 둘러싸면 지워진다. 지우는 틀의 피스를 써서 새로운 틀로 연결하면 연쇄가 된다.

빙글빙글 액션 쿠루파치6

발매일 / 2009년 4월 1일 가격 / 500포인트

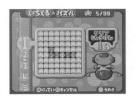

숫자 패널을 빙글빙글 돌려서 같은 색상을 연결하고, 숫자를 바꿔서 지우는 퍼즐 게임. GBA판 『노노노 퍼즐 차이리안』의 『쿠루파치6』을 어레인지한 것으로, 패널을 연속해서 연결하는 것이 재밌다.

닌텐도DSi 시계
동물의 숲 타입

발매일 / 2009년 4월 1일 가격 / 200포인트

『동물의 숲』을 모티브로 한 DSi 시계. 아날로그와 디지털 표시 중 고를 수 있다. 위 화면에는 시계 표시, 아래 화면에서 시각과 알람, 시차 설정이 가능. 마을 멜로디를 마음대로 작곡할 수 있으며 매시 0분이 되면 재생된다.

포토 스탠드 기능 추가
밴브라DX 라디오

발매일 / 2009년 4월 1일 가격 / 500포인트

DS판 『대합주! 밴드 브라더스DX』의 다운로드 음악을 바바라의 육성 DJ 기능으로 듣는 소프트. 「바바라 셀렉션」 등 20종류의 방송이 준비되어 있다. DSi 카메라로 찍은 사진을 나오게 할 수도 있다.

노력하는 나의 지갑 응원단

발매일 / 2009년 4월 1일 가격 / 500포인트

화면을 터치하기만 해도 간단하게 가계부를 만들 수 있는 소프트. 품목과 금액을 입력하면 실제 지출 상황을 집계할 수 있다. SD카드에 보존해 PC의 엑셀 파일로 열 수 있다.

닌텐도DSi 시계
패미컴 마리오 타입

발매일 / 2009년 4월 1일 가격 / 200포인트

패미컴의 『슈퍼마리오 브라더스』를 모티브로 한 DSi시계로 아날로그와 디지털 표시 중 고를 수 있다. 위 화면에는 시계 표시, 아래 화면에서 시각과 알람, 시차 설정도 가능. 점프로 코인 모으기를 즐길 수도 있다.

모으는 미소 수첩

발매일 / 2009년 4월 22일 가격 / 500포인트

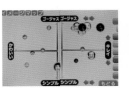
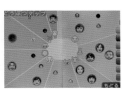

DSi의 카메라로 찍은 얼굴 사진을 모아 플레이하는 소프트. 얼굴 사진으로 「인기도」 「가능성」 측정과 「닮은 지수」 「상성도」 등을 볼 수 있다. 이미지 업과 동물 지도에서의 타입 비교도 지원한다.

언제나 프리쿠라☆ 반짝 데코 프리미엄

발매일 / 2009년 4월 22일 가격 / 500포인트

DSi에서 찍은 사진을 장식하고 프리쿠라 사진을 만들 수 있는 소프트. 액자와 배경, 펜 종류도 풍부하다. 「my 프리수첩」으로 친구와 교환도 가능. SD 카드에서 휴대폰으로 사진을 보낼 수도 있다.

토호쿠 대학 미래과학기술공동연구센터 카와시마 류타 교수 감수 조금 뇌를 단련하는 어른의 DSi트레이닝 수독편

발매일 / 2009년 4월 22일 가격 / 500포인트

뇌 단련의 수독 신작 문제 100개와 연습문제 16개를 수록했다. 트레이닝이 끝나면 3가지 테스트로 뇌 연령을 체크한다. 「컨닝」 기능을 쓰면 입력한 숫자의 정답 여부를 확인할 수 있다. 가족 및 친구 모드도 있다.

어디서나 Wii의 자리

발매일 / 2009년 5월 1일 가격 / 무료

Wii 채널 「Wii의 자리」 영상을 DSi에서 볼 수 있는 소프트. DSi 본체와 SD 카드에 보존하면 어디서나 볼 수 있었고, 기업에서 제공한 「비디오 쿠폰」을 점포에 가져가면 다양한 특전을 받을 수 있었다.

퍼즐 여러 가지 월간 십자말풀이 하우스 Vol.1

발매일 / 2009년 5월 27일 가격 / 500포인트

월간 「십자말풀이 하우스 2009년 7월호」의 문제를 중심으로 「십자말풀이」 「넘버 프레이즈」 등 퍼즐 50문제를 수록. 위 화면에는 문제가 크게 표시되고 손글씨로 답을 입력할 수 있다. 시사 문제도 다수 준비되어 있다.

조금 마법대전 데이트 점괘

발매일 / 2009년 4월 22일 가격 / 200포인트

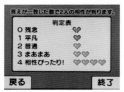

상대에게 데이트에서 가고 싶은 곳과 먹고 싶은 것을 고르게 하면 자신이 고른 것과 반드시 일치하는 마법을 즐길 수 있다. 손금 보기, 얼굴 사진으로 나이를 맞추는 「포토 진단」도 수록. 패키지로 나온 「마법대전」에는 미수록.

움직이는 메모장 Version2

발매일 / 2009년 4월 27일 가격 / 무료

「움직이는 메모장」의 업데이트판. 레이어 기능으로 복사/붙여넣기 기능 등이 수록되었고, 녹음된 배경음악에 맞추어 녹음할 수 있다. 「움직이는 메모리 시어터」에는 채널 기능이 추가되었고 「움직이는 편지」 등도 수록.

조금 마법대전 염사 카메라

발매일 / 2009년 5월 27일 가격 / 200포인트

상대가 생각한 트럼프의 그림을 DSi 카메라로 염사하는 마법. 상대에게 좋아하는 카드를 고르게 한 다음 얼굴 사진을 찍으면 직전에 선택한 카드가 나온다. 종이에 그린 도형과 문자를 떠올리게 할 수도 있다.

포켓 루루부 도쿄

발매일 / 2009년 5월 27일 가격 / 800포인트

여행정보지 「루루부」가 제공하는 추천 정보를 볼 수 있는 소프트. 긴자, 시부야, 롯폰기, 에비스, 오다이바, 이케부쿠로 등 도쿄의 관광지 약 400건을 수록했다. DSi 카메라로 찍은 사진을 「여행 메모」로 지도에 붙일 수 있다.

포켓 루루부 교토

발매일 / 2009년 5월 27일　가격 / 800포인트

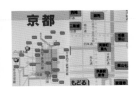

여행정보지 「루루부」가 제공하는 추천 정보를 볼 수 있는 소프트. 교토역 주변, 라쿠츄, 히가시야마, 라쿠키타 등 교토의 관광지 약 400건을 수록. DSi 카메라로 찍은 사진을 「여행 메모」로 지도에 붙일 수 있다.

리듬으로 단련하는
새로운 영어 삼매경 다정한 회화편

발매일 / 2009년 5월 27일　가격 / 800포인트

'말한다, 듣는다, 리듬으로 단련한다'의 3단계로 진행되는 영어 트레이닝 소프트. 일상생활에 도움이 되는 예시를 수록하여, 전체 25화의 드라마 형식으로 구성된 레슨을 받을 수 있다. 「보브와 캐시」의 연애 이야기가 중심.

숙성된 팅글 팩

발매일 / 2009년 6월 24일　가격 / 500포인트

35세 중년 캐릭터인 「팅글」이 발명한 도구 5가지를 수록했다. 빠르게 계산하는 「팅글 계산기」, 로봇 팅글이 소리치며 알려주는 「팅글 타이머」, 타로카드를 소재로 한 「팅글 점괘」 등이 있다.

리듬으로 기억하는
새로운 영어 삼매경 네이티브 영어편

발매일 / 2009년 6월 24일　가격 / 800포인트

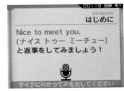

'말한다, 듣는다, 리듬으로 단련한다'의 3단계로 진행되는 영어 트레이닝 소프트. 「보브와 캐시」의 결혼생활을 소재로 한 전체 25화의 드라마에 따라 레슨을 진행한다. 네이티브 스피드여서 실전에 도움이 된다.

퍼즐 여러 가지
월간 십자말풀이 하우스 Vol.2

발매일 / 2009년 7월 1일　가격 / 500포인트

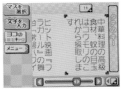

월간 「십자말풀이 하우스 2009년 8월호」의 문제를 중심으로 「십자말풀이」 「넘버 플레이즈」 등 퍼즐 50문제를 수록. 위 화면에는 문제가 크게 표시되고 손글씨로 답을 입력할 수 있다. 시사문제도 다수 수록.

일렉트로 플랑크톤 토레피

발매일 / 2009년 7월 8일　가격 / 200포인트

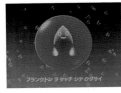

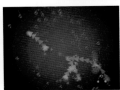

전자 플랑크톤 「토레피」와 플레이하는 소프트. 색상과 음색이 다른 6종류의 토레피가 화면 속을 헤엄치며, 터치펜으로 그리는 선의 모양을 따라 다양한 소리를 연주한다. 이어폰으로 들으면 더 신비롭다.

일렉트로 플랑크톤 하넨본

발매일 / 2009년 7월 8일　가격 / 200포인트

전자 플랑크톤 「하넨본」과 플레이하는 소프트. 터치펜으로 잎의 각도를 바꿔서 수중에서 튀어나오는 하넨본에게 맞추면 기분 좋은 음색을 연주한다. 여러 번 튀어 오르면 잎의 색이 붉어지고 꽃이 핀다.

일렉트로 플랑크톤 나노카프

발매일 / 2009년 7월 8일　가격 / 200포인트

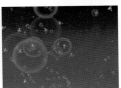

전자 플랑크톤 「나노카프」와 플레이하는 소프트. 마이크 가까이에서 손을 두드리거나 숨을 불어넣으면 16마리의 조그만 나노카프가 다양한 움직임을 보인다. 위치에 따라서 음의 높이가 다른 것이 특징.

일렉트로 플랑크톤 츠리가네무시

발매일 / 2009년 7월 8일　가격 / 200포인트

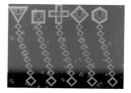

전자 플랑크톤 「츠리가네무시」와 플레이하는 소프트. 츠리카네무시는 패미컴 음원을 연주하는데 부위에 따라 소리가 다르다. 「슈퍼마리오」「팔테나의 거울」 등 배경음악 연주 및 DS 2대로 세션도 가능하다.

게임&워치 볼

발매일 / 2009년 7월 15일　가격 / 200포인트

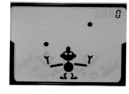
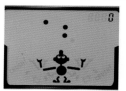

게임&워치의 「볼」을 충실히 재현했다. 캐릭터의 손을 움직여 낙하하는 볼을 떨어뜨리지 않도록 붙잡는 공기놀이 게임. 게임B는 난이도가 높으며, 데모 화면의 배경에 시계를 표시하는 「TIME」 모드를 채용했다.

게임&워치 플래그맨

발매일 / 2009년 7월 15일　가격 / 200포인트

게임&워치의 「플래그맨」을 충실히 재현했다. 플래그맨이 표시하는 숫자를 순번대로 누르는 기억력 게임 및 같은 숫자의 깃발을 올리는 반사신경 게임의 2가지를 플레이할 수 있다. 데모화면에 「TIME」 모드 채용.

게임&워치 버민

발매일 / 2009년 7월 15일　가격 / 200포인트

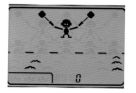

게임&워치의 「버민」을 충실히 재현했다. 양손에 해머를 가진 캐릭터를 좌우로 움직여 땅속에서 나오는 두더지를 때리는데 게임B에서는 난이도가 올라간다. 데모화면의 배경에 시계를 표시하는 「TIME」 모드 채용.

게임&워치 저지

발매일 / 2009년 7월 15일　가격 / 200포인트

게임&워치의 「저지」를 충실히 재현했다. 2가지 숫자의 크고 작음으로 공격과 방어를 겨루는데 숫자가 큰 쪽이 상대를 해머로 때린다. 게임B는 2인 대전이며, 데모화면의 배경에 시계를 표시하는 「TIME」 모드 채용.

일렉트로 플랑크톤 레크레크

발매일 / 2009년 7월 22일　가격 / 200포인트

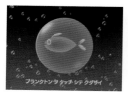
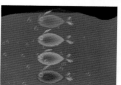

전자 플랑크톤 「레크레크」와 플레이하는 소프트. 레크레크 4마리가 사람의 음성과 소리를 받아들여 배경음악에 맞추어 재생된다. 하우스와 팝 등 8가지 리듬으로 변경할 수 있고 속도를 바꾸는 것도 가능하다.

일렉트로 플랑크톤 히카리노와

발매일 / 2009년 7월 22일　가격 / 200포인트

전자 플랑크톤 「히카리노와」와 플레이하는 소프트. 히카리노와 5마리를 터치펜으로 돌리면 아름다운 화음을 연주한다. 소리와 빛이 겹치면 더 아름다워지고, DS 여러 대를 활용하면 입체적인 소리를 즐길 수 있다.

움직이는 메모장 Version2.1

발매일 / 2009년 7월 29일　가격 / 무료

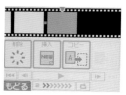

「움직이는 메모장」을 버전업 했다. 통신 방법이 바뀌어 혼잡할 때도 작품의 투고가 쾌적해졌다. 또한 「움직이는 메모 시어터」에서 직접 느낌표 ID를 만들 수 있게 된 점 등 세세한 개선이 이루어졌다.

카드 히어로
스피드 배틀 커스텀

발매일 / 2009년 7월 29일　가격 / 800포인트

DS판 『고속 카드 배틀 카드 히어로』의 배틀만 플레이할 수 있다. 카드를 모아서 배틀을 하는데 센터몰에서 CPU 배틀러와의 대결, 온라인 연결로 전국 배틀러와의 대전도 지원했다. DS판과 연동하면 특전을 받을 수도.

게임&워치 쉐프

발매일 / 2009년 7월 29일　가격 / 200포인트

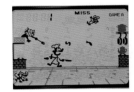 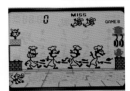

게임&워치의 『쉐프』를 충실히 재현했다. 쉐프를 좌우로 움직여 떨어지는 재료를 프라이팬으로 받는다. 게임B에서는 쥐가 나타나 난이도가 올라간다. 데모화면의 배경에 시계를 표시하는 「TIME」 모드를 채용.

게임&워치 헬멧

발매일 / 2009년 7월 29일　가격 / 200포인트

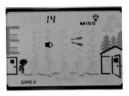 

게임&워치의 『헬멧』을 충실히 재현했다. 캐릭터를 좌우로 조작하여 떨어지는 공구를 피하면서 오른쪽에 있는 사무실로 이동시키는데 문이 닫혀 있으면 들어갈 수 없다. 데모화면의 배경에 시계를 표시하는 「TIME」 모드 채용.

포켓 루루부 홋카이도

발매일 / 2009년 7월 29일　가격 / 800포인트

여행전문지 『루루부』가 제공한 추천 정보를 볼 수 있는 소프트. 삿포로, 오타루, 하코타테, 후라노, 아사히카와 등 홋카이도의 관광지 약 400건을 수록. DSi 카메라로 찍은 사진을 「여행메모」로서 지도에 붙일 수 있다.

포켓 루루부 오키나와

발매일 / 2009년 7월 29일　가격 / 800포인트

 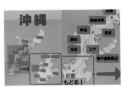

여행전문지 『루루부』가 제공한 추천 정보를 볼 수 있는 소프트. 섬 북부, 중부, 나하 주변, 남부 등 오키나와의 관광지 약 400건을 수록. DSi 카메라로 찍은 사진을 「여행메모」로서 지도에 붙일 수 있다.

퍼즐 여러 가지
월간 십자말풀이 Vol.3

발매일 / 2009년 7월 29일　가격 / 500포인트

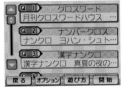 

월간 『십자말풀이 하우스 2009년 9월호』의 문제를 중심으로 「십자말풀이」 「넘버 프레이즈」 등 퍼즐 50문제를 수록. 위 화면에는 문제가 크게 표시되고 손글씨로 답을 입력할 수 있다. 시사 문제도 다수 수록.

일렉트로 플랑크톤
루미나리안

발매일 / 2009년 8월 5일　가격 / 200포인트

 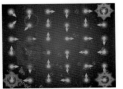

전자 플랑크톤 『루미나리안』과 플레이하는 소프트. 화살표를 터치해서 루미나리안 4마리를 움직이면 기분 좋은 소리를 연주한다. 피아노와 비브라폰, 오르골, 체스터의 4가지 악기 소리가 나온다.

일렉트로 플랑크톤 태양나비

발매일 / 2009년 8월 5일　가격 / 200포인트

전자 플랑크톤 『태양나비』와 플레이하는 소프트. 알을 놓아두면 빛나는 태양나비가 되어 소리를 낸다. 하루 주기로 조금씩 성장하는데, 심야에는 초승달이 되어 환상적인 소리를 연주한다.

게임&워치 동키콩JR.

발매일 / 2009년 8월 19일 가격 / 200포인트

게임&워치의 『동키콩JR.』를 충실히 재현했다. 주니어를 조작하여 나무줄기를 잡으면서 마리오에게 잡힌 콩을 구하러 간다. 게임B에서는 난이도가 올라간다. 데모화면의 배경에 시계를 표시하는 「TIME」 모드 채용.

게임&워치 맨홀

발매일 / 2009년 8월 19일 가격 / 200포인트

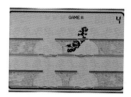

게임&워치 뉴 와이드의 『맨홀』을 충실히 재현했다. 보행자가 떨어지지 않도록 구멍 4개를 맨홀 뚜껑으로 받쳐주는데, 게임B에서는 난이도가 올라간다. 데모화면의 배경에 시계를 표시하는 「TIME」 모드 채용.

일렉트로 플랑크톤
볼보이스

발매일 / 2009년 8월 26일 가격 / 200포인트

전자 플랑크톤 「볼보이스」와 플레이하는 소프트. DSi의 마이크로 말을 하면, 목소리를 바꾸어 소리를 낸다. 2배속 기능과 외국어 같은 소리도 있고, 볼보이스를 뒤집으면 거꾸로 말하기도 한다.

닌텐도DSi 악기 튜너

발매일 / 2009년 9월 2일 가격 / 200포인트

DSi의 마이크로 입력한 악기의 소리를 계속해서 올바른 소리와의 오차를 표시해주는 소프트. 견본이 되는 소리를 들으면서 조율할 수 있다. 소리로 풍선을 깨는 벌룬 파이트 스타일의 미니게임 『튜너 파이트』도 수록.

게임&워치
마리오의 시멘트 공장

발매일 / 2009년 8월 19일 가격 / 200포인트

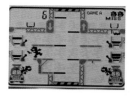

게임&워치 뉴 와이드의 『마리오의 시멘트 공장』을 충실히 재현했다. 마리오를 조작해 파이프를 열게 해서 시멘트가 넘치지 않고 레미콘 차량에 흘러가도록 한다. 데모화면의 배경에 시계를 표시하는 「TIME」 모드 채용.

일렉트로 플랑크톤
마린 스노우

발매일 / 2009년 8월 26일 가격 / 200포인트

전자 플랑크톤 「마린 스노우」와 플레이하는 소프트. 마치 눈의 결정체처럼 아름다운 마린 스노우 35마리를 터치하면 회전하면서 소리를 낸다. 피아노, 실로폰, 오르골, 차임 소리가 수록되었다.

닌텐도DSi 메트로놈

발매일 / 2009년 9월 2일 가격 / 200포인트

설정한 비트와 템포로 소리를 내면서 리듬을 맞추는 디지털 메트로놈. 녹음한 소리를 템포로 설정할 수도 있다. 손 박자 등으로 마리오를 점프시키는 동키콩 스타일의 미니게임 『동키 메트로놈』도 수록.

아아 무정 세츠나

발매일 / 2009년 9월 2일 가격 / 500포인트

대량으로 발사되는 총알을 피하면서 고득점을 노리는 종스크롤 슈팅 게임. 적기의 출현 순서가 고정인 「패턴 모드」와 출현이 변화하는 「랜덤 모드」가 있다. 온라인 연결로 플레이 영상을 공유할 수도 있다.

퍼즐 여러 가지
월간 십자말풀이 Vol.4

발매일 / 2009년 9월 2일 가격 / 500포인트

월간 「십자말풀이 하우스 2009년 10월호」의 문제를 중심으로 「십자말풀이」, 「넘버 프레이즈」 등 퍼즐 50문제를 수록했다. 위 화면에는 문제가 크게 표시되고 손글씨로 답을 입력할 수 있다. 시사 문제도 다수 수록.

오늘부터 시작하는 페이스닝
얼굴 트레이닝 미니1 가뿐한 작은 얼굴 코스

발매일 / 2009년 9월 9일 가격 / 500포인트

얼굴 근육을 트레이닝해서 아름다움을 갈고 닦는다는 미용 소프트. 3가지 페이스닝을 수록하여 표정 측정과 매일의 기록을 남길 수 있다. 지방이 붙기 쉬운 턱과 턱밑을 정리하여 작은 얼굴이 되도록 훈련한다.

오늘부터 시작하는 페이스닝
얼굴 트레이닝 미니2 멋진 미소 코스

발매일 / 2009년 9월 9일 가격 / 500포인트

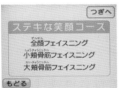

얼굴 근육을 트레이닝해서 아름다움을 갈고 닦는다는 미용 소프트. 3가지 페이스닝을 수록하여 표정 측정과 매일의 기록을 남길 수 있다. 눈 주변과 턱을 부드럽게 움직여서 멋진 미소를 훈련한다.

오늘부터 시작하는 페이스닝
얼굴 트레이닝 미니3 동안 코스

발매일 / 2009년 9월 9일 가격 / 500포인트

얼굴 근육을 트레이닝해서 아름다움을 갈고 닦는다는 미용 소프트. 3가지 페이스닝을 수록하여 표정 측정과 매일의 기록을 남길 수 있다. 입 주변과 가슴 주변을 정돈하여 동안이 되도록 훈련한다.

오늘부터 시작하는 페이스닝
얼굴 트레이닝 미니4 눈과 입의 건강 코스

발매일 / 2009년 9월 9일 가격 / 500포인트

얼굴 근육을 트레이닝해서 아름다움을 갈고 닦는다는 미용 소프트. 3가지 페이스닝을 수록하여 표정 측정과 매일의 기록을 남길 수 있다. 눈 근육, 혀 근육, 상안검근 등을 단련하여 눈과 입의 건강을 지킨다.

오늘부터 시작하는 페이스닝
얼굴 트레이닝 미니5 얼굴의 재생 코스

발매일 / 2009년 9월 9일 가격 / 500포인트

얼굴 근육을 트레이닝해서 아름다움을 갈고 닦는다는 미용 소프트. 3가지 페이스닝을 수록하여 표정 측정과 매일의 기록을 남길 수 있다. 밝은 표정과 올바른 자세로 아름다운 표정을 만들기 위해 훈련한다.

놀 수 있는 그림책 마인드 텐

발매일 / 2009년 9월 16일 가격 / 500포인트

코인을 나열하여 서로의 영역을 예측하면서 플레이하는 보드게임. 카드로 코인을 움직여 상대의 코인 색상을 찾아내고 코인 숫자로 득점을 겨룬다. 무선통신으로 최대 4인 대전을 지원한다.

퍼즐 여러 가지
월간 십자말풀이 Vol.5

발매일 / 2009년 9월 30일 가격 / 500포인트

월간 「십자말풀이 하우스 2009년 11월호」의 문제를 중심으로 「십자말풀이」, 「넘버 프레이즈」 등 퍼즐 50문제를 수록. 위 화면에는 문제가 크게 표시되고 손글씨로 답을 입력할 수 있다. 시사문제도 다수 수록.

수면 기록 알람시계

발매일 / 2009년 10월 7일 가격 / 200포인트

알람시계를 설정해놓으면 자동으로 수면시간을 기록하여 수면 취향을 알 수 있다. 평균 수면시간과 쾌적한 수면의 양 등 그래프를 보면서 체크하는데, 알람이 울릴 때는 현재 시각을 음성으로 알려준다.

마리오 vs 동키콩 미니미니 재행진!

발매일 / 2009년 10월 7일 가격 / 800포인트

장난감 마리오를 목적지까지 이끄는 액션 퍼즐 게임. 블록 등의 장치를 이용하면서 길을 만들어간다. 총 100스테이지가 있는데, 스테이지 8개마다 동키콩과 대결한다. 자작 스테이지를 온라인으로 배포할 수도 있었다.

포켓 루루부 요코하마 가마쿠라

발매일 / 2009년 10월 21일 가격 / 800포인트

여행정보지 「루루부」가 제공한 추천 정보를 볼 수 있는 소프트. 요코하마와 가마쿠라의 관광지 약 400건을 수록했다. DSi 카메라로 찍은 사진을 「여행 메모」로서 지도에 붙일 수도 있다.

Art Style 시리즈: DIGIDRIVE

발매일 / 2009년 11월 4일 가격 / 500포인트

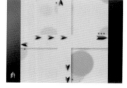

교차로를 지나가는 3종류의 화살표를 유도해서 코어의 높이를 겨루는 액션 게임. 같은 색상의 화살표 5개를 겹쳐서 나타나는 스톡 도형의 에너지를 사용해 듀얼 코어를 상승시켜 나간다. 2인 대전도 지원.

카메라로도 쓸 수 있는 일본영국프랑스독일스페인이탈리아다 합쳐 단어 번역사전

발매일 / 2009년 10월 7일 가격 / 500포인트

손글씨, 키보드, 카메라로 문자 인식을 지원하는 6개 국어 사전. 검색한 단어나 조사하고 싶은 단어를 터치펜으로 선택하면, 6개 국어의 번역이 한 번에 표시된다. 화면의 문자도 인식 가능하다.

포켓 루루부 오사카

발매일 / 2009년 10월 21일 가격 / 800포인트

여행정보지 「루루부」가 제공한 추천 정보를 볼 수 있는 소프트. 오사카역과 우메다, 신사이바시, 도톤보리, 난바 등 오사카의 관광지 약 400건을 수록. DSi 카메라로 찍은 사진을 「여행 메모」로서 지도에 붙일 수도 있다.

퍼즐 여러 가지 월간 십자말풀이 Vol.6

발매일 / 2009년 10월 28일 가격 / 500포인트

월간 「십자말풀이 하우스 2009년 12월호」의 문제를 중심으로 「십자말풀이」, 「넘버 프레이즈」 등 퍼즐 50문제를 수록. 위 화면에는 문제가 크게 표시되고 손글씨로 답을 입력할 수 있다. 시사문제도 수록되었고 경품도 있다.

패널 연결 3분 로켓

발매일 / 2009년 11월 11일 가격 / 500포인트

패널을 연결해서 로켓을 쏘아 올리는 퍼즐 게임. 터치펜으로 패널을 회전 및 반전시켜서 라인을 연결하고 에너지를 로켓에 공급한다. 3분 이내 발사 및 100문제 이상의 퍼즐을 푸는 2가지 모드가 있다.

생각 외로 본격적 미술교실 전기

발매일 / 2009년 11월 18일 가격 / 800포인트

다양한 테마의 그림 그리기를 배우는 소프트. 연필과 붓, 팔레트 등을 이용해 터치펜으로 그린다. 기초부터 나무, 과일 등 총 6장의 초보자 레슨을 수록했다. 미니 레슨에서는 과제에 도전할 수 있다.

생각 외로 본격적 미술교실 후기

발매일 / 2009년 11월 18일 가격 / 800포인트

전기에서 발전된 버전. 색상을 섞는 방법 등 보다 실제적인 미술 테크닉을 배울 수 있다. 꽃, 동물, 풍경화 등 4가지 레슨을 받으면 표현주의 기법 등을 사용한 분위기 있는 그림을 그릴 수 있다.

노려서 쑤욱!

발매일 / 2009년 11월 25일 가격 / 200포인트

귀신 얼굴에 폭탄을 쑤욱 넣어서 퇴치하는 액션 퍼즐 게임. 터치펜으로 다이얼을 돌려 방향을 선택하면 귀신의 입을 향해 폭탄이 던져진다. 벽과 장애물을 잘 이용하는 것이 중요하다.

명경국어 간편사전

발매일 / 2009년 11월 25일 가격 / 800포인트

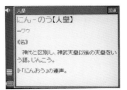 

터치펜 조작으로 조사할 수 있는 일본어 7만 개를 수록한 사전 소프트. 「히라가나」 「가타가나」 「알파벳/숫자」에 더해 「한자」도 손글씨 입력 및 검색이 가능하다. 어려운 한자 읽는 방법, 사자성어 등의 퀴즈도 수록.

며칠 남았지?를 계산하는 닌텐도DSi 달력

발매일 / 2009년 12월 2일 가격 / 200포인트

이벤트를 등록하고 이벤트가 가까워오면 카운트다운으로 알려주는 달력 소프트. 손글씨와 정형 이벤트 두 종류 중에서 달력 등록을 할 수 있다. 자신만의 오리지널 달력을 만들 수도 있다.

회전 일러스트 퍼즐 빙글빙글 로직

발매일 / 2009년 12월 2일 가격 / 500포인트

 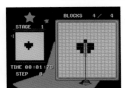

견본과 일치하도록 블록을 나열하는 퍼즐 게임. 포대에서 블록을 발사하여 회전시키거나 지우면서 그림을 완성시켜 나간다. 일반적 「퍼즐」 모드와 「타임 어택」 모드가 있다.

캇파도

발매일 / 2009년 12월 9일 가격 / 500포인트

터치펜으로 그은 라인을 따라 걷는 캇파를 목적지인 호수까지 이끄는 액션 게임. 가는 길은 아이캇파가 돕는다. 타이틀 화면의 '캇파의 바다'에는 서브 게임과 쇼핑이 가능한 「캇파의 자리」 입구가 존재한다.

사진으로 격투! 포토 파이터X

발매일 / 2009년 12월 16일 가격 / 200포인트

DSi 카메라로 찍은 자신만의 파이터를 만들어 격투 게임을 즐기는 소프트. 목소리와 포즈, 이름, 배경을 등록할 수 있다. 계속해서 나타나는 100명의 적과 싸우는 1인용 모드와 2인 대전 모드가 있다.

포켓 루루부 고베

발매일 / 2009년 12월 24일 가격 / 800포인트

여행정보지 「루루부」가 제공한 추천 정보를 볼 수 있는 소프트. 고베 중심부, 아시야, 타카라즈카, 롯코 등 고베의 관광지 약 400건을 수록했다. DSi 카메라로 찍은 사진을 「여행 메모」로서 지도에 붙일 수도 있다.

포켓 루루부 나고야

발매일 / 2009년 12월 24일 가격 / 800포인트

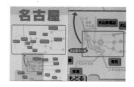

여행정보지 「루루부」가 제공한 추천 정보를 볼 수 있는 소프트. 나고야 중심부, 이누야마역 주변, 토요타 등 나고야의 관광지 약 400건을 수록했다. DSi 카메라로 찍은 사진을 「여행 메모」로서 지도에 붙일 수도 있다.

지니어스 퍼스널 영일 간편사전

발매일 / 2010년 1월 13일 가격 / 800포인트

전자사전용 「지니어스 영일사전 MX」를 DSi용으로 재편집. 터치펜 조작으로 영어의 의미를 조사할 수 있다. 89,000단어를 수록하여 신조어, 비즈니스 영어에도 대응하며 손글씨와 입력 패널에서의 검색도 지원한다.

지니어스 퍼스널 일영 간편사전

발매일 / 2010년 1월 13일 가격 / 800포인트

전자사전용 「지니어스 일영사전 MX」를 DSi용으로 재편집. 터치펜 조작으로 일본어의 영어 해설을 조사할 수 있다. 69,000단어를 수록하여 가타가나와 구어적 표현에도 대응한다. 손글씨와 입력 패널에서의 검색도 지원.

리플렉트 미사일

발매일 / 2010년 1월 20일 가격 / 500포인트

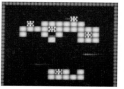

벽과 블록(적)에 부딪치면 반사되어 돌아오는 미사일로 블록을 부수는 게임. 미사일의 발사 횟수 이내에 모든 블록을 격파하면 클리어가 된다. 빨강, 파랑, 녹색의 3종류 스테이지가 총 200개 이상 준비되어 있다.

불태우는 퍼즐 프레임 테일

발매일 / 2010년 1월 27일 가격 / 500포인트

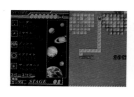

우주에서 소각선을 조작하여 화염으로 우주 쓰레기(블록)를 태우는 퍼즐 게임. 블록이 화면 아래로 가기 전에 쓰레기를 소각하면서 목적지로 가야 한다. 출발지는 지구이며 화성과 목성 등의 혹성으로 나아간다.

거의 매일 노선도 2010 전국 7지역 + 신칸센 지도

발매일 / 2010년 2월 3일 가격 / 500포인트

「거의 일본 노선도2009」의 업데이트판. 센다이와 히로시마가 추가되었고 도쿄 근교의 수록 범위가 늘어났다. 간사이 지역의 노선도가 정리되어 신칸센 지도도 추가됐다. 「2009」 소유자는 무료로 업데이트 가능.

스타십 디펜더

발매일 / 2010년 2월 10일 가격 / 500포인트

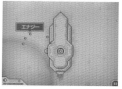

자군의 함대 곳곳에 무기를 배치하여 적을 요격하는 시뮬레이션 게임. 편대를 짜서 침공하는 적을 물리치고 에너지를 회수해야 하는데, 함대를 지키면서 보스를 물리치면 클리어가 된다. 설계도를 닮은 그래픽이 특징.

포켓 루루부 이즈 하코네
발매일 / 2010년 2월 24일 가격 / 800포인트

여행정보지 「루루부」가 제공한 추천 정보를 볼 수 있는 소프트. 하코네유모토, 코우라, 아타미, 이토 등 하코네와 이즈의 관광지 약 400건을 수록했다. DSi 카메라로 찍은 사진을 「여행 메모」로서 지도에 붙일 수도 있다.

포켓 루루부 신슈
발매일 / 2010년 2월 24일 가격 / 800포인트

 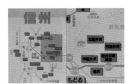

여행정보지 「루루부」가 제공한 추천 정보를 볼 수 있는 소프트. 카루이자와, 마츠모토, 아즈미 주변, 키타신슈 등 신슈의 관광지 약 400건을 수록했다. DSi 카메라로 찍은 사진을 「여행 메모」로서 지도에 붙일 수도 있다.

입체 숨은그림찾기 있다, 이거다
발매일 / 2010년 3월 3일 가격 / 500포인트

입체의 숨은 그림을 다양한 각도에서 봐서 숨어 있는 그림과 문자를 찾아내는 게임. DSi를 세로로 세우면 보는 방법이 변경된다. 옛날이야기에서 가져온 스테이지가 있으며 캐릭터와 이야기를 나누며 진행한다.

쓰고 기억하는 영어 단어장
발매일 / 2010년 3월 17일 가격 / 200포인트

영어 단어와 일본어 뜻을 터치펜으로 써서, 오리지널 영어 단어장을 편집할 수 있는 소프트. 100×14권(1,400문제)를 기록할 수 있다. 일본어, 영어, 프랑스어, 독일어 등 6개 국어 외에 화학식에도 대응.

쓰고 기억하는 사진 단어장
발매일 / 2010년 3월 17일 가격 / 200포인트

DSi 카메라로 노트와 교과서 등을 찍어서 외우고 싶은 부분을 가리고 오리지널 단어장을 만들 수 있다. 20×10권(300문제) 분량을 기록할 수 있다. 가리기 문제가 연속으로 나오는 「트레이닝」 모드 및 「도전」 모드 수록.

DS 마음 컬러링
발매일 / 2010년 4월 7일 가격 / 500포인트

 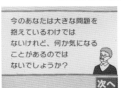

자신이 색칠한 그림을 바탕으로 심리 상태와 심층 심리를 분석해주는 소프트. 분석 결과를 바탕으로 조언을 듣거나 자신이 사용한 색상이 가진 효용을 알 수 있다. 색으로 마음을 건강하게 해준다는 「마음 컬러링」도 수록.

거의 매일 건강수첩
발매일 / 2010년 4월 21일 가격 / 0포인트(무료)

자신의 건강 상태와 병의 정보 등을 기록하는 소프트. 약과 백신, 신체검사 등의 정보 를 기록해서, 진찰 전 의사에게 보여주면 적절한 조치를 받기 쉽다. 가볍게 가지고 다니며 확인 및 갱신을 할 수 있다.

만들어 노래하는 원숭이 밴드
발매일 / 2010년 4월 28일 가격 / 800포인트

입력한 가사와 테마를 바탕으로 원숭이 왕자 「사루노」가 작곡과 노래를 한다. 작곡은 「장르와 곡조에서 제작」「처음부터 가사 제작」「왕자가 즉흥곡을 제작」 중에서 고를 수 있다. 길이는 약 1분, 최대 120곡까지 보존 가능.

X-RETURNS

발매일 / 2010년 6월 30일 가격 / 800포인트

GB판 『X(엑스)』의 속편. 전작에서 20년 후 세계가 무대인 3D 슈팅 게임으로, 우주 전투 탱크를 조종하여 각 혹성에서의 미션을 수행한다. 『터널 모드』와 『올 레인지 모드』가 있다.

터치로 기억하는 백인일수
조금 DSi 시구레덴

발매일 / 2010년 11월 4일 가격 / 500포인트

초보자라도 즐길 수 있는 백인일수. 규칙과 어휘로 구절을 외우면 실제로 가인과 실전 형식으로 플레이하게 된다. 제한 시간 안에 많은 패를 잡는 『선취』 『5개의 카루타 퀴즈』 등을 수록했으며 자동 낭독 기능도 있다.

자기가 만드는 닌텐도DS
가이드

발매일 / 2010년 11월 17일 가격 / 무료

찍은 사진과 음성을 조합하면 간단하게 가이드 소프트를 만들 수 있다. 회화 전시회에서 작품 해설을 붙이거나 상점에서 추천 상품을 소개하는 것도 가능하다. DSi를 한 대 더 쓰면 다른 DS로 배포할 수도 있다.

젤다의 전설 4개의 검
25주년 에디션

발매일 / 2011년 9월 28일 가격 / 무료

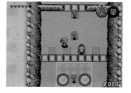

GBA판 『젤다의 전설 4개의 검』을 혼자 플레이할 수 있도록 개량한 것. 1인용은 링크 2명을 조작한다. 『신들의 트라이포스』 등에서 따온 지도를 플레이하고, 클리어 후에는 추억의 대지가 등장한다. 2~4인 플레이도 지원.

카메라로 플레이하는
얼굴 글라이더

발매일 / 2010년 7월 28일 가격 / 500포인트

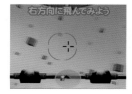
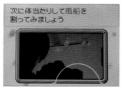

카메라에 얼굴 위치를 인식시켜 얼굴 또는 DSi를 움직여서 행글라이더를 조작한다. 풍선을 터뜨리거나 숨겨진 메달을 모으면서 목적지로 향하는데, 조작할 때는 화면 아래에 자기 얼굴이 나온다. 행글라이더는 4종류.

스카이점퍼 솔

발매일 / 2010년 11월 10일 가격 / 200포인트

태양의 아이 『솔』을 조작해서 우주를 향해 날아오르는 액션 게임. 늘어나고 줄어드는 팔로 하늘에 떠 있는 『그래플 포인트』를 잡아 날아오른다. 스테이지에는 다수의 기믹이 등장하여 가는 길을 방해한다.

닌텐도3DS로 이사하기

발매일 / 2011년 6월 7일 가격 / 무료

DSi와 DSi LL에서 구입한 DSi웨어를 3DS와 3DS LL로 옮기는 소프트. 인터넷 환경이 필수로 사진과 음성 데이터도 옮길 수 있다. 데이터 이동 중에는 3DS의 화면에 피크민이 아이콘을 옮기는 애니메이션이 등장한다.

광고지 갤러리

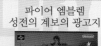

파이어 엠블렘
트라키아776의 광고지

파이어 엠블렘
성전의 계보의 광고지

닌텐도DS 전용 AC 어댑터

발매일 / 2005년 3월 24일 가격 / 1,500엔 모델 / NTR-002

DS 전용 AC 어댑터. 본체에 동봉되어 있는 것과 같다. 패키지는 초기형과 후기형이 있다.

무선 USB 커넥터

발매일 / 2005년 11월 23일 가격 / 3,500엔 모델 / NTR-010

DS와 Wii를 닌텐도 온라인 커넥션에 연결하기 위한 USB 기기. 무선 랜 공유기와 무선 IP가 없는 환경에서 PC의 USB 단자에 꽂아서 사용한다.

DS 진동팩

발매일 / 2006년 3월 2일 가격 / 1,200엔 모델 / NTR-008

DS에 진동 기능을 추가하는 팩. 진동팩 대응 소프트에서 작동하고 DSi와 DSi LL(XL)에서는 사용 불가. 『메트로이드 프라임 핀볼』에 동봉되었으며 닌텐도 온라인에서만 단품 판매되었다.

닌텐도DS Lite 전용 AC 어댑터

발매일 / 2006년 3월 11일 가격 / 1,500엔 모델 / USG-002

닌텐도 DS Lite 전용 AC 어댑터. 본체에 동봉된 것과 동일하다.

닌텐도DS Lite 전용
AC 어댑터 독일 버전

발매일 / 2006년 4월 20일 가격 / 1,500엔 모델 / USG-002(EUR)

『여행의 가리키기 회화수첩 DS』 시리즈를 사용하는 해외 유저용 AC 어댑터. 닌텐도 온라인에서 DS, DS Lite, DSi 각각의 중국, 한국, 독일 사양을 판매했다. ※중국 사양 닌텐도DSi 전용 AC 어댑터만 2008년 12월 발매.

DS Lite 진동팩

발매일 / 2006년 5월 29일 가격 / 1,200엔 모델 / USG-006

DS Lite에 진동 기능을 추가하는 팩으로 진동팩 대응 소프트에서 작동. 본체의 모양에 맞추어 『DS 진동팩』보다 작아졌지만 「DSi」와 「DSi LL(XL)」에서는 쓸 수 없다. 닌텐도 온라인에서만 판매되었다.

닌텐도DS 헤드셋

발매일 / 2006년 9월 14일 가격 / 1,200엔 모델 / NTR-019

닌텐도 온라인 커넥션에서 음성 채팅을 쾌적하게 할 수 있는 헤드셋. 대응 소프트에서만 쓸 수 있으며 플레이에 집중하면서 멀리 있는 사람과 대화할 수 있다는 것이 장점이다.

닌텐도DS 시리즈 전용 클리너 세트

발매일 / 2006년 11월 23일 가격 / 1,000엔 모델 / NTR-015, AGB-023, NTR-020

게임 소프트 및 DS 본체 칩 단자에 붙은 먼지 등을 청소하는 클리너 세트. 전용 클리너 케이스에 DS 클리너와 GBA 클리너가 들어 있다.

닌텐도DS 시리즈 전용 자석 스탠드

발매일 / 2006년 12월 7일 가격 / 1,200엔 모델 / NTR-022

DS와 DS Lite 전용 스탠드, 본체 각도를 4단계로 조정할 수 있고 자석으로 테이블과 냉장고의 금속 부분에 고정할 수 있다. DSi와 DSi LL(XL)에서는 쓸 수 없으며, 끈이 달린 터치펜(NTR-024)이 동봉되었다.

생활리듬계 녹색

발매일 / 2008년 11월 1일 가격 / 1,800엔 모델 / 불명

『걸어서 아는 생활리듬 DS』 전용 만보계. 액정화면은 없지만 램프의 색상으로 자신의 보행 기록을 알 수 있다. DS 소프트와 연동되기 때문에 단독으로는 쓸 수 없다.

닌텐도DS 전용 배터리팩

발매일 / 2004년 12월 4일 가격 / 1,700엔 모델 / NTR-003

단품 판매된 DS 전용 배터리팩. 심플한 백색 패키지에 들어 있다.

닌텐도DSi 전용 배터리팩

발매일 / 2008년 11월 1일 가격 / 2,000엔 모델 / TWL-003

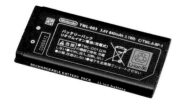

단품 판매된 DSi 전용 배터리팩. 심플한 백색 패키지에 들어 있다.

원세그 수신 어댑터 DS TV

발매일 / 2007년 11월 20일 가격 / 6,800엔 모델 / NTR-016

한국의 DMB에 해당하는 일본의 디지털 TV 방송 '원세그'를 DS/DS Lite에서 시청하기 위한 어댑터. 조작은 터치펜으로 하고 위 화면에는 TV, 아래 화면에 조작 및 도구가 표시된다. 한국에서는 서비스되지 않는다.

닌텐도DSi 전용 AC 어댑터

발매일 / 2008년 12월 가격 / 1,500엔 모델 / WAP-002(JPN)

DSi 전용 AC 어댑터. 본체에 동봉된 것과 동일하다. DSi LL(XL), 3DS, 3DS LL(XL)에서도 사용 가능하며 「닌텐도 온라인 네트워크 어댑터」에도 쓸 수 있다.

닌텐도DS Lite 전용 배터리팩

발매일 / 2006년 3월 2일 가격 / 2,000엔 모델 / USG-003

단품 판매된 DS Lite 전용 배터리팩. 심플한 백색 패키지에 들어 있다.

닌텐도DSi LL(XL) 전용 배터리팩

발매일 / 1990년 11월 21일 가격 / 2,000엔 모델 / UTL-003

단품 판매된 DSi LL(XL) 전용 배터리팩. 심플한 백색 패키지에 들어 있다.

SD카드 512MB

발매일 / 2006년 12월 2일(2GB: 2009년 3월, 8GB/16GB: 2011년 12월) 가격 / 3,800엔 모델 / RVL-020

DSi와 DSi LL(XL), Wii의 데이터를 추가 및 보존하기 위한 미디어로 512MB 외에 2GB, 8GB, 16GB 모델이 있다. 일반 SD / SDHC카드와 기능은 같다.

Panasonic Q(SL-GC10)

발매일 / 2001년 12월 14일 가격 / 39,800엔

DVD 재생 기능을 가진 게임큐브의 호환기. 프론트 패널이 거울이고, 파나소닉 로고가 들어간 컨트롤러와 리모콘이 동봉되었다. 하지만 PS2가 시장을 석권했었고 본체 가격이 비쌌기 때문에 보급은 미미했다.

패미컴 디스크의 경품

1987~1988년에 열렸던 디스크 시스템의 게임대회 등에서 뿌려진 상품들을 소개한다. 디스크 팩스 대응 디스크 카드는 일반적인 황색카드와는 다른 청색카드다. 유저가 게임 스코어 등의 세이브 데이터를 디스크팩스 설치점으로 가져가면 닌텐도에 데이터를 보낼 수 있었다. 약 2~3개월의 행사 기간 중에 참가하여 전국 플레이어와 스코어를 경쟁한다. 랭킹이 발표되고 호화 상품도 있었기에 전 연령의 플레이어가 열기를 띠었다. 상위 입상자에게 트로피와 방패, 이름이 들어간 호화로운 오리지널 골드 디스크 등이 증정되었다.

청색 디스크

일반적인 황색 디스크와 다른 셔터가 달린 청색 디스크. 황색 디스크로는 덮어쓸 수 없다. 총 6개 타이틀인데 『리사의 요정 전설』만 디스크팩스에 대응하지 않는다.

『골프 JAPAN 코스』 골드 디스크 카드

오리지널 코스가 들어간 골드 디스크 카드. 『골프 JAPAN 코스』가 추첨으로 5,100명에게 증정했다. 디스쿤 케이스에 들어 있다.

『펀치아웃!!(골드팩)』

『골프 US 코스』가 추첨으로 1만 명에게 증정한 금색 『펀치아웃!!』. 나중에 마이크 타이슨의 이름으로 시판되었다.

디스쿤에 들어간 게임&워치

『패미컴 그랑프리 F1 레이스』가 추첨으로 1만 명에게 증정한 오리지널 게임워치. 해외에서만 판매된 게임&워치판 『슈퍼마리오』를 이식했다.

『나카야마 미호의 두근두근 하이스쿨』 경품

게임 엔딩에서 굿 엔딩이라면 전화카드를 증정, 베스트 엔딩은 추첨을 통해 8,000명에게 오리지널 비디오를 증정했다.

디스쿤에 들어간 문구용품

『패미컴 그랑프리II 3D 핫 랠리』의 상위 1만 명에게 증정되었던, 디스쿤에 들어간 문방구 세트.

닌텐도DS 포케파크 한정모델
포케파크 버전 메탈릭 블루
발매일 / 2005년 5월 가격 / 15,000엔

포케파크에서 한정 판매되었던 오리지널 DS. 본체 표면에 포케파크의 로고, 안쪽에 피카츄의 실루엣이 그려져 있다. 2005년 7월 22일 포켓몬센터에서 재판매되었다.

닌텐도DS 토이저러스 한정모델
토이저러스 골드
발매일 / 2005년 11월 16일 가격 / 14,999엔

토이저러스 한정으로 판매된 오리지널 색상의 DS. 지금까지 많은 오리지널 색상을 판매한 토이저러스의 마지막 한정 색상이 되었다.

닌텐도DS
NTT 서일본 캠페인 경품 플래티넘 실버
발매일 / 2005년 4월 가격 / 비매품

NTT 서일본 캠페인 제1탄 '오리지널 이치로 굿즈 프레젠트'의 상품. 기간 중에 인터넷 서비스인 B브렛츠(혹은 브렛츠 ADSL)에 신규 가입한 100명에게 이치로 로고와 사인이 들어간 DS와 소프트 5개를 증정.

닌텐도DS 뮤 에디션 뮤 퍼플
발매일 / 2005년 7월 8일 가격 / 15,000엔

포켓몬센터에서 한정 판매되었던 오리지널DS. 본체의 앞과 안쪽에 뮤의 실루엣이 그려져 있다. 극장판「포켓몬스터 뮤와 파도의 용자 루카리오」의 개봉 기념으로 만들어졌다고 한다.

닌텐도DS 『일렉트로 플랑크톤』전
아케이드 경품 플래티넘 실버
발매일 / 2005년 4월 가격 / 비매품

2005년 4월 8일부터 4월 14일까지 라포레 하라주쿠에서 열렸던 「이와이 토시오 일렉트로 플랑크톤전」에서 10명에게 증정된 이와이 토시오 디자인의 DS. 설문지 작성자 중 추첨을 통해 증정했다.

닌텐도DS 펩시
『Get! 닌텐도DS 캠페인』 경품 펩시 블루
발매일 / 2005년 7월 가격 / 비매품

펩시와 닌텐도의 공동 캠페인 상품. 펩시 오리지널 디자인의 수납 케이스에 이어폰과 오리지널 디자인의 DS가 들어 있다. 응모권 7장으로 응모할 수 있었으며 추첨을 통해 1,000명에게 증정되었다.

닌텐도DS
HOT SUMMER DONKEY 플래티넘 실버
발매일 / 2005년 10월 가격 / 비매품

클럽 닌텐도의 캠페인 상품. 동키가 그려진 DS에는 원하는 문자를 새길 수 있었다. 패키지는 기존 DS 본체에 덮어씌우는 슬리브 방식으로 시리얼 넘버가 들어 있다. 추첨으로 200명에게 증정되었다.

닌텐도DS
HOT SUMMER PEACH 캔디 핑크
발매일 / 2005년 10월 가격 / 비매품

클럽 닌텐도의 캠페인 상품. 피치 공주가 그려진 DS에는 원하는 문자를 새길 수 있었다. 패키지는 기존 DS 본체에 덮어씌우는 슬리브 방식으로 시리얼 넘버가 들어 있다. 추첨으로 200명에게 증정되었다.

닌텐도DS
HOT SUMMER MARIO 퓨어 화이트
발매일 / 2005년 10월 가격 / 비매품

클럽 닌텐도의 캠페인 상품. 마리오가 그려진 DS에는 원하는 문자를 새길 수 있었다. 패키지는 기존 DS 본체에 덮어씌우는 슬리브 방식으로 시리얼 넘버가 들어 있다. 추첨으로 200명에게 증정되었다.

닌텐도DS
HOT SUMMER KOOPA 그라파이트 블랙
발매일 / 2005년 10월 가격 / 비매품

클럽 닌텐도의 캠페인 상품. 쿠파가 그려진 DS에는 원하는 문자를 새길 수 있었다. 패키지는 기존 DS 본체에 덮어씌우는 슬리브 방식으로 시리얼 넘버가 들어 있다. 추첨으로 200명에게 증정되었다.

닌텐도DS
HOT SUMMER YOSSI 타쿼이즈 블루
발매일 / 2005년 10월 가격 / 비매품

클럽 닌텐도의 캠페인 상품. 요시가 그려진 DS에는 원하는 문자를 새길 수 있었다. 패키지는 기존 DS 본체에 덮어씌우는 슬리브 방식으로 시리얼 넘버가 들어 있다. 추첨으로 200명에게 증정되었다.

닌텐도DS
클럽 닌텐도 연하장 세뱃돈 경품 클럽 닌텐도 블루
발매일 / 2006년 1월 가격 / 비매품

클럽 닌텐도의 이벤트 경품. 교환경품인 오리지널 디자인 연하장 5종류에 인쇄된 6자리 추첨번호에 의해 35명에게 증정되었다. 유럽판 블루와 같은 색상의 본체에 클럽 닌텐도의 로고가 새겨져 있다.

닌텐도DS
『BLEACH』 호정 13대 오리지널 버전 퓨어 화이트

발매일 / 2006년 4월　가격 / 비매품

DS 소프트 『BLEACH DS 창천을 달리는 운명』(세가)의 캠페인 상품. 응모권을 보내면 추첨을 통해 50명에게 일러스트가 들어간 특제 DS를 증정했다. 같은 시기 『주간 소년점프』도 3명에게 증정했다.

닌텐도DS
『키라링 레볼루션』 사양 캔디 핑크

발매일 / 2006년 6월 9일　가격 / 비매품

잡지 『챠오 디럭스 2006년 4월호』의 '신학기 매지컬 LOVE 응원 선물'의 상품. 추첨으로 독자 5명에게 증정되었다. 본체 패널 전면에 귀여운 캐릭터 그림이 프린트되어 있다.

닌텐도DS 『니모를 찾아서 터치로 니모』 사양
니모 DS 퓨어 화이트

발매일 / 2006년 9월 16일　가격 / 비매품

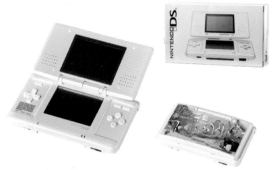

DS 소프트 『니모를 찾아서 터치로 니모』(세가)의 캠페인 상품. 설명서의 응모권을 엽서에 붙여서 응모하면, 추첨을 통해 100명에게 니모들의 실이 붙은 DS 본체를 증정했다.

닌텐도DS Lite 『파이널 판타지III』
특별사양 크리스탈 에디션 크리스탈 화이트

발매일 / 2006년 8월 24일　가격 / 22,780엔

DS 소프트 『파이널 판타지III』(스퀘어 에닉스)와 특별사양의 DS Lite 본체가 세트 구성된 한정품. 본체에는 요시다 아키히코의 일러스트와 타이틀 로고, 시리얼 넘버가 프린트되어 있다.

닌텐도DS Lite 포켓몬센터 한정모델
디아루가 펄기아 에디션 제트 블랙 & 실버

발매일 / 2006년 9월 28일　가격 / 16,800엔

포켓몬센터에서 한정 판매된 투톤 컬러의 DS Lite 본체. 『포켓몬스터 다이아몬드/펄』 발매를 기념해서 만들어진 특제 DS Lite로 「디아루가」와 「펄기아」가 프린트되어 있다.

닌텐도DS Lite 『월드 사커 위닝 일레븐 DS』
Pacco Nero 특별사양 제트 블랙

발매일 / 2006년 11월 2일　가격 / 20,790엔

DS 소프트 『월드 사커 위닝 일레븐 DS』(코나미)와 오리지널 그래픽을 프린트한 특별사양 DS Lite 본체로 오리지널 백과 함께 세트 구성된 한정품이다.

닌텐도DS Lite 『멋쟁이 마녀 러브 and 베리 ~DS 컬렉션~』 스페셜팩 노블 핑크

발매일 / 2006년 11월 22일 가격 / 23,730엔

DS 소프트 『멋쟁이 마녀 러브 and 베리 ~DS컬렉션~』(세가)과 특별사양의 DS Lite 본체, 『멋쟁이 마법 카드 리더』, 사운드트랙 CD, 오리지널 카드 10장이 세트 구성된 한정품이다.

닌텐도DS Lite 『모모타로 전철 DS TOKYO & JAPAN』 특별사양 크리스탈 화이트

발매일 / 2007년 4월 26일 가격 / 21,840엔

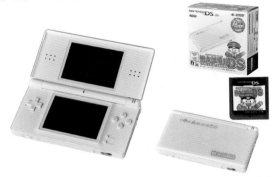

DS 소프트 『모모타로 전철 DS TOKYO & JAPAN』(허드슨)과 특별사양의 DS Lite 본체가 세트 구성된 한정품. 본체 겉면에는 모모타로 전철의 로고와 모모타로, 야샤히메 등의 캐릭터가 프린트되어 있다.

닌텐도DS Lite 『아름다운 이 세계』 특별사양 그로스 실버

발매일 / 2007년 7월 27일 가격 / 22,780엔

DS 소프트 『아름다운 이 세계』(스퀘어/에닉스)과 DS Lite 본체가 세트 구성된 한정품. 작품의 모티브와 『Wonderful World Edition』의 문자가 프린트되어 있다.

닌텐도DS Lite 『파이널 판타지XII 레버넌트 윙』 스카이 파일럿 에디션 크리스탈 화이트

발매일 / 2007년 4월 26일 가격 / 21,840엔

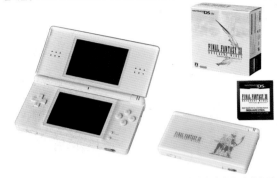

DS 소프트 『파이널 판타지XII 레버넌트 윙』(스퀘어/에닉스)과 오리지널 디자인의 DS Lite 본체가 세트 구성된 한정판. 본체 겉면에는 타이틀 로고와 캐릭터가 새겨져 있다.

닌텐도DS Lite 포켓몬센터 도쿄 한정모델 피카츄 에디션

발매일 / 2007년 7월 20일 가격 / 16,800엔

포켓몬센터 도쿄의 이전을 기념하여 「포켓몬 팬클럽」 멤버에게 판매된 한정품. 오리지널 색상의 DS Lite 본체에 피카츄의 일러스트가 들어가 있다.

닌텐도DS Lite 『SD건담 G제네레이션 크로스 드라이브』 뉴 건담 Ver. 크리스탈 화이트

발매일 / 2007년 8월 9일 가격 / 21,840엔

DS 소프트 『SD건담 G제네레이션 크로스 드라이브』(반다이)와 DS Lite 본체가 세트 구성된 한정품. 본체에는 뉴 건담 로고가 프린트되어 있다.

닌텐도DS Lite 『파이널 판타지 크리스탈 크로니클 링 오브 페이드』 특별사양 크리스탈 화이트

발매일 / 2007년 8월 23일 가격 / 21,840엔

DS 소프트 『파이널 판타지 크리스탈 크로니클 링 오브 페이드』(스퀘어·에닉스)와 DS Lite 본체가 세트 구성된 한정품. 본체는 FF 캐릭터가 디자인된 특별 사양이다.

닌텐도DS Lite baby milo EDITION 골드

발매일 / 2008년 4월 1일 가격 / 16,800엔

닌텐도의 마리오와 패션 브랜드 A BATHING APE의 캐릭터 『Baby milo (베이비 마일로)』의 콜라보로 제작된 100개 한정모델. 금색에 모노그램 무늬로 변형된 마리오와 베이비 마일로가 프린트되어 있다.

닌텐도DS Lite 포켓몬센터 한정모델 기라티나 에디션 크리스탈 화이트

발매일 / 2008년 9월 13일 가격 / 21,600엔

『포켓몬 팬클럽』에서 판매된 DS 소프트 『포켓몬스터 플래티넘』과 DS Lite 본체가 세트인 한정상품. 오리지널 사양의 패키지와 이너 박스에 들어 있는 본체에는 기라티나가 프린트되어 있다.

닌텐도DS Lite baby milo EDITION 크리스탈 화이트

발매일 / 2008년 4월 1일 가격 / 16,800엔

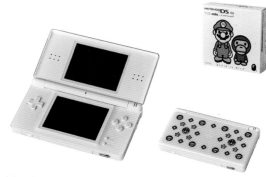

닌텐도의 마리오와 패션 브랜드 A BATHING APE의 캐릭터 『Baby milo (베이비 마일로)』의 콜라보로 제작된 600개 한정모델. 본체에는 변형된 마리오와 베이비 마일로가 프린트되어 있다.

닌텐도DS Lite 허니캠 에디션 크리스탈 화이트 & 블랙

발매일 / 2008년 4월 7일 가격 / 16,800엔

닌텐도와 허니캠의 콜라보에 의한 『DS Lite×FLAGMENT DESIGN×honeyee.com』 모델. 모노톤에 매트한 질감으로 제작되었고 honeyee.Store에서 추첨, 판매되었다.

닌텐도DS Lite 피카츄 팬클럽 버전 크리스탈 화이트

발매일 / 2006년 10월 6일 가격 / 비매품

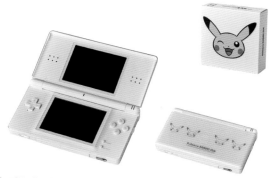

『포켓몬 팬클럽 여름방학 대작전! 2006』의 상품. 미니게임과 퀴즈에 응모하면 추첨으로 150명에게 증정되었다. DS Lite 본체에는 피카츄의 4가지 표정이 그려져 있다.

닌텐도DS Lite 점프 페스타 2007 『JUMP ULTIMATE STARS』 특별사양

발매일 / 2006년 12월 16일 가격 / 비매품

점프 페스타 2007 『JUMP ULTIMATE STARS』 챔피언십 결승 스테이지의 상품. 우승자 4명과 추첨을 통한 6명, 총 10명에게 증정되었다. 본체 패널 앞면에 타이틀과 점프의 로고가 프린트되어 있다.

닌텐도DS Lite 클럽 닌텐도 프리미엄 DS Lite 크롬 도금 사양 프리미엄 실버

발매일 / 2008년 9월 12일 가격 / 비매품

클럽 닌텐도의 프리미엄 DS Lite 선물 캠페인에서 추첨으로 1,000명에게 증정된 특별사양의 DS Lite. 본체 겉면이 프리미엄 실버 색상으로 도금되어 있는데, 대상 소프트 구입으로 응모할 수 있었다.

닌텐도DS Lite 클럽 닌텐도 프리미엄 DS Lite 크롬 도금 사양 프리미엄 로제

발매일 / 2008년 9월 12일 가격 / 비매품

클럽 닌텐도의 프리미엄 DS Lite 선물 캠페인에서 추첨으로 1,000명에게 증정된 특별사양의 DS Lite. 본체 겉면이 프리미엄 로제 색상으로 도금되어 있다.

닌텐도DS Lite 연하 오리지널 에디션 연하장 레드

발매일 / 2008년 2월 가격 / 비매품

2008년의 세뱃돈이 포함된 연하장 「연하 오리지널상」(일본우편)의 상품. 당첨자 숫자는 발표되지 않았지만, 당첨 확률은 100만 개당 4개였다고 한다.

닌텐도DS Lite 클럽 닌텐도 프리미엄 DS Lite 크롬 도금 사양 프리미엄 블랙

발매일 / 2008년 9월 12일 가격 / 비매품

클럽 닌텐도의 프리미엄 DS Lite 선물 캠페인에서 추첨으로 1,000명에게 증정된 특별사양의 DS Lite. 본체 겉면이 프리미엄 블랙 색상으로 도금되어 있다.

닌텐도DSi 『파이널 판타지 크리스탈 크로니클 에코즈 오브 타임』 크리스탈 크로니클 에디션 화이트

발매일 / 2009년 1월 29일 가격 / 23,940엔

DS 소프트 『파이널 판타지 크리스탈 크로니클 에코즈 오브 타임』과 DSi 본체가 세트 구성된 한정품. DSi 최초의 오리지널 사양 본체에는 작품의 로고인 고양이에서 따온 일러스트가 디자인되어 있다.

닌텐도DSi
『역전 검사』 PREMIUM EDITION

발매일 / 2009년 5월 28일　가격 / 23,940엔

DS 소프트『역전 검사』와 DSi 본체가 세트 구성된 한정품. 오리지널 사양의 DSi 본체에는 타이호군에서 따온 마크가 디자인되어 있다.

닌텐도DSi 『사가2 비보전설 GODDESS OF DESTINY』 SaGa 20TH ANNIVERSARY EDITION

발매일 / 2009년 9월 17일　가격 / 24,880엔

DS 소프트『사가2 비보전설 GODDESS OF DESTINY』와 DSi 본체가 세트 구성된 한정품. 오리지널 사양의 DSi 본체에는 사가 시리즈 11개 작품의 타이틀명이 새겨져 있다.

닌텐도DSi 슈퍼마리오 25주년 사양

발매일 / 2010년 10월 28일　가격 / 14,800엔

슈퍼마리오 25주년을 기념해서 판매된 한정모델. 빨간색(본체 뒷면은 검정) 본체에는 슈퍼 버섯, 파이어 플라워, 슈퍼스타가 새겨져 있는데, 세븐일레븐에서만 판매되었다.

닌텐도DSi 레시라무 제크로무 에디션 블랙
오리지널 DSi팩 『포켓몬스터 블랙』

발매일 / 2010년 11월 20일　가격 / 19,800엔

DS 소프트『포켓몬스터 블랙』과 레시라무, 제크로무가 새겨진 오리지널 디자인의 DSi 본체가 세트 구성된 한정품. 포켓몬센터에서 구입하면 파우치와 클리어 파일 등을 받을 수 있었다.

닌텐도DSi 레시라무 제크로무 에디션 화이트
오리지널 DSi팩 『포켓몬스터 화이트』

발매일 / 2010년 11월 20일　가격 / 19,800엔

DS 소프트『포켓몬스터 화이트』와 레시라무, 제크로무가 새겨진 오리지널 디자인의 DSi 본체가 세트 구성된 한정품. 포켓몬센터에서 구입하면 파우치와 클리어 파일 등을 받을 수 있었다.

닌텐도DSi LL
슈퍼마리오 25주년 사양

발매일 / 2010년 10월 28일　가격 / 18,000엔

슈퍼마리오 25주년을 기념해서 판매된 한정모델. 빨간색(본체 뒷면은 검정) 본체에는 슈퍼 버섯, 파이어 플라워, 슈퍼스타가 새겨져 있다.

게임&워치 컬렉션

발매일 / 2006년 7월 28일(교환 시작일) 가격 / 비매품

클럽 닌텐도의 경품으로 500포인트로 교환할 수 있었다. DS의 두 화면을 활용한 게임&워치의 「오일 패닉」 「동키콩」 「그린 하우스」를 수록했다. 알람도 설정할 수 있다.

게임&워치 컬렉션2

발매일 / 2008년 9월 5일(교환 시작일) 가격 / 비매품

클럽 닌텐도의 경품으로 500포인트로 교환할 수 있었다. 게임&워치의 「파라슈트(낙하산)」 「옥토퍼스」에 더해, 이들 2개를 합체한 오리지널 「파라슈트×옥토퍼스」를 수록했다. 알람도 설정할 수 있다.

자동차로 DS

발매일 / 2012년 7월 가격 / 7,329엔

 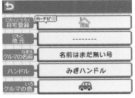

후지츠텐의 자동차 네비게이션에 들어간 DS 시리즈 대응 소프트로 네비게이션과 연동해 운전을 돕는다. 손글씨 입력을 시작으로 전국 각지의 관광 안내, 닌텐도 존의 검색, 해당지역 퀴즈 등을 플레이할 수 있다.

절규 전사 사케 브레인

발매일 / 2007년 9월 11일(교환 시작일) 가격 / 비매품

클럽 닌텐도의 경품으로 500포인트로 교환할 수 있었다. 마이크 기능을 이용한 소리로 공격과 변신이 가능한 액션 게임. 1인 플레이는 불가능하고 2~3명이 플레이해야 한다.

팅글의 벌룬 파이트DS

발매일 / 2007년 4월 18일(교환 시작일) 가격 / 비매품

2006년 클럽 닌텐도의 플래티넘 특전(Mii가 각인된 리모컨 전지 덮개를 자유 선택 가능). 패미컴판 「벌룬 파이트」의 캐릭터를 팅글로 바꾼 리메이크판으로, 두 화면과 4인 동시 다운로드 플레이에 대응한다.

닌텐도 존

발매일 / 2009년 6월 19일 가격 / 비매품

DSi와 DSi LL을 닌텐도 존 내에서 사용하면 추가되는 DSi웨어. 손글씨와 사진 등 메모 기능을 쓸 수 있는데 닌텐도 존의 서비스 영역에서는 아이콘이 반짝인다. DS와 DS Lite, 3DS에서도 다운로드 가능하다.

인터넷에 연결하면 가능한 것

발매일 / 2009년 7월 가격 / 무료

DSi와 DSi LL의 후기 출하분에 설치된 DSi웨어. DSi웨어와 구입 방법 등의 동영상을 5분가량 볼 수 있다. 3DS 시리즈로 이사하거나 데이터를 지웠을 때는 다운받을 수 없다.

버철 콘솔

과거에 발매된 게임 소프트의 일부를 Wii와 Wii U, 3DS에서 플레이할 수 있게 해주는 것으로 통칭 'VC'. 타이틀은 인터넷을 통해 「Wii 쇼핑채널」과 「닌텐도 e숍」 등에서 다운로드 구입할 수 있다. Wii에서 구입한 버철 콘솔을 Wii U에서 다시 구매했을 때는 우대가격이 적용된다. 대응 게임기는 FC, SFC, N64, 세가 마스터 시스템, 메가 드라이브, 네오지오, PC엔진, MSX, 아케이드, GB, GBA, DS, 게임기어에 이르며 타사의 게임기도 플레이할 수 있었다. 오리지널을 충실히 재현했고, 모든 소프트가 중단 세이브를 지원한다. 총 670개가 배포되었다.

Wii 버철 콘솔 일람 화면 | 초기 『젤다의 전설』을 VC로 재현

TV 광고 갤러리

Wii Fit Plus

Wii

골프 JAPAN 코스

닌텐도DS

슈퍼마리오 브라더스

마리오 카트 Wii

로봇

뇌 단련

Wii 편

NINTENDO
COMPLETE
GUIDE

볼링, 골프, 테니스, 피트니스 등
집안에서 스포츠를 즐긴다!

특이한 컨트롤러 설계로 드디어 기존의 틀에서 해방되었고 게임은 더욱
즐거워졌다.

Wii

발매일 / 2006년 12월 2일 가격 / 25,000엔 ※한국판: 2008년 4월 26일

한 손 조작으로 몸을 움직이는 혁신적인 게임기

DS의 기본 노선을 답습한 탓에 HDTV 미대응 등 성능은 경쟁 기기에 비해 가장 부족했지만 새로운 플레이 스타일로 성능지상주의에 빠져 있던 게임업계에 경종을 울렸다. Wii리모콘에 의한 직관적 조작으로 몸을 움직여서 플레이하는 게임을 표준으로 만들었으며, 가정용 게임기의 상식을 깨고 PS2를 뛰어넘는 속도로 거실에 침투했다. Wii리모콘을 테니스 라켓이나 골프채로 쓰고 다이어트용 주변기기에 접목하는 등, 다른 게임기에는 없는 독자성이 돋보였다. 게임큐브와의 호환성이 있어서 본체에는 게임큐브의 컨트롤러 포트를 4개 갖고 있고, 내부 플래시 메모리와 무선랜 기능 등을 채용했다. DS와 마찬가지로 게이머가 아닌 일반 유저층을 폭넓게 수용해 게임의 지평을 넓히는 데 성공한다. 전 세계의 거실에서 온 가족이 플레이하는 모습이 펼쳐지면서 일본에서 1275만 대, 전 세계에서 1억 163만 대가 판매되었다.

화이트

스펙

■ CPU/IBM PowerPC Broadway 729MHz ■ 메모리/88MB(24MB MoSys 1T-SRAM, 64MB GDDR3 SDRAM) ■ 그래픽/ATI Hollywood 243MHz ■ 미디어/Wii 전용 DVD 및 게임큐브 전용 미니 8cm 디스크 ■ 사이즈/가로44 X 높이157 X 깊이215.4mm ■ 입력단자/USB 2.0 2개, SD단자 1개, 게임큐브 컨트롤러 포트 4개, 게임큐브 메모리카드 슬롯 2개, AV 멀티출력단자 1개, 센서바 접속단자 1개 ■ 무선통신/Wi-Fi 802.11 b/g

Wii 블랙

발매일 / 2009년 8월 1일 가격 / 25,000엔

Wii의 첫 번째 컬러 배리에이션. 본체뿐만 아니라 Wii리모콘(실리콘 케이스 포함)과 눈차크도 검정색이다. Wii리모콘 플러스 동봉판 및 소프트와 Wii리모콘 플러스 2개 동봉판도 존재한다.

Wii의 메뉴화면

Wii의 메뉴화면. 「매일 즐겁게」를 테마로 인터넷을 통해 여러 채널을 추가할 수 있다.

Wii의 리플렛과 책자

Wii의 팜플렛과 소책자는 대단히 심플하다. 컴퓨터 게임류의 분위기를 없애고, 아이 엄마도 위화감을 느끼지 않을 정도로 일상생활에 녹아든 디자인이 되었다.

Wii Sports

발매일 / 2006년 12월 2일　가격 / 4,800엔　※한국판: 2008년 4월 26일

Wii의 특성을 훌륭하게 재현한 직관적 스포츠 게임

Wii와 동시 발매되었다. Wii리모콘으로 플레이하는 5가지 스포츠게임(「테니스」「골프」「야구」「복싱」「볼링」)을 수록했다. 플레이 캐릭터로 Mii를 쓸 수 있는데, 각 스포츠의 Mii에는 숙련도 수치가 있어서 경기에서 이기면 올라간다. 프로가 되면 칭호가 부여되어 도구의 색상이 바뀌고 트레이닝 모드에서는 스코어에 맞추어 메달이 부여된다. 야구 외에는 최대 4인 플레이가 가능하며, 몸을 사용해 플레이한다는 획기적인 조작 방법을 제시한 완성도 높은 소프트로 평가된다. 전 세계에서 대히트를 기록하며 일본에서 353만 개, 전 세계에서 8286만 개가 판매되었다.

슈퍼마리오 갤럭시 (한국판: 슈퍼마리오 Wii 갤럭시 어드벤처)

발매일 / 2007년 11월 1일　가격 / 5,800엔

※한국판: 2008년 9월 4일

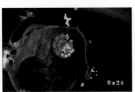

우주를 무대로 구체인 별들을 탐험하는 3D 액션 게임. 지금까지 없었던 다이나믹한 액션과 중력이 존재하는 둥근 스테이지로 높은 평가를 얻었다. 배경음악은 오케스트라 연주로 웅장함을 연출했고, Wii리모콘을 휘두르는 스핀 액션과 2P의 어시스트 플레이도 좋았다. 일본에서 120만 개, 전 세계에서 1278만 개를 판매했다.

Wii Fit (밸런스 Wii보드 동봉)

발매일 / 2007년 12월 1일　가격 / 8,800엔

※한국판: 2008년 12월 6일

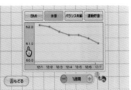

밸런스 Wii보드로 건강을 관리하는 피트니스 소프트. 근육 단련과 유산소 운동, 요가, 밸런스 게임의 세 가지 장르에 총 48가지 트레이닝을 수록했다. Wii Fit 채널 추가로 소프트 없이 기동할 수도 있다. 체중계에 의한 건강관리가 크게 호평받아 대히트를 기록하며 일본에서 353만 개, 전 세계에서 2267만 개를 판매했다.

춤추는 메이드 인 와리오
(한국판: 춤춰라 메이드 인 와리오)

발매일 / 2006년 12월 2일 가격 / 5,800엔

※한국판: 2009년
6월 18일

시리즈 제5탄으로 Wii와 동시 발매됐다. 19가지 방법으로 Wii리모컨을 움직이는 미니게임 200가지 이상을 수록했다. 리모컨을 「텐구」와 「일본상투」로 쓰는 등 유니크한 점이 많으며 최대 12명이 플레이할 수 있다.

시작의 Wii팩 (Wii리모컨 [화이트] 동봉)
(한국판: 처음 만나는 Wii팩)

발매일 / 2006년 12월 2일 가격 / 4,800엔

※한국판: 2008년
4월 26일

Wii와 동시 발매. Wii리모컨과 눈차크의 기본 조작을 배우는 입문 소프트. 탁구와 당구 등 9종류의 미니게임을 수록했다. Wii리모컨이 1개 동봉되어 사자마자 2인 플레이를 할 수 있다.

익사이트 트럭

발매일 / 2007년 1월 18일 가격 / 5,800엔

Wii리모컨을 옆으로 잡고 실제 핸들처럼 움직이는 레이싱 게임. 속도를 겨루는 「익사이트 레이스」와 포인트를 겨루는 「챌린지」, 2인용 플레이인 「VS 대전」 모드가 있다.

젤다의 전설 황혼의 공주

발매일 / 2006년 12월 2일 가격 / 6,800엔

※한국판: 2009년
6월 18일

Wii와 동시 발매. 『시간의 오카리나』의 어린 시절부터 이어지는 세계가 무대인 액션 어드벤처. Wii리모컨과 눈차크를 휘둘러 검 등을 휘두르는 효과를 낸다. 게임큐브판과 좌우 반전되어 본작부터 링크는 오른손잡이가 됐다.

포켓몬 배틀 레볼루션

발매일 / 2006년 12월 14일 가격 / 5,800엔

DS판 『다이아몬드/펄/플래티넘』과 『하트 골드/소울 실버』에 대응한 3D 포켓몬 배틀로 19종의 콜로세움에서 싸운다. DS를 컨트롤러로 사용하는 배틀과 온라인을 이용한 네트워크 대전도 가능하다.

파이어 엠블렘 새벽의 여신

발매일 / 2007년 2월 22일 가격 / 6,800엔

시리즈 제10탄. 『창염의 궤적』에서 3년 후가 무대로 주인공의 이야기가 4부 구성으로 펼쳐진다. 시스템은 전작을 따라가면서 최상 계급과 스킬 착탈 등의 신요소를 추가했고, 전작의 세이브 데이터를 인계하는 것도 가능.

아이실드21
필드 최강의 전사들

발매일 / 2007년 3월 8일 가격 / 5,800엔

미식축구를 소재로 한 애니메이션 『아이실드21』을 게임화 했다. 시나리오 모드에서는 「추계 도쿄대회」를 재현하여 경기와 미니게임을 클리어한다. 경기 모드에서는 10팀 중에서 골라 대전할 수 있다.

Wii로 말랑말랑 두뇌교실
(한국판: Wii로 다 함께! 말랑말랑 두뇌교실)

발매일 / 2007년 4월 26일 가격 / 4,800엔

※한국판: 2008년 7월 3일

「직감」과 「기억」 등 5가지 장르의 총 20가지 문제를 풀어간다. 장르마다 3~4종류의 문제가 있어 속도와 정확함을 겨룬다. Wii Connect24를 쓰면 대전과 성적 비교가 가능하고 최대 8인 플레이를 지원한다.

마리오 파티8

발매일 / 2007년 7월 26일 가격 / 5,800엔

※한국판: 2008년 11월 6일

DS를 포함하면 시리즈 제9탄. 기본은 전작을 따르면서 Wii리모콘을 이용한 미니게임 총 81종류를 수록했다. 럭키 블록과 캔디 등의 새로운 요소가 추가되었고, 엑스트라 부스에서는 Mii를 사용할 수 있다. 150만 개 판매.

슈퍼 페이퍼 마리오

발매일 / 2007년 4월 19일 가격 / 5,800엔

※한국판: 2009년 2월 26일

페이퍼 마리오 시리즈 제3탄. 전작에서 액션과 퍼즐요소가 강화되었고 2D와 3D를 바꾸는 「차원 기술」 시스템이 추가되었다. 피치 공주와 쿠파 등도 플레이 캐릭터로 참전하는데 3~4의 블랙 조크가 대단했다.

동키콩 나무통 제트 레이스

발매일 / 2007년 6월 28일 가격 / 5,800엔

「나무통 제트」를 장비한 콩들을 조작하여 총 7개의 월드 16개 코스를 달리는 공중 레이싱 게임. Wii리모콘과 눈차크로 조작하며 4인 대전도 지원한다. 바나나 50개로 강력한 대신인 「와일드 무브」를 사용할 수 있다.

FOREVER BLUE

발매일 / 2007년 8월 2일 가격 / 5,800엔

남태평양에 떠 있는 신비한 마나우라이 섬에서 해저 산책을 하는 게임. Wii리모콘으로 헤엄치거나, 돌고래를 교육시키거나, 표류하는 물체를 수집할 수 있다. 온라인에 접속하면 친구와 다이빙도 즐길 수 있다.

마리오 스트라이커즈 차지드
(한국판: 마리오 파워 사커)
발매일 / 2007년 9월 20일 가격 / 5,800엔

※한국판: 2010년
3월 18일

게임큐브판 『슈퍼마리오 스트라이커즈』의 기본 시스템을 따라가면서 새롭게 최고 6점을 넣을 수 있는 슛 「메가 스트라이크」가 추가되었다. 또한 Wii의 마리오 시리즈 최초로 닌텐도 온라인 대전에도 대응한다.

마리오 & 소닉
AT 베이징 올림픽
발매일 / 2007년 11월 22일 가격 / 5,800엔

※한국판: 2008년
5월 29일

베이징 올림픽을 무대로 마리오와 소닉이 함께 나온 스포츠 게임. 육상과 크레이 사격 등 총 8경기 20종목을 플레이할 수 있다. 마리오와 소닉만이 가능한 드림 매치도 4경기 수록했으며 온라인 대전도 4인까지 지원한다.

대난투 스매시 브라더스X
발매일 / 2008년 1월 31일 가격 / 6,800엔

※한국판: 2010년
4월 29일

시리즈 제3탄. 소닉과 솔리드 스네이크 등 타사 캐릭터들이 첫 등장한다. 혼자서 플레이하는 스토리 모드 「아공의 사자」와 스매시 볼에 의한 각 캐릭터의 필살기 「마지막 카드」 등이 준비되어 있으며 온라인 대전도 지원.

모두의 상식력 TV
발매일 / 2008년 3월 6일 가격 / 4,800엔

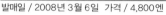

교양, 매너, 스포츠, 식도락 등 폭넓은 장르의 문제에 답변하며 상식을 쌓는 소프트. 퀴즈방송 감각으로 즐기며 최대 10명까지 플레이할 수 있다. 상식사전과 미니게임이 수록되었으며 온라인으로 전국 상식력 진단도 가능.

메트로이드 프라임3
CORRUPTION
발매일 / 2008년 3월 6일 가격 / 6,800엔

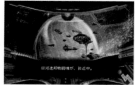

프라임 시리즈 제3탄. Wii리모컨으로 원하는 곳에 쏘는 직관적 조작을 활용한 액션과 장치가 풍부하다. 하이퍼 모드가 채용되어 일시적으로 강력한 공격이 가능하며, 사무스 외에 다른 인간도 등장한다.

마리오 카트 Wii
(Wii핸들 동봉)
발매일 / 2008년 4월 10일 가격 / 5,800엔

※한국판: 2009년
4월 30일

대인기 시리즈의 제6탄. 동봉된 Wii핸들을 사용한 직관적 조작이 특징. 처음 등장한 바이크와 Mii를 쓸 수 있고, 최대 12인까지 전 세계 플레이어와의 온라인 대전을 지원한다. 일본에서 370만 개, 전 세계에서 3714만 개 판매.

링크의 사격 트레이닝
(Wii재퍼 동봉)
발매일 / 2008년 5월 1일 가격 / 3,800엔

※한국판: 2010년
10월 28일

『황혼의 공주』의 세계관을 바탕으로 한 건슈팅 게임. 동봉된 Wii재퍼로 적과 과녁에 화살을 날린다. 세 가지 종류의 플레이 스타일에 총 27스테이지가 준비되어 있다. 최대 4인 플레이를 지원한다.

돌격!! 패미컴 워즈 VS
발매일 / 2008년 5월 15일 가격 / 6,800엔

게임큐브판 『돌격!! 패미컴 워즈』의 속편. 전작을 기본으로 하면서 Wii리모콘과 눈차크로 조작하게 되었다. 스토리 모드에서는 각 장마다 다른 나라의 부대를 움직이고, 온라인에서의 협력 및 대전 플레이도 지원한다.

슈퍼마리오 스타디움
패밀리 베이스볼
발매일 / 2008년 6월 19일 가격 / 5,800엔

게임큐브판 『미라클 베이스볼』의 속편. Wii리모콘을 세로로 잡는 직관적 조작은 물론 가로 잡기, 눈차크에도 대응. 쿠파에게 도전하는 최강팀 육성 모드와 미니게임 9종류를 수록했고, 최대 4인 대전 및 협력 플레이를 지원.

와리오 랜드 쉐이크
(한국판: 와리오 랜드 셰이킹)
발매일 / 2008년 7월 24일 가격 / 5,800엔

※한국판: 2011년
4월 14일

와리오 랜드 시리즈 제8탄. 2D 스테이지에 Wii리모콘을 흔들거나 기울이는 액션이 도입되었다. 그래픽이 애니메이션풍이어서 움직임이 많은 것도 특징이다. 유레토피아는 5개 대륙에 총 32코스 구성이다.

제로 월식의 가면
발매일 / 2008년 7월 31일 가격 / 6,800엔

테크모(후에 닌텐도로 판권이 넘어감-역주)의 호러 어드벤처 『제로』 시리즈 제4탄. 주인공 3명을 조작해서 전체 12장의 이야기를 진행한다. Wii리모콘을 손전등처럼 사용하고 사영기로 귀신을 물리친다.

캡틴★레인보우
발매일 / 2008년 8월 28일 가격 / 6,800엔

소원이 이루어지는 섬에서 낙오된 영웅이 분투하는 어드벤처 게임. 스타 20장을 모아 소원을 이루어간다. 영웅으로 변신하면 강해지고 액션도 가능하다. 닌텐도의 마이너 캐릭터와 패러디가 여기저기 등장한다.

DISASTER DAY OF CRISIS

발매일 / 2008년 9월 25일 가격 / 6,800엔

전직 구조대 출신인 주인공 레이가 재해 및 무장집단과 싸우는 3D 액션 게임. 할리우드 영화 같은 스토리와 연출에 Wii리모콘을 활용한 조작이 많다. 총격전과 자동차 추격전, 수집과 같은 파고들기 요소도 풍부하다.

거리로 가요 동물의 숲 (Wii스피크 동봉판)
(한국판: 타운으로 놀러가요 동물의 숲)

발매일 / 2008년 11월 20일 7,800엔(단품 5,800엔)

※한국판: 2010년
1월 28일

 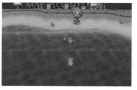

새로운 타운과 함께 극장과 경매장, 구두닦이 등의 시설이 등장했다. Wii리모콘과 눈차크를 이용한 조작, DS에서의 이사, 온라인을 이용한 외출, Wii스피크를 이용한 음성 채팅 등을 즐길 수 있다.

Wii에서 플레이하는 피크민
(한국판: 피크민)

발매일 / 2008년 12월 25일 가격 / 3,800엔

※한국판: 2011년
10월 27일

게임 내용은 게임큐브판과 거의 같지만, Wii리모콘을 이용한 포인팅 조작으로 피크민에게 내리는 지시가 직관적으로 바뀌었다. 타이틀 화면의 데모에서 유명한 TV 광고 『사랑의 노래』가 등장한다.

Wii Music

발매일 / 2008년 10월 16일 가격 / 5,800엔

※한국판: 2009년
12월 10일

Wii리모콘과 눈차크를 흔들어 연주하는 음악 게임. 66가지 악기와 총 50곡의 음악, 3종류의 미니게임을 수록했고 4인 동시 세션도 지원한다. 연주곡은 클립에 보존되고 온라인으로 친구에게 보낼 수도 있다.

Wii에서 플레이하는
동키콩 정글비트

발매일 / 2008년 12월 11일 가격 / 3,800엔

게임큐브판을 이식. 조작 방법은 타루콩가에서 Wii리모콘과 눈차크로 바뀌었다. 또한 그래픽 향상과 게임 밸런스 조정, 새로운 스테이지가 추가됐다. 콩이 총 34스테이지 이상을 모험한다.

Wii에서 플레이하는
마리오 테니스GC

발매일 / 2009년 1월 15일 가격 / 3,800엔

게임큐브판을 이식했다. Wii리모콘을 흔들며 플레이하고 캐릭터의 이동을 눈차크로 한다. 게임 밸런스가 조정되었고 대전에서는 화면이 분할된다. 메가 쿠파 배틀 등 일부 미니게임의 규칙이 바뀌었다.

어나더 코드:R 기억의 문

발매일 / 2009년 2월 5일 가격 / 5,800엔

DS용 소프트 『어나더 코드 2가지 기억』의 속편. 전작에서 2년 후를 무대로 애슐리가 캠프장의 비밀을 풀어간다. Wii리모콘을 이용한 퍼즐 풀기와 장치가 등장하고, 아이템 입수로 Wii판과 DS판의 배경음악을 들을 수 있다.

Wii에서 플레이하는 피크민2

발매일 / 2009년 3월 12일 가격 / 3,800엔

게임큐브판을 이식했다. 오리마와 루이를 바꿔가면서 Wii리모콘의 포인팅 조작으로 피크민에게 지시를 내린다. 2인 대전과 협력 플레이도 지원. 카드 e+의 요소는 삭제됐고 CM송 『종의 노래』가 수록되었다.

Wii에서 플레이하는 치비 로보!

발매일 / 2009년 6월 11일 가격 / 3,800엔

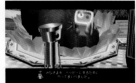 

게임큐브판을 이식했으며 조작 방법이 Wii리모콘과 눈차크로 바뀌었다. 포인팅 조작 외에도 더러워진 바닥 청소, 쓰레기통에 쓰레기 던지기 등 리모콘을 흔드는 액션이 있다. 카메라는 십자버튼으로 조작한다.

Wii에서 플레이하는 메트로이드 프라임

발매일 / 2009년 2월 19일 가격 / 3,800엔

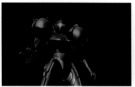 

게임큐브판을 이식했으며 시스템의 일부는 『3』을 바탕으로 했다. Wii리모콘을 이용한 포인팅 조작과 눈차크를 이용한 이동 등이 변경점이며, 클리어 특전의 퓨전 슈트도 존재한다.

택트 오브 매직

발매일 / 2009년 5월 21일 가격 / 5,800엔

DS판 『로스트 매직』(타이토)의 속편. 리얼타임으로 시간이 진행되는 전략 시뮬레이션으로 Wii리모콘을 흔들어 기호를 그리면 마법을 사용할 수 있다. 온라인에서 협력 및 대전 플레이를 지원한다. 개발은 타이토.

Wii에서 플레이하는 메트로이드 프라임2 다크 에코즈

발매일 / 2009년 6월 11일 가격 / 3,800엔

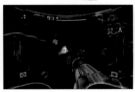 

게임큐브판을 이식했다. 『1』과 같이 Wii리모콘으로 포인팅 조작을 하고 눈차크로 이동한다. 시리즈 최초의 대전 모드가 준비되어 최대 4인 플레이가 가능하다. 각종 추가 모드를 크레디트와 교환할 수 있다.

Wii Sports Resort
(Wii모션플러스 [화이트] 1개 동봉)

발매일 / 2009년 6월 25일 가격 / 4,800엔

※한국판: 2010년 6월 24일

「Wii Sports」의 속편. 열대 리조트를 무대로 12종목 24경기를 플레이한다. Wii모션플러스를 이용한 「돌리기」「비틀기」 등의 움직임에도 대응한다. 온라인에 연결하면 Mii 컨테스트 채널에 올라온 Mii를 사용할 수 있었다.

PUNCH—OUT!!
(펀치아웃!!)

발매일 / 2009년 7월 23일 가격 / 5,800엔

패미컴판 「펀치아웃!!」을 리메이크했으며, 3D가 되어 2인 대전도 지원한다. Wii리모콘과 눈차크로 펀치와 회피를 하면서 「기가 맥」으로 변신하면 역전도 가능하다. 동키콩이 게스트로 참전한다.

FOREVER BLUE
바다가 부르는 소리

발매일 / 2009년 9월 17일 가격 / 5,800엔

「FOREVER BLUE」의 속편. 「용의 노래」의 전설을 찾아 세계를 모험하는 어드벤처 게임. 생물은 300종류 이상으로 늘어났고 상어와 피라니아 등이 습격한다. 보물과 칭호 수집 등 파고들기 요소도 늘어났다.

Wii Fit Plus
(밸런스 Wii보드 [화이트] 세트)

발매일 / 2009년 10월 1일 가격 / 9,800엔

※ 한국판: 2010년 12월 2일

※소프트 단품
발매일 / 2011년 12월 4일 가격 / 2,000엔
※밸런스 Wii보드 세트 (블랙)
가격 / 9,800엔

「Wii Fit」을 버전업했다. 전작에 21종류의 트레이닝이 추가되어 개량이 이루어졌고, 트레이닝을 자유롭게 조합하여 오리지널 메뉴도 만들 수 있다. 아기와 애완동물 측정도 지원한다.

죄와 벌 우주의 후계자

발매일 / 2009년 10월 29일 가격 / 6,800엔

닌텐도64판 「죄와 벌 ～지구의 계승자～」의 속편. 전작에 나온 사키와 아이란의 아들 이사가 주인공인 액션 슈팅 게임이다. Wii리모콘으로 포인팅 조작을 하고 눈차크로 캐릭터를 이동시킨다. 총 8스테이지 구성이다.

마리오 & 소닉
AT 밴쿠버 올림픽

발매일 / 2009년 11월 5일 가격 / 5,800엔

※한국판: 2009년 11월 19일

2010년 동계올림픽을 무대로 16종목의 경기에서 마리오와 소닉, 그리고 동료들이 등장한다. Wii리모콘에서의 직관적 조작이 가능하며 DS판에는 없는 「쇼핑」을 수록했다. 밸런스 Wii보드에도 대응한다.

New 슈퍼마리오 브라더스 Wii

발매일 / 2009년 12월 3일 가격 / 5,800엔

※한국판: 2010년 8월 7일

DS판의 속편. Wii리모콘을 가로로 잡고 플레이하는 것이 기본이지만, 리모콘을 흔들면 스핀 점프도 가능하다. 아이스 마리오 등이 추가되었고 시리즈 처음으로 4인 동시 플레이를 지원. Wii로는 일본 최다인 456만 개 판매.

포케파크Wii ~피카츄의 대모험~

발매일 / 2009년 12월 5일 가격 / 4,800엔

피카츄를 조작하여 포켓몬들과 친구가 되어 배틀과 퀴즈, 숨바꼭질 등을 하는 액션 어드벤처 게임. 무대가 되는 포케파크에는 14종류의 놀이기구가 있는데, 힘겨루기에서 이기면 친구가 된다.

NHK 홍백 퀴즈 합전

발매일 / 2009년 12월 17일 가격 / 4,800엔

NHK에서 방송된 「시험 삼아 갓 텐」 「연상 게임」 등 4가지 퀴즈 방송을 게임화 했다. MC인 스즈키 켄지와 타테카와 시노스케가 목소리로 출연한다. 오리지널 퀴즈방송도 5개 수록되어 최대 6명이 플레이할 수 있다.

참격의 REGINLEIV

발매일 / 2010년 2월 11일 가격 / 6,800엔

북유럽 신화를 배경으로 한 액션 게임. 젊은 신 프레이와 프레이야 형제를 조작하여 검과 마법으로 거대한 적과 싸우는데 Wii리모콘을 검처럼 휘두르는 것이 재밌다. 닌텐도 게임 최초의 CERO D(17세 이상) 등급을 받았다.

안도 검색

발매일 / 2010년 4월 29일 가격 / 4,800엔

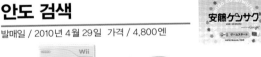

인터넷 검색의 검색 수 등을 겨루는 낱말놀이 게임. 「누가 많나?」 「연상! 검색 십자말풀이」 등 14종류를 수록. 온라인으로 새로운 문제와 검색 결과를 추가할 수 있고 최대 4인 플레이를 지원한다.

슈퍼마리오 갤럭시2
(DVD 「시작의 슈퍼마리오 갤럭시」 동봉)
(한국판: 슈퍼마리오 Wii2 갤럭시 어드벤처 투게더)

발매일 / 2010년 5월 27일 가격 / 5,800엔

※한국판: 2011년 1월 20일

시리즈 제2탄. 기본 시스템은 전작과 같지만 요시와 구름 마리오 등 새로운 변신이 등장. 난이도가 올라가서 어시스트 플레이도 진화했다. 파워스타 120장을 모으면 그린스타 수집과 숨겨진 스테이지가 개방된다.

제노블레이드

발매일 / 2010년 6월 10일   가격 / 6,800엔

오픈 월드 형태의 방대한 필드 탐색과 화면 전환이 없는 전략적인 배틀 시스템이 특징인 RPG. 이벤트로 시간과 날씨가 바뀌고, 캐릭터의 새로운 장비 등이 이벤트 영상에 반영된다. 전 세계에서 평가가 높다.

METROID Other M

발매일 / 2010년 9월 2일   가격 / 6,800엔

사무스의 내면을 그린 2D 액션 게임. 최신 기술을 사용한 FC를 콘셉트로 했으며, 십자버튼과 2버튼의 심플한 조작 방법이 특징이다. Wii리모콘을 세로로 잡고 포인팅 조작하는 「서치 뷰잉」도 존재한다.

슈퍼마리오 컬렉션 스페셜팩
(한국판: 슈퍼마리오 25주년 스페셜 에디션)

발매일 / 2010년 10월 21일   가격 / 2,500엔

※한국판: 2010년 12월 11일

슈퍼마리오 25주년을 기념해 슈퍼 패미컴판 『슈퍼마리오 컬렉션』을 복각했다. 패미컴판 마리오 시리즈 4개 타이틀의 리메이크판이 수록되었고, 마리오의 역사를 알 수 있는 부클릿과 사운드트랙 CD가 동봉되었다.

Wii Party

발매일 / 2010년 7월 8일   가격 / 4,800엔

※한국판: 2011년 7월 14일

Mii가 주인공인 파티 게임. 리빙 파티, 정석 파티, 페어 파티의 3가지 모드를 수록했으며 미니게임은 전체 90종류에 이른다. Wii리모콘의 특성을 살린 게임이 많다. 일본에서 238만 개, 전 세계에서 932만 개를 판매했다.

털실 커비
(한국판: 털실 커비 이야기)

발매일 / 2010년 10월 14일   가격 / 5,800엔

※한국판: 2011년 9월 1일

털실을 모티브로 한 포근한 분위기가 특징. 흡수와 복사 능력은 없지만, 끌어당기기와 묶기 등의 새로운 액션이 등장했고, 메타몰 능력으로 다양하게 변신할 수 있다. 추가 요소로 방 모양을 바꿀 수 있다.

Wii Sports Resort
(Wii리모콘 플러스팩)

발매일 / 2010년 11월 11일   가격 / 5,800엔

『Wii Sports Resort』와 『Wii리모콘 플러스(블루)』를 세트 구성했다. 게임 내용은 이전에 발매된 『Wii모션 플러스(화이트)』의 세트와 같다. 같은 날 『Wii리모콘 플러스(블루)』 단품도 발매되었다.

두드려서 튀는 슈퍼 스매시볼 플러스
(Wii리모콘 플러스 동봉)

발매일 / 2010년 11월 18일 가격 / 4,800엔

Wii리모콘 플러스를 흔들어서 공처럼 생긴 용자 포코를 날리고 목적지로 향하는 액션 게임. 방해되는 블록과 적을 파괴하고 메달을 3장 이상 모아야 한다. 8종류의 미니게임을 수록했고 2인 동시 플레이도 지원.

MARIO SPORTS MIX

발매일 / 2010년 11월 25일 가격 / 5,800엔

마리오들이 4가지 스포츠, 즉 피구, 배구, 농구, 하키로 대결한다. 마음에 드는 코트와 팀을 선택하고 아이템과 필살기로 싸운다. 파티 게임은 4종류 준비되어 있으며 온라인에도 대응한다.

동키콩 리턴즈

발매일 / 2010년 12월 9일 가격 / 5,800엔

『동키콩64』의 속편. 빼앗긴 바나나를 되찾기 위해 디디콩을 업은 동키콩이 등장하는 2D 액션 게임. 숨겨진 스테이지와 좌우 반전 등 코스는 총 72종류이다. 시리즈 최초로 2인 동시 플레이를 지원한다.

THE LAST STORY

발매일 / 2011년 1월 27일 가격 / 6,800엔

『파이널 판타지』의 아버지인 사카구치 히로노부가 참가한 RPG. 아름다운 그래픽과 화면 전환 없는 배틀, 적들을 끌어 모으는 「개더링」, 마법 서클 등의 시스템을 선보인다. 최대 6인까지 협력 및 대전 플레이를 지원.

판도라의 탑
너의 품으로 돌아가기까지

발매일 / 2011년 5월 26일 가격 / 6,800엔

주인공 엔데가 마물과 싸우며 세레스의 저주를 풀어가는 액션 RPG. Wii리모콘을 활용한 무기 공격과 제한 시간이 있는 던전 탐색 등을 즐긴다. 흉측한 표현도 있어서 일본에서는 「CERO C(15세 이상)」 등급을 받았다.

골든아이 007

발매일 / 2011년 6월 30일 가격 / 5,800엔

닌텐도64판을 어레인지 리메이크했다. 그래픽과 연출이 대폭 향상되었고, Wii리모콘과 눈차크 외에도 Wii재퍼와 클래식 컨트롤러에 대응한다. 오프라인에서는 4인 대전, 온라인에서는 8인 대전 플레이를 지원한다.

Wii리모콘 플러스 버라이어티팩(Wii리모콘 플러스 「레드」 동봉) (한국판: Wii 리모컨 플러스로 즐기는 버라이어티 게임 박스)

발매일 / 2011년 7월 7일　가격 / 4,800엔

※한국판: 2012년 2월 9일

『시작의 Wii』의 속편. Wii리모콘 플러스로 「두더지 잡기」 「360° 슈팅」 등 미니게임 12종류를 즐길 수 있다. 수록된 미니게임은 닌텐도 사상 최초로 복수 개발 회사에 의한 경쟁작이었다.

모두의 리듬 천국 (한국판: 리듬 세상 Wii)

발매일 / 2011년 7월 21일　가격 / 5,800엔

※한국판: 2013년 9월 12일

시리즈 제3탄. 기본적인 시스템과 구성은 첫 작품을 답습했고, 조작은 A버튼과 AB버튼 동시 누르기로 심플하다. 신작 리듬 게임 50종류 이상을 수록했으며 2인 동시 플레이도 지원한다. 음악은 츙쿠가 제공했다.

디즈니 에픽 미키 ~미키 마우스와 마법의 붓~

발매일 / 2011년 8월 4일　가격 / 5,800엔

미키가 과거의 디즈니 캐릭터들이 사는 세계를 모험하는 3D 액션 어드벤처 게임. 「페인트」와 「이레이저」 능력을 가진 마법 붓을 사용해 클래식한 스테이지를 공략한다. 2인 협력 플레이도 가능하다.

JUST DANCE Wii

발매일 / 2011년 10월 13일　가격 / 5,800엔

해외 유명 댄스 게임을 어레인지했다. Wii리모콘을 들고 리듬과 음악에 맞춰 댄스를 즐긴다. AKB48, EXILE, 마리오의 숨겨진 곡, 보아, 동방신기 등의 인기 곡 28개를 수록했다. 최대 4:4의 배틀 모드도 존재한다.

별의 커비 Wii

발매일 / 2011년 10월 27일　가격 / 5,800엔

※한국판: 2012년 9월 6일

시리즈 제9탄. 최대 4인 협력 플레이에 대응하며 언제나 참가 및 이탈이 가능하다. 디디디 대왕, 메타 나이트, 웨이들 디가 조작 캐릭터로 나온다. 새롭게 슈퍼 능력이 추가되었는데 이 능력은 특수한 적을 삼키면 발동한다.

포케파크2 ~Beyond the World~

발매일 / 2011년 11월 12일　가격 / 5,800엔

『포케파크Wii ~피카츄의 대모험~』의 속편. 피카츄에 더하여 새롭게 수댕이, 주리비안, 뚜꾸리를 교대로 조작할 수 있게 되었다. 놀이기구도 새로워져서 클리어하면 최대 4명이 놀 수 있다.

젤다의 전설 스카이워드 소드

발매일 / 2011년 11월 23일　가격 / 6,800엔
(젤다 25주년팩 가격 / 8,800엔)

※Wii리모콘 플러스
(화이트) 세트
발매일 / 2012년 1월
31일 가격 / 8,800엔

※한국판 : 2011년
11월 24일

애니메이션 스타일의 리얼한 등신과 Wii모션플러스를 활용한 조작이 특징. 볼륨감이 향상되어 새를 타거나 달리는 등 템포감 있게 진행한다. 농밀한 젤다를 즐길 수 있으며 나중에 다운로드 전용 버전이 발매되었다.

마리오 & 소닉 AT 런던 올림픽

발매일 / 2011년 12월 8일　가격 / 5,800엔

※한국판 : 2012년
6월 21일

2012년 런던 올림픽을 무대로 16종목의 경기에 마리오와 소닉, 그 동료들이 등장한다. Wii리모콘을 통한 직관적 조작이 특징이며 DS판에는 없는 「쇼핑」을 수록했다. 밸런스 Wii보드에도 대응한다.

듣기 트릭

발매일 / 2012년 1월 19일　가격 / 5,800엔

잡음 등으로 듣기 힘든 단어를 듣는 게임. 여러 소리를 가려서 듣는 「귀 프로」와 2인 대전 모드인 「알아듣기 배틀」 등 4가지 모드가 있다. 반복해서 들으면 잘 들린다는 사실이 신기하다.

마리오 파티9

발매일 / 2012년 4월 26일　가격 / 5,800엔

※한국판 : 2013년
4월 11일

시리즈 제11탄. 보드게임의 룰이 새로워져 진행이 부드러워졌다. 플레이어 4명이 탈것 한 대로 이동하며 멈춘 칸에서 미니게임을 플레이한다. 미니게임은 총 81종류가 수록되어 2~3명도 플레이할 수 있다.

제로 진홍의 나비

발매일 / 2012년 6월 28일　가격 / 6,800엔

PS2판 『제로 ~붉은 나비~』의 리메이크작으로 쌍둥이 소녀의 비극을 그린 일본풍 어드벤처 게임이다. 그래픽과 캐릭터가 새로워졌고 신 에피소드와 엔딩, 귀신의 집 모드가 추가되었다. 절묘한 시점이 공포를 연출한다.

별의 커비 20주년 스페셜 컬렉션 (메모리얼 사운드 트랙, 메모리얼 팬북 동봉)

발매일 / 2012년 7월 19일　가격 / 3,800엔

시리즈 20주년을 기념하여 『별의 커비』 『꿈의 샘 이야기』 『2』 『슈퍼 디럭스』 『3』 『64』의 6개 작품을 이식. 『별의 커비 Wii』에서 추가 요소를 가져온 「좀 더 챌린지 스테이지」가 추가되었고 팬북과 사운드 CD도 동봉되었다.

JUST DANCE Wii2

발매일 / 2012년 7월 26일 가격 / 5,800엔

※한국판: 2011년
12월 8일

시리즈 제2탄으로 새롭게 35곡을 수록했다. 특정 파트에서만 반복 연습하는 「댄스 도장」과 4명이 다른 안무로 춤을 추는 「팀 곡」, 메달 수집 등이 추가되어 전작 이상으로 모두가 즐길 수 있게 되었다.

광고지 갤러리

젤다의 전설
시간의 오카리나의 광고지

젤다의 전설
바람의 지휘봉의 광고지

광고지 갤러리

3D 핫 랠리의
광고지

F1 그랑프리의
광고지

슈퍼마리오 선샤인의
광고지

슈퍼마리오 월드의
광고지

슈퍼 메트로이드의
광고지

젤다의 전설의
광고지

파도 타기 피카츄의
광고지

246

닥터 마리오와 세균 박멸

발매일 / 2008년 3월 25일 가격 / 1,000Wii포인트

다운로드 판매 전용인 Wii웨어의 첫 배포 소프트. 온라인에 대응한 『닥터 마리오와 DS판 「좀 더 뇌 단련」,에 수록된 퍼즐 게임 『세균 박멸」을 플레이할 수 있다. 후자는 Wii리모콘과 최대 4인 협력 플레이를 지원.

다함께 퍼즐 루프

발매일 / 2008년 4월 22일 가격 / 1000Wii포인트

같은 색의 쥬얼 스톤을 3개 연결해서 지우는 간단한 퍼즐 게임. Wii리모콘을 비틀어서 포대를 회전시키고 같은 색의 쥬얼 스톤을 발사한다. 또한 인력에 의한 연쇄를 노린다. 최대 4인의 협력 및 대전 플레이를 지원한다.

통신대국 조지 장기 3단

발매일 / 2008년 7월 23일 가격 / 1,000Wii포인트

CPU와의 대국뿐만 아니라 2인 대국과 제한시간 30분의 온라인 대국을 지원한다. 통신대국의 기보 보존과 통신 전적을 기록할 수 있으며, 초보자를 위한 장기 강좌와 박보장기 200문제를 수록했다.

통신대국 월드 체스

발매일 / 2008년 9월 30일 가격 / 1,000Wii포인트

10단계의 난이도를 가진 CPU와의 체스를 즐길 수 있다. 2인 대국과 제한시간 5분 혹은 20분의 온라인 대국도 지원한다. 체스 말과 판 디자인은 8종류에서 고를 수 있고 자신의 수준을 표시하는 레이팅도 보존할 수 있다.

모두의 포켓몬 목장

발매일 / 2008년 3월 25일 가격 / 1,000Wii포인트
발매 / (주)포켓몬 판매 / 닌텐도

Mii와 포켓몬이 만난 커뮤니케이션 소프트. 포켓몬 목장에서 『다이아몬드/펄」의 포켓몬을 최대 1,000마리까지 맡을 수 있다. 유카리와의 포켓몬 교환도 가능하고, 포획한 포켓몬을 DS로 보낼 수도 있다.

역만 Wii
이데 요스케의 건강 마작장

발매일 / 2008년 5월 20일 가격 / 1,000Wii포인트

세대와 지역별로 차이 나는 룰을 통합해, 누구라도 가볍게 즐길 수 있는 「건강 마작장」의 룰을 채용했다. 이데 명인이 감수한 AI가 조언을 해준다. CPU가 서포트하는 대행 마작도 있고 온라인을 이용한 4인 대전도 지원.

통신대국 바둑 도장 2700문

발매일 / 2008년 8월 5일 가격 / 1000Wii포인트

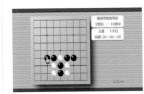 

CPU와의 대국뿐만 아니라 2인 대국과 제한시간 30분의 온라인을 이용한 대국을 지원한다. 「통신대국 바둑도장 2700문」의 통신대국에서는 Wii프렌드와의 대국과 3가지 레벨에서 상대를 모집해 플레이할 수 있다.

모양의 게임 동그라미 봉 사각

발매일 / 2008년 10월 7일 가격 / 800Wii포인트

 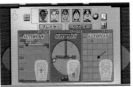

「동그라미」「봉」「사각」의 3가지 '모양'에서 따온 액션 게임. 한 번에 3인까지 플레이를 지원한다. 3가지 게임은 동시에 진행되며 서로 영향을 미친다. 온라인에서의 데이터 교환, DS로의 다운로드도 지원했다.

모두의 포켓몬 목장 플래티넘 대응판
발매일 / 2008년 11월 5일 가격 / 1,000Wii포인트
발매 / (주)포켓몬 판매 / 닌텐도

『포켓몬스터 플래티넘』에 대응한 업데이트판. 최대 1,500마리의 포켓몬을 맡을 수 있게 되었고 쉐이미와 기라티나의 그래픽이 바뀌었다. 배경음악이 추가되었고 보존할 수 있는 사진이 30장으로 늘었다.

놀 수 있는 그림책 튀어나온 주사위 놀이!
발매일 / 2009년 3월 26일 가격 / 1,000Wii포인트

튀어나오는 그림책 세계가 무대인 주사위 게임. 다양한 효과가 있는 카드로 진행하면서 목적지로 향하는데 「마법의 책」 칸에서는 플레이어의 행동에 따라 이벤트가 바뀐다. 코인 수집으로 일발 역전도 노릴 수 있다.

너와 나와 입체
발매일 / 2009년 3월 26일 가격 / 1000Wii포인트

저명한 게임 크리에이터 이이노 겐지가 기획한 액션 퍼즐 게임. 제한시간 안에 인간을 닮은 닌겐들을 큐브 위에 올려야 한다. 레벨이 올라갈수록 다양한 효과를 가진 큐브와 방해하는 닌겐이 나타난다.

구의 혹성
발매일 / 2009년 4월 21일 가격 / 1,500Wii포인트

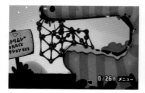

실을 뽑아내는 신비한 생물 「구」를 연결해서 목적지로 향하는 물리 액션 퍼즐 게임. 무게로 인해 무너지지 않도록 균형을 잡으며 연결해야 한다. 구의 높이를 겨루는 보너스 스테이지도 있으며 온라인에도 대응한다.

노는 메이드 인 나
발매일 / 2009년 4월 29일 가격 / 800Wii포인트

Wii리모콘으로 포인터를 맞추어 A버튼을 누르기만 하면 5초 안에 끝나는 미니게임 72종류를 수록. DS판 『메이드 인 나』에서 만든 게임과 18종류의 만화, 레코드를 수신할 수 있다. 최대 4명까지 플레이 가능하다.

Art Style 시리즈: ORBITAL
발매일 / 2009년 5월 12일 가격 / 600Wii포인트

GBA판을 어레인지했으며 새로운 스테이지가 추가되었다. 중력과 반중력을 구분하며 자신의 혹성을 조작하면서 목적지로 향한다. 다른 별을 흡수해 자신의 혹성을 크게 만들거나 위성으로 만들면서 나아간다.

Art Style 시리즈: CUBELEO
발매일 / 2009년 5월 12일 가격 / 600Wii포인트

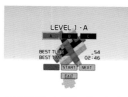
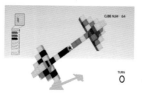

회전하면서 다가오는 큐브리오(큐브의 집합체)에 작은 큐브를 발사해서, 같은 색 4개 이상을 연결해 지우는 퍼즐 게임. 큐브와 큐브 사이를 쏘아 코어에 다가가면 연쇄를 노릴 수 있다.

Art Style 시리즈: DIALHEX
발매일 / 2009년 5월 12일 가격 / 600Wii포인트

GBA판을 어레인지했다. 정삼각형 패널을 회전시켜 같은 색상의 패널로 HEX(정육각형)를 만들어 지워 나간다. 게임의 진행과 함께 풍부해지는 색상의 패널이 아름답다. 상대에게 방해 패널을 보내는 2인 대전도 지원한다.

포켓몬 불가사의 던전
나아가라! 화염의 모험단

발매일 / 2009년 8월 4일　가격 / 1,200Wii포인트
발매 / ㈜포켓몬　판매 / 닌텐도

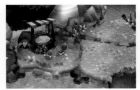

전작 『하늘의 탐험대』을 기본으로 3D로 표현되며, 연속기를 내는 「포켓몬 타워」등이 추가됐다. 3가지 버전 중 「화염」은 거점이 되는 마을이 「포켓몬 빌리지」이고 스타팅 포켓몬은 화염 속성이다.

포켓몬 불가사의 던전
가자! 빛의 탐험단

발매일 / 2009년 8월 4일　가격 / 1,200Wii포인트
발매 / ㈜포켓몬　판매 / 닌텐도

동시 배포된 3가지 버전 중 하나이다. 스토리와 시스템은 같지만 본작은 거점이 되는 포켓몬 마을이 부드러운 빛으로 둘러싸인 「포켓몬 가든」이며 스타팅 포켓몬은 전기 속성이다.

로큰롤 클라이머

발매일 / 2009년 11월 24일　가격 / 800Wii포인트

암벽을 올라 정상을 향하는 「암벽 등반」을 거실에서 체험할 수 있다. Wii리모콘과 눈차크로 양손을 움직이고 밸런스 Wii보드로 양다리를 조작한다. 정상에는 전설의 기타가 있다.

아쿠아 리빙
～TV로 보는 물고기들～

발매일 / 2010년 3월 2일　가격 / 800Wii포인트

다양한 색상의 물고기들을 감상하는 소프트. 8가지 테마의 수조가 있고 취향에 맞는 수조를 만들 수도 있다. 물고기의 종류와 숫자, 설치물, 배경, 배경음악 등을 바꿀 수 있고 Mii를 헤엄치게 하는 것도 가능하다.

포켓몬 불가사의 던전
가자! 폭풍의 탐험단

발매일 / 2009년 8월 4일　가격 / 1,200Wii포인트
발매 / ㈜포켓몬　판매 / 닌텐도

동시 배포된 3가지 버전 중 하나이다. 스토리와 시스템은 같지만 본작은 거점이 되는 포켓몬 마을이 물을 이미지로 만들어진 「포켓몬 비치」이며 스타팅 포켓몬은 물 속성이다.

530 에코 슈터

발매일 / 2009년 11월 24일　가격 / 1,000Wii포인트

Wii재퍼로 조작하는 슈팅 게임. 이동은 자동으로 이루어지며 차례대로 나타나는 빈 깡통을 포인터로 맞춘다. 깡통은 에너지로 회수되어서 총알로 재이용된다. 주인공은 아저씨 캐릭터이며 적은 캔버스에서 왔다는 설정이다.

익사이트 바이크
월드 레이스

발매일 / 2010년 2월 2일　가격 / 1,000Wii포인트

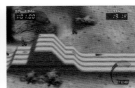

FC판 『익사이트 바이크』의 리메이크작. 온라인으로 4인 대전을 즐기고 에디트 모드로 제작한 코스를 친구와 교환할 수 있다. FC판의 시점과 같은 비스듬한 형태, 또는 방향을 인식하는 쿼터뷰 중에서 고를 수 있다.

분재 바버

발매일 / 2010년 4월 6일　가격 / 800Wii포인트

플레이어는 이발소 주인이 되어, Wii리모콘을 가위와 빗 삼아 채소와 과일의 헤어(잎과 가지)를 다듬는다. 실패해도 분무기로 되돌릴 수 있으며, 컨테스트와 이발소의 전구가 망가지는 이벤트도 있다.

라인 어택 히어로즈

발매일 / 2010년 7월 27일　가격 / 1,000Wii포인트

라인을 연결해서 싸우는 3D 액션 게임. 라인이 된 캐릭터가 무기를 주거나 피해를 감싸주기도 한다. 캐릭터 전원을 동원하는 필살기「라인 어택」이 통쾌하다. Mii를 사용할 수 있고 4인 대전을 지원한다.

펭귄 생활

발매일 / 2010년 12월 21일　가격 / 800Wii포인트

펭귄들과 목장 생활을 즐기는 게임으로 최대 100마리의 펭귄을 모아서 목장에 보내게 된다. 펭귄을 쓰다듬거나 먹이를 주면「기분」이 좋아져서 뒤를 따른다. 펭귄이 늘어나면 미니게임을 플레이할 수 있다.

Art Style 시리즈: PENTA TENTACLES

발매일 / 2011년 10월 18일　가격 / 600Wii포인트

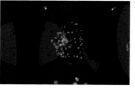

신비한 생명체를 조작하여 다채로운 색상의 적을 흡수해 촉수를 길게 만들어야 한다. 촉수는 최대 5개까지 늘어나는데 길어질수록 조작이 어렵다. 무작정 촉수를 길게 만드는 모드를 비롯해 총 3가지 모드가 있다.

스쳐 지나가는 아나토우스

발매일 / 2010년 9월 7일　가격 / 800Wii포인트

벽돌 덩어리를 조작해 벽의 구멍을 빠져 나가는 퍼즐 게임. 입체적인 덩어리의 방향을 바꾸어 구멍을 지나간다. 콤보를 만들거나 구멍의 실루엣과 같은 모양을 만드는 트릭을 성공시키면 고득점이 가능하다.

Art Style 시리즈: Lightstream

발매일 / 2011년 9월 6일　가격 / 600Wii포인트

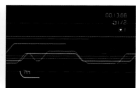

GBA의『도트 스트림』을 어레인지 이식했다. 게임 내용은 같지만 연출이 파워업 되었다. 6줄의 라인과 레이스를 펼치며 포인트를 겨루는「campaign」모드와 일정 시간 안에 점수를 늘리는「freeway」모드가 있다.

잠수 패치

닌텐도 소프트에는 다른 버전들이 있다. 이를테면『Wii Sports』의 패키지 일러스트에는 Wii리모콘용 실리콘 케이스가 있는 것이 있고 없는 것이 있다.「Wii리모콘을 흔들다가 손에서 놓쳐 TV가 부서졌다」는 등의 크레임이 속출했기 때문에 이후의 Wii리모콘에는 전용 실리콘 케이스가 추가되었다. 그에 맞추어 패키지도 실리콘 케이스가 있는 버전으로 바뀌었다. 닌텐도가 유저를 배려했다고 할 수 있을 것이다.『시작의 Wii』도 두 버전이 있는 등, 잠수 패치를 찾아보는 것도 재미있다.

『Wii Sports』(Wii리모콘 실리콘 케이스 없음)

『Wii Sports』(Wii리모콘 실리콘 케이스 있음)

닌텐도 파워

SFC와 GB 소프트의 다운로드 판매 서비스. 1997년 12월부터 도쿄 도내의 로손 100개 점포에서 시작되었고 다음해 3월에 전국 서비스를 시작했다. 2000년 3월에는 GB 소프트에도 대응. 전용 메모리 소프트를 가져가면 대응 게임을 다운받을 수 있었다. 전국의 로손에 설치된 로피에 전용 메모리 소프트를 꽂고 원하는 게임을 고르면 된다. 계산은 점원이 처리한다. 다운로드에는 약 5~10분 소요. 가격은 SFC의 구작, GB의 신작/구작이 1,000엔, SFC의 신작이 2,000~3,000엔 정도. 2002년 5월 31일에 로손 점포 서비스가 종료되면서 닌텐도로 이관되었고, 2007년 2월 28일에 서비스가 종료되었다.

『NINTENDO 공식 가이드 북 Vol.0』 상점에서 무료 배포되었다.

『NINTENDO 공식 가이드 북 Vol.1』 상점에서 무료 배포되었다.

『월간 NINTENDO 파워 창간준비 특별호』 360엔에 판매되었다.

닌텐도 선불카드

소프트의 다운로드 버전과 다운로드 전용 소프트, 소프트의 DLC 등을 구입할 수 있는 선불카드. 카드에 적혀 있는 시리얼 넘버를 입력하여 닌텐도 포인트를 추가할 수도 있다. 처음에는 「닌텐도 포인트 선불카드」, 「Wii포인트 선불카드」라는 이름이었지만, 「닌텐도 DSi숍」의 종료에 맞추어 환불되었고 지금은 「닌텐도 선불카드」라는 이름이 되었다. 게임 소프트의 판매점과 편의점, 인터넷 등에서 구입 가능하다. 카드는 게임의 세계관과 캐릭터를 담아 디자인되었고 한정품과 비매품도 있다.

Wii포인트 선불카드 1000

Wii포인트 선불카드 3000

Wii포인트 선불카드 5000

닌텐도 포인트 선불카드 1000

닌텐도 포인트 선불카드 3000

닌텐도 포인트 선불카드 5000

닌텐도 포인트 선불카드 1000 슈퍼마리오 25주년 버전

닌텐도 포인트 2000 버전

슈퍼마리오 버전

젤다의 전설 시간의 오카리나 버전

슈퍼마리오 25주년 버전(비매품)

Wii리모콘 화이트

발매일 / 2006년 12월 2일 가격 / 3,800엔 모델 / RVL-003

닌텐도의 순정 Wii리모콘. Wii본체에 동봉된 것과 같다. AA전지 2개와 전용 스트랩이 포함되었고, 2007년 10월 중순 이후에는 Wii리모콘 실리콘 케이스가 동봉되었다.

Wii리모콘 블랙

발매일 / 2009년 8월 1일 가격 / 3,800엔 모델 / RVL-003

닌텐도의 순정 Wii리모콘. Wii본체 블랙에 동봉된 것과 같다. AA전지 2개와 전용 스트랩, Wii리모콘 실리콘 케이스가 동봉되었다.

Wii리모콘 블루

발매일 / 2009년 12월 3일 가격 / 3,800엔 모델 / RVL-003

닌텐도의 순정 Wii리모콘. Wii본체에는 동봉되지 않은 컬러 배리에이션이다. AA전지 2개와 전용 스트랩, Wii리모콘 실리콘 케이스가 동봉되었고 『New 슈퍼마리오 브라더스 Wii』와 함께 발매되었다.

Wii리모콘 핑크

발매일 / 2009년 12월 3일 가격 / 3,800엔 모델 / RVL-003

닌텐도의 순정 Wii리모콘. Wii 본체에는 동봉되지 않은 컬러 배리에이션이다. AA전지 2개와 전용 스트랩, Wii리모콘 실리콘 케이스가 동봉되었고 『New 슈퍼마리오 브라더스 Wii』와 함께 발매되었다.

눈차크 화이트

발매일 / 2006년 12월 2일 가격 / 1,800엔 모델 / RVL-004

Wii리모콘에 연결하는 확장 컨트롤러로 Wii 본체에 동봉된 것과 같다. 3축 모션 센서로 C와 Z버튼, 아날로그 스틱이 탑재되었다. 초기 패키지는 내부가 보이는데 후기형은 사진과 같은 형태로 대체되었다.

눈차크 블랙

발매일 / 2009년 9월 1일 가격 / 1,800엔 모델 / RVL-004

눈차크의 컬러 배리에이션. Wii 본체 블랙에 동봉된 것과 같다. 「Wii리모콘 블랙」과 함께 발매되었다.

눈차크 레드

발매일 / 2010년 11월 11일 가격 / 1,800엔 모델 / RVL-004

눈차크의 컬러 배리에이션. Wii 본체 슈퍼마리오 25주년 사양(레드)에 동봉된 것과 같으며 단품으로 발매되었다.

클래식 컨트롤러

발매일 / 2006년 12월 2일 가격 / 1,800엔 모델 / RVL-005

버철 콘솔의 소프트와 클래식 컨트롤러 대응 소프트를 플레이하기 위한 것. Wii 메뉴에도 대응. 「5000Wii포인트 선불카드」 동봉판이 5,000엔에 판매된 적도 있다. NES 미니와 SNES 미니의 컨트롤러 포트에도 연결 가능.

Wii 전용 AC 어댑터

발매일 / 2006년 12월 2일 가격 / 3,000엔 모델 / RVL-002(JPN)

Wii 본체에 동봉된 것과 같은 AC 어댑터. 내부 PCB는 8가지 리비전이 있는데 그중에는 220V 개조가 안 되는 리비전도 있다. 12V 3.8A 사양으로 매우 안정적인 전원을 공급한다.

Wii 전용 AV 케이블

발매일 / 2006년 12월 2일 가격 / 1,000엔 모델 / RVL-009

음성과 영상을 출력하기 위한 케이블. Wii 본체에 동봉된 것과 같다.

Wii 전용 S단자 케이블

발매일 / 2006년 12월 2일 가격 / 2,500엔 모델 / RVL-010

S단자가 달린 TV에 쓸 수 있다. SFC, N64, GC와는 본체의 접속 단자가 달라 호환성이 없다.

Wii 전용 컴포넌트 AV 케이블

발매일 / 2006년 12월 2일 가격 / 2,500엔 모델 / RVL-011

컴포넌트 비디오 단자가 달린 TV와 프로그레시브 대응 TV에서 선명하고 또렷한 영상을 볼 수 있다. 이 케이블로 버철 콘솔의 영상을 브라운관 TV에 연결하면 눈이 호강하는 경험을 하게 된다.

Wii 전용 D단자 AV 케이블

발매일 / 2006년 12월 9일 가격 / 2,500엔 모델 / RVL-012

D단자가 달린 TV와 프로그레시브 대응 TV에서 사용하면, S단자보다 깨끗하고 「자글거림」이 적은 깨끗한 영상이 나온다. 컴포넌트 AV 케이블과 사양은 같다.

Wii 전용 LAN 어댑터

발매일 / 2006년 12월 30일 가격 / 2,667엔 모델 / RVL-015

Wii 본체를 유선랜으로 인터넷에 연결하기 위한 어댑터. 10BASE-T와 100BASE-TX에 대응한다

Wii리모콘 실리콘 케이스

발매일 / 2007년 10월 가격 / 무료 모델 / RVL-022

Wii리모콘용 보호 커버. Wii리모콘에 실리콘 케이스를 덮어서 쓴다. 2007년 10월 중순부터 무료 배포되었으며, 그 후 출하분의 Wii리모콘에는 모두 동봉되었다.

닌텐도 무선 네트워크 어댑터

발매일 / 2008년 9월 18일 가격 / 5,800엔 모델 / WAP-001(JPN)

Wii와 DS를 인터넷에 연결하기 위한 무선랜 공유기. 버팔로와 공동 개발했으며 초보자라도 간단하게 설정할 수 있다.

Wii모션플러스 화이트

발매일 / 2009년 6월 25일 가격 / 1,500엔 모델 / RVL-026

Wii리모콘의 확장 단자에 붙여서 섬세한 움직임을 감지하는 기기. 본체와 실리콘 케이스가 세트로 되어 있으며 대응 소프트에서 사용할 수 있다. 모션플러스 전용 소프트는 총 6가지.

Wii모션플러스 블랙

발매일 / 2009년 9월 14일 가격 / 1,500엔 모델 / RVL-026

Wii모션플러스 검정 색상으로 Wii리모콘 블랙과 함께 쓴다. 모션플러스는 기존 Wii리모콘의 가속도 센서와 적외선 인식 3축 자이로 센서가 추가된 것이다. 모션플러스 전용 소프트는 6가지.

Wii리모콘 전용 스트랩

발매일 / 2008년 9월 가격 / 300엔 모델 / RVL-018A

Wii리모콘 전용 스트랩으로 블루, 그린, 핑크, 화이트의 4가지 색상이 있다. 초기의 본체 동봉품보다 끈이 넓어졌고 스톱퍼가 고정되는 타입이다.

Wii리모콘 전용 스트랩 4색 세트

발매일 / 2008년 9월 가격 / 1,000엔 모델 / 불명

Wii리모콘과 Wii리모콘플러스 전용의 닌텐도 순정 스트랩. 블루, 그린, 핑크, 화이트 4가지 색이 세트로 구성되었다.

Wii 전용 렌즈 클리너 세트

발매일 / 2008년 10월 11일 가격 / 800엔 모델 / RVL-030

Wii 본체 내부의 디스크를 읽어 들이는 렌즈에 붙은 오물과 먼지를 제거하는 클리너. 전용 렌즈 클리너 외에 전용 클리닝액(RVL-031), 전용 클리닝 시트(RVL-032) 5장이 세트로 구성되었다.

클래식 컨트롤러 PRO 화이트

발매일 / 2009년 8월 1일 가격 / 2,000엔 모델 / RVL-005(-02)

『클래식 컨트롤러』의 상위 모델. 그립이 추가되었고 케이블이 위쪽에 배치되었으며 ZL, ZR 버튼이 커졌다. 단독으로는 쓸 수 없고 Wii리모콘(플러스)의 확장 단자에 연결해서 쓴다.

클래식 컨트롤러 PRO 블랙

발매일 / 2009년 8월 1일 가격 / 2,000엔 모델 / RVL-005(-02)

『클래식 컨트롤러 PRO』의 검정 버전. Wii 본체 블랙과 같이 유광 재질로 만들어졌다. NES 미니와 SNES 미니의 컨트롤러 포트에 연결해서 쓸 수도 있다.

Wii 이동 접속 키트

발매일 / 2010년 4월 20일 가격 / 4,000엔 모델 / 불명

Wii 전용 센서바, Wii 전용 AC 어댑터, Wii 전용 AV 케이블이 세트 구성된 것으로 본체에 동봉된 것과 같다. Wii 한 대를 두 곳에서 이동하며 사용할 때 편리하다. 닌텐도 온라인에서만 구입 가능.

Wii리모콘 플러스 화이트

발매일 / 2010년 11월 11일 가격 / 3,800엔 모델 / RVL-036

3축 자이로 센서가 추가되어 보다 섬세한 움직임을 감지할 수 있는 Wii리모콘 플러스 기능을 내장했다. Wii리모콘 하단에 「Wii MotionPlus INSIDE」라고 표기되어 있다.

Wii리모콘 플러스 블랙

발매일 / 2010년 11월 11일 가격 / 3,800엔 모델 / RVL-036

Wii리모콘 플러스의 검정 버전. Wii리모콘 하단에 「Wii MotionPlus INSIDE」라고 표기되어 있으며, 모션플러스 기능이 내장됐지만 가격은 인상되지 않았다.

Wii리모콘 플러스 블루

발매일 / 2010년 11월 11일 가격 / 3,800엔 모델 / RVL-036

Wii리모콘 플러스의 파랑 버전. Wii리모콘 하단에 「Wii MotionPlus INSIDE」라고 표기되어 있으며, 모션플러스 기능이 내장됐지만 가격은 인상되지 않았다.

Wii리모콘 플러스 핑크

발매일 / 2010년 11월 11일 가격 / 3,800엔 모델 / RVL-036

Wii리모콘 플러스의 핑크 버전. Wii리모콘 하단에 「Wii MotionPlus INSIDE」라고 표기되어 있으며, 블루와 핑크의 실리콘 케이스는 화이트와 같은 반투명이다.

Wii리모콘 플러스 레드

발매일 / 2010년 11월 11일 가격 / 3,800엔 모델 / RVL-036

Wii리모콘 플러스의 빨강 버전. Wii리모콘 하단에 「Wii MotionPlus INSIDE」라고 표기되어 있으며 「슈퍼마리오 25주년판」에 맞추어 단품이 발매되었다. 동봉된 실리콘 케이스 색상도 빨강.

Wii리모콘 플러스 2개 세트

발매일 / 2011년 11월 12일 가격 / 5,800엔 모델 / RVL-A-WR01(JPN)

Wii리모콘 플러스 블루와 핑크의 2개 세트(수량 한정). 단품으로 사는 것보다 저렴했다.

Wii재퍼

발매일 / 2007년 10월 25일 가격 / 1,500엔 모델 / RVL-023

Wii리모콘과 눈차크를 광선총처럼 붙여서 사용하는 건 컨트롤러. 처음에는 닌텐도 온라인에서만 판매했지만 「링크의 사격 트레이닝」에 동봉된 후에는 단품도 일반 판매되었다.

Wii핸들

발매일 / 2008년 4월 10일 가격 / 1,200엔 모델 / RVL-024

Wii리모콘을 넣고 자동차 핸들처럼 플레이하는 주변기기. 뒷면에 큰 버튼이 부착되어 Z버튼을 누를 수 있도록 만들어졌다. 「마리오 카트Wii」에도 동봉되었다.

Wii스피크

발매일 / 2008년 12월 4일 가격 / 3,500엔 모델 / RVL-029

Wii 본체의 USB 단자에 연결하여 TV 주변에 설치하는 마이크 기능을 가진 주변기기. 인터넷을 통한 음성 채팅을 지원한다. Wii스피크 대응 소프트와 「Wii스피크 채널」에서 사용할 수 있다.

Wii USB 메모리

발매일 / 2012년 8월 가격 / 3,000엔 모델 / RVL-035

『드래곤 퀘스트X 눈뜨는 다섯 종족 온라인』에만 대응하는 USB 메모리. 소프트에 동봉되었고 닌텐도 온라인에서 단품으로도 판매되었다. 세이브 데이터를 직접 보존할 수는 없다.

광고지 갤러리

AV사양 패밀리 컴퓨터
(뉴패미컴)의 광고지

닌텐도64의 광고지

닌텐도64의 광고지2

닌텐도 게임큐브
컬러 배리에이션의 광고지

닌텐도 게임큐브의 광고지

피카츄 닌텐도64의 광고지

Wii 슈퍼마리오 25주년 사양

발매일 / 2010년 11월 11일 가격 / 20,000엔

마리오 색상의 본체, Wii리모컨 플러스, 눈차크 등이 동봉되었다. FC판 『슈퍼마리오 브라더스』의 그래픽 일부를 어레인지한 소프트 『슈퍼마리오 브라더스 25주년 버전』이 본체에 내장되어 있다.

Wii 라스트 스토리 스페셜팩

발매일 / 2011년 1월 27일 가격 / 25,800엔

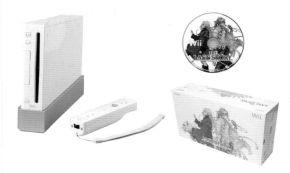

Wii 소프트 『라스트 스토리』와 Wii 본체(화이트), 클래식 컨트롤러 PRO(화이트) 등이 동봉된 한정 세트이다.

젤다의 전설 스카이워드 소드 스페셜 CD 동봉 Wii리모컨 플러스 세트(화이트)

발매일 / 2011년 11월 23일 가격 / 8,800엔

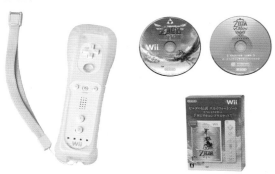

『젤다의 전설 스카이워드 소드』에 『젤다의 전설 25주년 오케스트라 콘서트 스페셜 CD』와 Wii리모컨 플러스(화이트)가 동봉되었다. 같은 날(2011년 11월 23일)에 Wii리모컨이 없는 일반판이 발매된 바 있다.

젤다의 전설 스카이워드 소드 젤다 25주년팩

발매일 / 2012년 1월 28일 가격 / 8,800엔

『젤다의 전설 스카이워드 소드』에 『젤다의 전설 25주년 오케스트라 콘서트 스페셜 CD』와 Wii리모컨 플러스(골드)가 동봉되었다. 한정 수량으로 판매되었다.

Wii로 울트라 핸드

발매일 / 2009년 11월 9일(교환 시작일) 가격 / 비매품

닌텐도의 장난감 『울트라 핸드』(1966년)를 소재로 한 게임. Wii리모컨과 눈차크로 울트라 핸드를 조작하여 고기를 옮긴다. 클럽 닌텐도의 경품으로 50포인트로 교환할 수 있으며 2인 대전을 지원한다.

익사이트 맹 머신

발매일 / 2011년 8월 30일(교환 시작일) 가격 / 비매품

클럽 닌텐도의 경품으로 1,000포인트로 교환할 수 있었다. 원작은 북미에서 발매된 소프트 『Excitebots: Trick Racing』(2009)으로 곤충과 동물형 머신으로 화려한 액션 레이스를 즐길 수 있다. 일본에는 발매되지 않았다.

Wii 슈퍼패미컴 클래식 컨트롤러

발매일 / 2007년 11월 20일 가격 / 비매품

2007년 클럽 닌텐도의 플래티넘 회원 특전으로 Wii에 접속해서 버철 콘솔 등을 플레이할 수 있다. 형태는 SFC의 컨트롤러와 같지만 아날로그 스틱과 ZL, ZR버튼은 없다.

Wii골든 핸들

발매일 / 2007년 11월 18일 가격 / 비매품

2008년 클럽 닌텐도의 플래티넘 회원 특전. 『Wii핸들』의 골드 버전으로 핸들 스탠드가 동봉되었다.

Wii리모콘 Wii Sports Resort 오리지널 컬러

발매일 / 2009년 9월 12일 가격 / 비매품

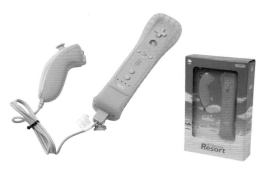

『Wii Sports Resort』 오리지널 컬러 Wii리모콘 선물 캠페인의 상품. 추첨으로 5,000명에게 증정되었다.

Wii클래식 컨트롤러 PRO 골드 컬러

발매일 / 2009년 6월 30일(교환 시작일) 가격 / 비매품

Wii 전용 『클래식 컨트롤러 PRO』의 골드 버전. 클럽 닌텐도의 경품으로 300포인트로 교환할 수 있었다.

골든 눈차크

발매일 / 2011년 12월 16일(교환 시작일) 가격 / 비매품

Wii 전용 『눈차크』의 골드 버전. 클럽 닌텐도의 경품으로 400포인트로 교환할 수 있었다.

COLUMN 닌텐도의 카드 게임

닌텐도가 최근 발매한 카드 게임은 카드e(혹은 카드e+)와 트레이딩 카드의 두 종류. 카드e(혹은 카드e+)는 GBA용 『카드e 리더(혹은 카드e 리더+)』를 통하면 캐릭터 데이터의 추가나 미니게임을 플레이할 수 있다. 트레이딩 카드는 수집용 카드이다. 통상 5장 1팩으로 판매되지만 카드e 리더에 동봉된 것과 판촉용으로 배포된 것도 있다.

『포켓몬 콜로세움 더블 배틀 카드e+』   『동물의 숲+ 카드e』

『트레이드 배틀 카드
히어로 트레이딩 카드』

닌텐도 히스토리
1983년 ~ 2012년

NINTENDO
COMPLETE
GUIDE

오락을 통해 사람들을 행복하게!
닌텐도의 DNA는 시대를 넘어 이어지고 있다!

아날로그 장난감이 대세였던 시대에도 다른 회사와는 다른 매력을 가진 상
품을 판매하던 닌텐도. 세상이 디지털로 바뀌어도 철학은 바뀌지 않았다.

패밀리 컴퓨터의 탄생

패미컴
개발 비화

패밀리 컴퓨터(1983년)

1981년 11월, 당시 닌텐도 사장이었던 야마우치 히로시는 개발팀에게 "게임&워치 다음은 비디오 게임이다"라고 말했다고 한다. 롬팩 방식의 가정용 게임기는 이미 장난감 제조사를 중심으로 제품화 준비가 진행되고 있었다. 당시는 게임&워치가 붐을 일으키고 있었지만 유사품이 나오고 있었기 때문에 닌텐도는 포스트 게임&워치를 찾고 있었다. 야마우치가 내건 조건은 두 가지, 「1년간은 타사가 따라올 수 없는 것」 그리고 「가격은 1만 엔 이하」였다. 개발팀은 8비트 CPU를 채용하고, 미국 아타리의 가정용 게임기를 따라 롬팩 교환방식을 선택했다. 사장의 지시로 CPU의 설계 및 제조에서 게임&워치에 참여했던 샤프가 빠지고, 당시 잘 알려지지 않았던 리코의 「6502」를 채용했다. 작고 저렴하며 『동키콩』을 이식할 수 있었기 때문이었다. 장난감 회사들이 구형 PC의 IC를 썼던 것에 비해, 패미컴은 전용 IC를

사용하여 52색의 선명한 화면 및 아케이드에 가까운 움직임과 표현, 음질을 실현했다. 또한 PC 겸용과 게임 전용이라는 갈림길에서 단호하게 키보드를 쓰지 않는 게임 전용기이면서 장난감 느낌을 뺀 방향으로 개발이 진행되었다. 컨트롤러는 원래 조이스틱과의 일체형이었지만, 2개를 사용하고 본체에 수납할 수 있는 타입으로 결정되어 게임&워치에서 검증된 십자버튼을 채용했다. 저렴하지만 어린이가 밟아도 다치지 않고 부서지지 않는다는 안전성에 기반한 선택이었지만 결과적으로 조작하기 쉬운 우수한 도구가 되었다. 또한 자신의 목소리가 TV에서 나오면 좋아할 것이라 판단해 2P에는 마이크를 채용했지만, 실제 게임에서는 별로 쓰이지 않았다. 본체 색상은 야마우치가 좋아하는 연지색이 채용되어 디자인 관계상 흰색 바탕으로 결정됐다. 이 단계에서는 심심하고 재미없는 본체였지만, 롬팩이 튀어

나오는 탈착 스위치를 설계해 장난스러움을 표현했다. 본체는 튼튼하고 열에 강하며 아름다운 ABS 수지를 채용하여 단가가 올라갔다. 「1년간 타사가 따라올 수 없도록」이라는 조건은 달성했지만 가격이 2만 엔에 달했다고 한다. 닌텐도는 CPU를 대량으로 발주하고 컨트롤러도 본체 기판에 직접 연결해 원가 절감을 한다. 하드웨어보다 소프트로 이익을 낸다는 방침으로 가격을 15,000엔(최종적으로는 야마우치의 의견에 따라 14,800엔)까지 내리는 데 성공한 것이다. 이렇게 패미컴은 타사가 따라올 수 없는 가격과 성능으로 탄생했다. 한편 많은 제조사들은 하드웨어에서 이익을 낸다는 생각에서 벗어나지 못했다고 한다.

패미컴이라는 이름이 결정된 것은 발매 직전이다. 개발 시 코드네임은 「영 컴퓨터」와 「GAMECOM」 등이었고, 모델번호를 지정할 때는 「HVC(홈 비디오 컴퓨터)」로 했다. 그 후 「홈 컴퓨터도 퍼스널 컴퓨터도 아닌 패밀리 컴퓨터」

1980년대 초반에 대히트한 게임&워치 시리즈

아케이드의 인기작 『동키콩』을 패미컴과 동시 발매(1983년)

가 이름에 걸맞다는 의견이 나왔다. 이 의견은 야마우치에게 기각당했으나 결국 제품의 특성을 잘 표현하고 있다 하여 채용된다. 약칭인 「패미컴」은 샤프가 전자레인지 상표로 갖고 있었고 오락용품으로도 등록했기 때문에 한동안 쓰지 못했다. 하지만 오락용품에 대한 상표가 닌텐도에게 양도되었다. 발매 약 3개월 전인 1983년 봄에 유통관계자 모임인 「초심회」 전시회에서 패미컴이 처음 공개되었다. 그대로 양산체제에 돌입해 7월 15일 발매되었는데 첫 출발이 미지근했다고 한다. 반년 동안 초기 불량으로 AS가 이어졌으나, 그 뒤 순조롭게 출하 대수를 늘려 가정용 게임시장을 만들어갔다.

당시 패미컴 본체 생산 라인 「닌텐도 우지 공장」의 전경
(PHP연구소 『패미컴 게임의 주역들』에서)

소프트 중시의 판매 전략

패미컴과 함께 발매된 소프트는 『동키콩』 『동키콩JR.』 『뽀빠이』로 모두 아케이드에서 이식되었다. 닌텐도는 게임 소프트에 집중하는 한편, 패미컴 붐을 유지하기 위해 주변기기 확충도 도모한다. 1984년에는 『광선총』 시리즈와 『패밀리 베이직』, 1985년에는 『로봇』을 발매하지만 그리 오래가지는 못했다. 패미컴 발매 후 1년간은 자사 타이틀만 판매했지만, 소프트 라인업 강화와 다른 게임기와의 차별화를 위해 야마우치는 서드파티의 참여를 인정한다. 1984년 첫 서드파티로서 허드슨, 뒤이어 남코가 참여한다. 서드파티가 만든 『로드러너』와 『제비우스』가 대히트하며 패미컴 시장을 확대했다. 그해 패미컴은 100만 대 이상이 팔렸고 가정용 게임기 시장점유율 약 90%를 점유한다. 1985년에는 아이렘, 에닉스, 코나미 등이 참여하여 패미컴 시장은 더 확장되었다.

패미컴 붐의 시작

패미컴의 인기가 높아지는 가운데, 1985년 9월 13일 패미컴을 제대로 반석 위에 올려놓은 『슈퍼마리오 브라더스』가 발매되었다. 이 게임은 발매되자마자 크게 인기를 모아, 전국에서 물품 부족에 시달린다. 공략본과 마리오를 중심으로 한 캐릭터 상품도 많이 등장했고, 이후 본체의 보급 대수가 400만 대에 이르렀다고 한다. 서드파티도 1984년 2개 사에서 17개 사로 늘어나, 신작 타이틀은 1985년 한 해에만 69개가 발매되었다. 패미컴용 소프트는 총 100개에 이르렀다. 1985년 말에는 미국에서도 발매되어 일본과 마찬가지로 폭발적으로 보급되었다.

패미컴 붐 시절, 각 상점에 설치된 패미컴 코너. 아이부터 어른까지 빠져들었다.
(『마이니치 신문(1986년 1월 촬영)』에서)

1985년 발매된 『슈퍼마리오 브라더스』. 소프트는 물론 본체를 구입하려는 사람들이 몰려들었다고 한다.

꿈으로 가득했던 디스크 시스템

대용량에 저렴한 디스크 시스템 등장

1986년 2월 21일 패미컴의 주변 기기 『패미컴 디스크 시스템』이 발매되었다. 패미컴 발매로부터 3년이 지난 시점, 닌텐도는 향후 유저들이 5,000엔 가까운 소프트를 사지 않을 것이라 판단해 저렴한 미디어를 찾고 있었다. 때마침 허드슨에서 IC카드 구상을 제안했지만 단가 문제로 불발되었고, 저렴한 가격에 롬팩의 약 3배 용량을 구현한 미츠미의 『퀵디스크』를 채용한다. 2,500엔 정도의 가격에 게임 데이터를 저장할 수 있고 500엔에 덮어쓸 수 있었다. 전국 소매점에 복사 기기인 『디스크 라이터』를 설치했고, 디스크 시스템 본체는 패미컴 아래에 놓아 어댑터로 연결하도록 했다. 새로운 음원 칩이 채용되어 패미컴과 동일한 15,000엔으로 책정됐다. 불법 복사 방지 장치도 있어서, 드라이브와 디스크 카드에 각

미츠미 전기의 퀵디스크를 개량한 디스크 카드

제1회 패미컴 디스크 토너먼트의 광고지. 골프 JAPAN 코스(1987년)

인된 「NINTENDO」 로고가 맞는 것을 순정품으로 판단했다. 또한 디스크 1장 분량 데이터를 연속해서 읽어 들이지 못하도록 기능 제한을 추가했다.

보급된 패미컴을 최대한 활용하는 패미컴 네트워크 구상

닌텐도는 1986년 시점으로 전국에 600만 대 이상 보급된 패미컴을 이용한 정보 네트워크를 구상했다. 인터넷이 없던 시대에 쉬운 일이 아니었다. 결국 가정에 있는 전화회선과 모뎀 어댑터를 사용해 디스크 시스템들을 네트워크에 연결하도록 했다. 실현되면 먼 곳에 있는 유저와 대전 및 데이터 교환이 가능해진다. 닌텐도는 유저들이 통신에 의한 '게임의 이동'을 체험할 수 있도록 전국적 게임 대회를 열었다. 1987년 2월 21일, 일반적인 디스크 카드와는 다른 파란색 하우징에 셔터가 달린 『골프 JAPAN 코스』를 발매한다. 유저가 「디스크 팩스」가 설치된 점

포에 자기가 기록한 데이터를 가져가면 디스크 팩스를 통해 닌텐도에 데이터를 보낼 수 있었다. 랭킹 상위자에게 상품을 증정해 어린이와 성인 모두에게 인기를 모았고, 10만 명 이상이 참가해 어느 정도 성과가 있었다. 그 후 『골프 US 코스』『패미컴 그랑프리 F1 레이스』를 소재로도 게임 대회를 열었다. 1987년 12월에는 게임 대회만이 아니라 인기 아이돌을 기용한 어드벤처 게임 『나카야마 미호의 두근두근 하이스쿨』에도 상품을 증정했다. 게임 클리어 뒤에 응모하면 추첨으로 오리지널 상품을 받을 수 있었다. 하지만 아이돌을 소재로 한 게임은 유저층을 좁혔고, 게임의 힌트를 듣는

패미컴 컴퓨터 디스크 시스템(1986년)

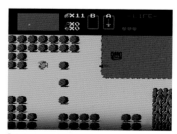

『젤다의 전설』(1986년)

전화서비스에 대한 클레임이 많았다고 한다. 참가자 감소와 디스크 시스템 자체의 부진 탓에 1988년 『패미컴 그랑프리2 3D 핫 랠리』를 마지막으로 서비스가 종료된다.

디스크 팩스는 게임 스코어 등을 닌텐도에 전송하기 위한 기계이다. 사진은 당시의 TV 광고

나카야마 미호의 두근두근 하이스쿨(1987년)

디스크 시스템이 축소된 이유

디스크 시스템은 패미컴의 주변기기이면서 하나의 플랫폼을 만드는 역할을 했다. 동시 발매된 『젤다의 전설』이 인기를 얻어 첫 해에 약 224만 대가 팔렸지만 시간이 갈수록 75만 대, 29만 대, 11만 대로 출하 수량이 감소된다. 인기 하락의 원인 중 하나는 롬팩의 대용량화이다. 반도체 기술의 발전으로 급속도로 디스크의 용량을 넘어섰다. 롬팩에 전지를 추가해 데이터 세이브도 가능해졌으므로 디스크의 존재 가치는 사라졌다. 대다수 제조사도 디스크용 게임 제작에 소극적이어서 처음부터 서드파티로 활동하던 허드슨과 남코도 타이틀을 전혀 내지 않았다. 게다가 유통업계와 소매점에서도 외면당했다고 한다. 디스크

카드의 덮어쓰기 비용은 롬팩의 절반 이하인 500엔. 유저에게는 꿈의 가격이지만 유통점에게는 이익이 거의 없었기 때문이다.

디스크 라이터 회수 후에도 덮어쓰기는 계속되었다

닌텐도 스스로도 1988년 10월에 발매된 『슈퍼마리오 브라더스 3』에 롬팩을 채용해 디스크로의 공급을 점차 줄여갔다. 한편으로는 예전 게임을 저렴하게 공급해 일반 유저가 만든 게임으로 덮어씌워 플레이하게 하는 등 1992년

까지는 조금이나마 공급을 이어갔다. 그러나 1993년 전국의 점포에서 디스크 라이터가 철거되었고 이후의 덮어쓰기 서비스는 닌텐도 본사와 각 영업소에서 계속된다. 그리고 2003년 9월, 약 18년간 이어진 덮어쓰기 서비스가 종료되었다. 본체 수리도 2007년에 끝나고 디스크 시스템은 긴 역사의 막을 내렸다.

디스크 라이터는 전국의 주요 완구점에 설치되어 점원에게 부탁하여 서비스를 받았다. 사진은 당시의 TV 광고

디스크 시스템 제조 공정. 닌텐도의 공장에서 품질 검사가 이루어졌다. (PHP연구소 『패미컴 게임의 주역들』에서)

패미컴 버블에서 쇠퇴까지

라이선스 제도의 도입

1982년 말, 미국에서 폭발적 보급세를 이어가던 아타리의 가정용 게임기 「아타리VCS」를 중심으로 게임시장이 붕괴하는 사건이 일어났다. 「아타리 쇼크」라 불리는 이 사건은 조악한 소프트의 범람에 의한 유저의 게임 이탈을 불러왔다. 당시 아타리를 벤치마킹했던 닌텐도는 퍼블리셔가 규정 없이 소프트를 만들었던 것이 원인이라 분석했다. 닌텐도는 아타리의 전철을 밟지 않도록 독자적인 판매 규칙과 보호 기술을 만들어 패미컴 시장을 지키려 했다. 우선 패미컴 관련 모든 상품에 「패밀리 컴퓨터 및 패미컴은 닌텐도의 상표입니다」라는 문구를 넣었다. 패미컴 브랜드에 무임승차를 금지하고 「부정경쟁방지법」으로 소송도 불사했다. 또한 메인보드의 리비전을 8종류 준비해서 닌텐도의 허락 없이는 소프트가 구동되지 않도록 했다. 서드파티가 패미컴 소프트를 만들 때는 닌텐도와 라이선스 계약을 맺도록 하고 다음의 조건을 내걸었다. (1) 미풍양속을 위반하지 말 것 (2) 소프트 제작은 1년에 1~5개로 할 것 (3) 롬팩의 생산은 닌텐도에 위탁할 것. 초기에 들어온 서드파티 5개 회사 이외에는 이 조건을 엄수하도록 했다.

패미컴 붐 최고조로

1984년 패미컴은 누계 출하 대수 100만 대를 돌파한다. 1986년에는 600만 대, 1987년에는 1000만 대로 폭발적으로 보급되어 '한 집에 1대'에 이르며 버블의 절정기를 구가한다. 장난감 제조사와 게임 제작사를 비롯해 타 업종에서의 패미컴 참여도 줄을 이었다. 닌텐도는 라이선스 제도를 통해 소프트의 품질관리를 철저히 해 불량품 방지에 최선을 다했다. 1988년 『드래곤 퀘스트III』(에닉스)가 발매되어 패미컴의 인기는 정점에 이른다. 전국 각지의 점포 앞에 드래곤 퀘스트를 구하려는 긴 줄이 생기고, 학교에 안 가고 소프트를 사러 가는 아이들과 소프트 소매치기 등 각지에서 사건이 속출한다. 매스컴이 이런 일들을 크게 다루면서 패미컴은 더 유명해졌다.

시장에 넘쳐나는 소프트들

패미컴의 독주가 계속되던 중 라이벌이 등장한다. 1987년 NEC-HE의 『PC엔진』, 1988년 세가의 『메가 드라이브』이다. 둘 다 패미컴을 뛰어넘는 성능으로 게임 숙련자들을 중심으로 보급되었다. 한편 패미컴 소프트가 지속적으로 대량 발매되다 보니 유저의 수준이 올라가서, 1~2년차에 비해 팔리는 소프트와 팔리지 않는 소프트의 차이가 확연해졌다. 1989년에는 168개 타이틀이 발매되었는데, 일부 히트작을 빼고는 잘 팔리지 않았다고 한다. 점포들은 발매일을 무시한 플라잉 판매와 덤핑 등 재고 처분에 분주한다. 그중에는 팔리지 않는 소프트와 인기 소프트를 끼워 파는 업자도 있었다. 여기에 중고 소프트를 취급하는 「패미컴 숍」이 전국 각지에서 등장해 새로운 유통 시스템이 되었다. 닌텐도의 비공인 소프트와 패미컴의 개조 머신을 판매하는 업자도 나타났지만 판매는 제한적이었다. 닌텐도는 패미컴 숍에 라이선스를 주는 등 패미컴

패미컴과 연결하면 주식 매매와 마권 구입이 가능한 『통신 어댑터』. 출하 수량은 약 13만 대

신일본증권의 패미컴 홈트레이딩 소프트. 통신 어댑터에 연결해서 사용한다.

시장 유지에 전력을 기울였다.

패미컴 네트워크

1987년 여름, 닌텐도 개발팀에 『패미컴 네트워크를 노무라증권과 공동 개발하는 것을 검토하라』는 야마우치 사장의 지시가 내려왔다. 노무라증권에서 패미컴을 이용한 주식 거래가 가능한 하드웨어 개발을 의뢰해온 것이다. 데이터베이스는 노무라증권이 준비하고 『통신 어댑터』는 닌텐도가 담당했다. 후일 닌텐도는 증권정보 이외의 서비스를 위해 전용 팩을 교환할 수 있는 통신 어댑터를 개발한다. 1988년 7월 노무라증권은 「패미컴 홈트레이딩」 서비스를 시작하며 통신 어댑터 1,500대를 배포했다. 비슷한 시기에 마이크로 코어도 야마이치증권 및 브리지스톤과 연계하여 패미컴 홈 네트워크 서비스를 시작해 경쟁이 달아올랐다. 이 밖에도 일본경마협회(JRA)가 통신 어댑터를 사용한 마권 재택투표 서비스 「JRA –PAT」를 시작한다. 한편 닌텐도도 완구점과

구 다이이치칸교 은행과의 공동 개발에 의한 통신 전용 단말기 『데이터십 1200』. 금융정보 등을 제공하였다.

유통 관계자를 상대로 「슈퍼마리오 클럽」을 결성하여, 패미컴 소프트의 평가를 볼 수 있는 서비스를 시작한다. 통신 어댑터를 이용한 게임 개발도 시작했지만 판매에는 이르지 못했다. 통신 소프트 중에는 야마우치의 강력한 요청으로 개발된 장기 소프트도 포함되어 있었다. 이러한 패미컴 네트워크 서비스가 게임 전개를 염두에 두었던 닌텐도의 생각대로는 가지 않았지만, 슈퍼 패미컴용 위성 데이터 방송 서비스 진출의 발판이 되었다.

패미컴 말기

패미컴의 인기가 절정에 다다른 1990년, 닌텐도는 16비트 게임기

손바닥 사이즈로 부활한 『닌텐도 클래식 미니 패밀리 컴퓨터』(2016년)

『슈퍼 패미컴』을 발매한다. 패미컴은 여전히 현역으로 1990년에는 최다인 170개 타이틀이 발매되었다. 하지만 패미컴 인기 타이틀의 속편이 슈퍼 패미컴으로 발매되며 패미컴 시장은 축소된다. 1993년 발매한 『젤다의 전설1』과 『와리오의 숲』을 마지막으로 닌텐도는 패미컴 소프트의 개발을 중지했다. 1994년에는 서드파티의 소프트도 중지되며 슈퍼 패미컴으로 세대교체가 이루어진다. 가정용 게임시장의 기틀을 세우고 명작 소프트를 만들어낸 닌텐도 이후에도 패미컴 본체의 생산만은 이어왔다. 하지만 패미컴 발매 20년째를 맞이한 2003년, 부품 조달 문제를 이유로 생산을 종료한다. 일본에서 1935만 대, 전 세계에서 6291만 대가 출하된 패미컴은 지금도 많은 이들에게 사랑받고 있다.

주식 홈 트레이딩의 뜨거운 싸움(요미우리 신문 1988년 5월 19일)

점포와 유통업자용 게임 정보 서비스 『슈퍼마리오 클럽』

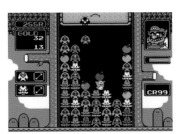

닌텐도의 마지막 패미컴 소프트가 된 『와리오의 숲』(1994년)

또 하나의 기둥이 된 게임보이

게임보이 개발 비화

1989년 4월 21일, 닌텐도는 롬 팩 교환식의 휴대용 게임기 『게임보이』를 발매한다. 세상의 이목이 온통 개발 중인 슈퍼 패미컴에 쏠려 있었으므로, 흑백 화면인 게임보이의 등장에 모두가 놀랐다. 패미컴 붐의 절정에서 게임보이의 개발이 시작되었다. 게임&워치의 개발을 일단락한 요코이의 개발 제1부는 게임&워치의 멀티 소프트화에 들어간 상태였다. 게임보이의 코드네임은 『DMG(도트 매트릭스 게임)』로 야마우치 사장에게서 「가격을 1만 엔 이하로 할 것」이라는 지시를 받았다. 개발 중에 요코이가 가장 신경 썼던 점은 전지 수명과 액정의 시인성이었다. 당시 백라이트 액정은 야외의 밝은 곳에서는 잘 안 보였고, 컬러 액정의 전지 수명은 2시간에 불과했다. 제조 단가 문제로 액정은 흑백이 채용되었고 CPU와 그래픽은 패미컴 기술에서 가져왔다. 그래도 액정 디스플레이를 쓰는 한, 패미컴 이하의 가격은 불가능했다고 한다. 액정 위에 회로를 직접 그리는 '칩 온 글라스'라는 기술과 시티즌과의 가격 경쟁으로 가격이 내려간 샤프의 액정을 채용하여 결국 이 문제를 해결한다. 요코이의 승인으로 샤프는 40억 엔을 투자하여 설비

초기의 게임보이 이미지 일러스트. 조작 버튼 위치와 숫자는 다르지만, 사이즈는 초창기 게임보이와 같았다. (『월간 64드림』 1999년 6월호에서)

증강에 들어갔다. 하지만 게임보이의 시제품을 본 야마우치는 「뭐야 이거, 안 보이잖아」라며 화면 시야각에 의한 시인성 문제를 알아채고 개발 중지를 선언한다. 요코이는 궁지에 몰렸지만 샤프가 액정을 개선하면서 위기에서 벗어난다. 그러나 아무리 해도 가격이 1만 엔을 넘었기 때문에 야마우치의 지시로 이어폰과 AA전지 4개를 추가하여 12,500엔에 판매를 시작한다. 게임보이 발매 후에 야마우치는 이렇게 말했다. 「컬러가 상식인 시대에 흑백 제품을 내놓는 것이 조금 이상하다는 견해가 있었어요. 그래서 별로 팔리지 않겠다고 생각했죠. 하지만 이 상품은 언제 어디서나 플레이할 수 있어요. 기차에서도, 비행기 안에서도, 혹은 산이나 바다에 가서도 가능하죠. 그게 목적이었어요. 이런 물건을 만들면 일본뿐만 아니라 미국이나 다른 나라에서도 팔리지 않을까 생각했어요. 하

지만 지금 기술로는 햇볕 아래에 가면 컬러 액정이 보이지 않아요. 또 AA전지로 흑백의 1/10밖에 견디지 못해요. 유저들이 휴대용 게임기로서 만족할 수가 없죠. 그래서 닌텐도는 게임보이를 흑백 액정으로 했어요.」※ 게임보이는 원래 충전식으로 개발됐지만 야마우치가 「외국인은 충전해서까지 플레이하지 않아」라고 판단함으로써 건전지식으로 바뀌었다고 한다. 어쨌든 게임보이는 전 세계에서 플레이되었고 거치형 게임기와는 다른 시장을 창출했다. 그 후 발매된 컬러 액정의 『게임기어』(세가)에게도 이기면서 닌텐도의 커다란 기둥으로 성장했다.

테트리스의 라이선스를 얻다

게임보이가 발매되고 두 달 후에 등장한 『테트리스』가 게임보이 보급에 큰 영향을 미쳤다. 『테트리스』는 소련(러시아)의 과학자 알렉세이 파지노프가 개발한 퍼즐 게임으로, 1988년경 세계적 대히트를

『게임보이』(1989년)

기록한다. 이 게임의 권리를 처음 취득한 것은 헝가리의 안드로메다 소프트인데 그 라이선스를 영국의 미러 소프트에게 주었다. 미국의 아타리는 미러 소프트로부터 라이선스를 받았고, 세가는 아타리의 자회사인 텐겐에게서 라이선스를 받아 아케이드에 이식하여 인기를 모았다. 닌텐도의 서드파티였던 BPS의 헹 브라우어 로저스도 텐겐으로부터 라이선스를 얻어 패미컴으로 발매했다. 하지만 테트리스의 가치를 알아본 소련 정부는 자산관리 부서 ELOG를 만들고 라이선스들을 정리한다. 그 시절 게임보이 보급에 『테트리스』가 꼭 필요하다고 판단한 닌텐도는 라이선스 취득에 나섰다. 그런데 BPS의 헹이 ELOG가 가정용 게임기와 휴대용 게임기용 라이선스를 내주지 않았던 점을 알아내서, 닌텐도와 협력해 가정용 게임기용 라이선스를 정식으로 얻는다. 이 일로 안드로메다의 라이선스가 PC 전용이었다는 점이 발각되어 미러 소프트에서 얻은 아타리의 라이선스가 소멸했다. 당연히 텐겐과 세가의 라이선스도 사라지고, 메가 드라이브

용으로 개발된 『세가 테트리스』는 판매 중지에 몰리게 되었다. 휴대용 게임기용 라이선스를 얻은 닌텐도는 1989년 6월 게임보이판 『테트리스』를 발매한다. 일본에서만 424만 개를 출하한 『테트리스』는 닌텐도의 예상대로 게임보이 보급에 크게 공헌했다.

쇠퇴에서 부활로

1994년 11월, 카피라이터 이토이 시게사토의 제안으로 닌텐도는 초기 게임보이의 컬러 배리에이션 『게임보이 브로스』를 발매한다. 1995년 게임보이 시장은 거의 죽어가고 있었는데 『포켓몬스터 레드/그린』의 대히트로 부활하게 된다. 그에 맞추어 작은 사이즈의 『게임보이 포켓』을 발매했고 포켓몬과의 상승효과로 판매량을 늘려갔다. 한편 게임보이는 일찍이 컬러 액정의 시제품이 만들어져 있었지만, 「재밌는 게임 소프트가 시장을 만든다」는 야마우치의 판단으로 개발이 중단되어 있었다. 1997년경 샤프

『포켓몬스터 레드』(1996년)

는 닌텐도에 새로운 컬러 액정을 제안했고, 반다이의 휴대용 게임기 『원더 스완』이 발매되자 야마우치는 게임보이의 컬러화를 결단한다. 개발진은 단 10개월 만에, 지금까지 발매된 게임보이 소프트 1,600개 이상과 호환성을 갖는 기기를 개발하라는 미션을 받는다. 닌텐도는 컬러 대응 소프트 개발이 난항을 겪게 되자 서드파티인 에닉스에게 『드래곤 퀘스트 몬스터즈 테리의 원더랜드』의 컬러화를 요청한다. 1998년 10월에 발매된 『게임보이 컬러』는 대응 소프트가 부족했지만, 전 세계에서 2000만 대가 넘는 대히트를 기록함으로써 GBA 개발의 발판이 되었다.

※ 제2회 패미컴 · 게임보이 전시회(1990년)의 야마우치 히로시 특별강연 중에서

게임보이의 킬러 소프트가 된 『테트리스』 (1989년)

걸프전의 폭격을 견디고 구동 중인 게임보이. 미국 뉴욕의 Nintendo World Store에 전시되어 있다.

『게임보이 컬러』(1998년)

패미컴의 후속 기기 슈퍼 패미컴

슈퍼 패미컴의 탄생

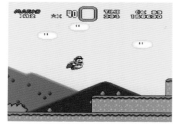

슈퍼 패미컴과 동시 발매된 『슈퍼마리오 월드』(1990년)

패미컴의 대히트로 가정용 게임기 시장을 창출한 닌텐도는 1990년 11월 21일 『슈퍼 패미컴』을 발매한다. 사실 슈퍼 패미컴은 1988년 11월에 발표되어 다음해 7월에 발매될 예정이었지만 반도체 부족을 이유로 여러 번 발매를 연기한다. 게임보이와 해외용 패미컴인 『NES』의 판매가 호조여서 생산 여력이 없었다고 한다. 슈퍼 패미컴의 거듭된 발매 연기는 패미컴과 겹치지 않도록 시기를 조율했다거나 섣부른 개발이었다는 등의 억측을 불러일으켰다. 결과적으로 라이벌 기기를 견제하는 효과를 거두고 유저의 기대감을 높였다. 개발 초기에는 패미컴 게임도 플레이되는 어댑터를 검토했지만, 야마우치는 「슈퍼 패미컴을 사는 사람은 이미 패미컴을 갖고 있다」라고 하면서 호환성을 삭제했다. 그래픽 능력은 당시 어떤 게임기보다 출중했고 32,768색 중 256색 동시 발색이 가능했다. 확대, 회전, 축소, 모자이크 처리, 반투명, 다중 스크롤 기능 등을 채용했고 PCM 음원으로 라이브에 가까운 리얼한 음악을 실현했다. 또한 컨트롤러는 패미컴을 따르면서 어느 손으로도 잡기 쉬운 원형 디자인을 채용했다. X, Y버튼을 추가하고 십자 모양으로 배

치해 4가지 색을 넣었다.
옆면에는 다양한 게임에 대응할 수 있도록 L, R버튼이 추가되어 이후 가정용 게임기의 표준이 되었다. 본체 가격은 3만 엔은 너무 비싸다는 의견으로 패미컴보다 1만 엔 비싼 25,000엔이 되었다.

이상적인 런칭 과정

슈퍼 패미컴과 동시 발매된 『슈퍼마리오 월드』와 『F-ZERO』는 슈퍼 패미컴의 성능을 충분히 어필했다. 서드파티의 소프트도 1990년에 7개 발매되어 슈퍼 패미컴은

슈퍼 패미컴(1990년)

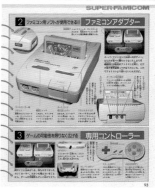

슈퍼 패미컴과 패미컴 어댑터 시제품의 기사 (『패미컴 통신』 1988년 12월 23일호에서)

이상적인 스타트를 끊었다. 발매 직후부터 폭발적으로 판매 대수가 증가했고 인기 시리즈의 속편과 서드파티의 소프트도 충실했다. 발매 1년 반 뒤에는 400만 대 이상의 본체가 판매되었고 100만 개 이상 판매되는 인기 소프트도 다수 등장했다. 하지만 게임의 대용량화에 따라 롬팩 가격이 1만 엔 전후로 오른다. 당시는 도트 중심에서 3D 폴리곤으로 진화하는 과도기로, 대용량에 저렴한 CD-ROM 드라이브를 채용한 차세대 기기가 판매량을 늘리고 있었다. 하지만 닌텐도는 당시 최첨단인 3DCG로 표현된 『슈퍼 동키콩』으로 대항한다. 영국 레어사와 함께 개발한 이 작품은 슈퍼 패미컴의

당시의 최첨단 기술인 3DCG를 사용한 슈퍼 패미컴 소프트 『슈퍼 동키콩』(1994년)

저력을 보여주며 300만 개 이상 판매되었다.

슈퍼 패미컴 다운로드 판매 서비스

1997년 12월, 닌텐도는 편의점 로손 등에서 슈퍼 패미컴 소프트를 다운로드 구매할 수 있는 「닌텐도 파워」 서비스를 시작한다. 다음해 3월에는 전국의 로손으로 확대했고 2000년 3월에는 게임보이 소프트의 다운로드 판매도 시작했다. 점포에 『SF 메모리 카세트』라 불리는 공팩을 가지고 가면 좋아하는 게임을 추가해주는 서비스이다. 기존 소프트는 물론 오리지널 소프트도 라인업에 추가했지만, 슈퍼 패미컴 시장이 쇠락하고 있었기 때문에 다운로드 서비스는 저조했다. 2002년 5월 31일 로손 점포에서의 서비스는 종료되고 닌텐도에서 이어갔지만 2007년 2월 28일 완전히 막을 내렸다.

전설이 된 플레이 스테이션

1989년 10월, 닌텐도는 소니와 함께 슈퍼 패미컴용 CD-ROM 어댑터의 개발을 시작했다. 개발 코드네임은 『PS-X(플레이 스테이션)』. 이것은 슈퍼 패미컴용 음원 칩의 개발과 공급을 맡은 소니의 쿠다라기 켄(전 SCE 사장)이 닌텐도에 제안한 것으로, 현재 플레이 스테이션의 원형이다. 당시 CD는 음악 미디어로서 보급되었는데 데이터 기록용 CD-ROM은 발전 과정에 있었다. 1990년 닌텐도가 슈퍼 패미컴용 어댑터를, 소니가 슈퍼 패미컴과 호환되는 CD-ROM 드라이브를 탑재한 일체형 기기를 만드는 형태로 제휴한다. 야마우치는 이 계획을 승인했다. 두 회사는 1991년 5월 미국 시카고에서 열리는 가전 전시회 「CES(컨슈머 일렉트로닉스 쇼)」에서 플레이 스테이션을 발표할 예정이었다. 하지만 닌텐도는 같은 날 같은 전시장에서 네덜란드의 전자회사 필립스와 함께 슈퍼 패미컴용 CD-ROM 어댑터를 개발한다고 발표한다. 3일 전에 소니 측에게 연락이 갔지만 쿠다라기에게는 전달되지 않았으므로 배신행위로 받아들여졌다고 한다. 계약서에 「소니는 하드웨어만 제공하고 소프트는 손대지 않는다」라고 되어 있지만, 실제로는 닌텐도의 승인 없이 동시 발매 소프트의 데모를 만든 것이 야마우치의 역린을 건드렸다고 한다. 이대로 가다가 소니에게 주도권을 빼앗기지 않겠는가 하는 우려도 있었다고 한다. 소니 측은 닌텐도에게

슈퍼 패미컴 CD-ROM 어댑터의 예상도 (『패밀리 컴퓨터 매거진』 1992년 2월 7일호에서)

항의하며 여러 번 교섭을 거치지만 파국으로 치닫는다. 음원 칩 공급은 지속되었지만 두 회사의 관계는 서서히 식어갔다. 이 사건이 소송까지 가지 않았던 것을 보면 쌍방 과실이 아니냐는 이야기도 있는데 진상은 아무도 모른다. 야마우치는 훗날 「소니와 단추를 잘못 끼웠다」라고 말했다. 그 후 쿠다라기가 독자적으로 계획을 진행하여 SCE(소니 컴퓨터 엔터테인먼트)를 설립했고 플레이 스테이션이 탄생했다. 한편 닌텐도는 필립스와의 공동 개발도 파기되어 슈퍼 패미컴용 CD-ROM 드라이브가 세상에 나오는 일은 일어나지 않았다.

소니가 만든 속칭 닌텐도 플레이 스테이션 시제품. 슈퍼 패미컴과 CD-ROM 플레이어의 일체형이다. (『쿠다라기 켄의 플레이 스테이션 혁명』에서 (와크 간행))

우주에서 게임이 내려오는 사테라뷰

위성 데이터 방송 「슈퍼 패미컴 아워」

닌텐도는 위성 디지털 라디오 방송국 「센트 기가」에 출자해, 1995년 4월 23일 세계 최초의 위성 데이터 방송 서비스 「슈퍼 패미컴 아워」를 시작했다. 위성방송 서비스 지역에 있으면, 슈퍼 패미컴에 전용 어댑터 『사테라뷰』를 연결하기만 해도 매일 오후 12시에서 새벽 2시 사이에 슈퍼 패미컴 체험판과 BS오리지널 게임, 유명인에 의한 사운드 링크(음성 연동 방송) 게임을 무료로 플레이할 수 있었다. 게임과 방송은 날마다 갱신되었고 전국의 게이머가 같은 시간에 일제히 플레이하는 등, 인터넷 시대를 앞선 새로운 시도가 이루어졌다. 초기에는 타모리와 폭소문제, 하마사키 아유미, 이주인 히카루 등의 유명인에 의한 라디오 음성 방송이 방송되었고 『타모리의 피크로스』 『와리오의 숲 폭소 버전』 등 각 진행자를 소재로 한 게임도 등장한다. 스퀘어와 에닉스, 아스키, 허드슨 등의 서드파티도 참여하여 『BS젤다의 전설』, 『BS드래곤 퀘스트』 등의 사운드 링크 게임이 발매됐다. 하지만 유저 숫자가 크게 늘지 않아 다음해에는 규모를 축소했다. 사테라뷰의 판매 대수는 월 20,000～30,000대 수준이어서 200만 대라는 목표는 요원했다.

『이름을 도둑맞은 마을』의 전체 화면 (『월간 사테라뷰 통신』, 1995년 9월호)

서비스 축소에서 철수로

처음에는 통신판매뿐이었으나 1995년 11월부터는 일반판매도 시작한다. 보급에 박차를 가했지만 1996년 3월에는 많은 방송이 종료되었고 방송 개편과 방송시간 조정이 이루어졌다. 같은 해 6월에는 노무라 종합연구소 및 마이크로 소프트와 제휴해 위성 데이터 방송과 인터넷을 통합하는 사업을 구상한다. 1998년에는 교세라와 디지털 위성방송 비즈니스의 참여도 발표했지만 아무것도 실현되지 않았다. 1999년 3월 31일에는 위성 스폰서였던 닌텐도가 방송 사업에서 철수하면서 방송 시간이 축소되었고 BS오리지널 게임도 재방송만 이루어진다. 센트 기가는 「슈퍼 패미컴 아워」에서 「센트 기가 위성 데이터 방송」으로 이름을 바꾸어 서비스를 지속했지만, 2000년 6월 30일 『닥터 마리오』 방송을 마지막으로 서비스를 종료했다. 사테라뷰는 광고 매체로서 게임의 평가와 신작 예고를 하고 게임 체험판에서 소프트 구입으로 연결하는 등, 이후의 네트워크 시대를 향한 닌텐도의 큰 도전이었다. 하지만 (1) BS안테나가 없으면 이용 불가란 점 (2) 한정된 판매 경로 (3) 적극적인 광고 활동을 하지 않았던 점 (4) 슈퍼 패미컴 시장의 쇠퇴와 닌텐도64로의 이행이라는 요인으로 닌텐도의 계획대로 되지 않았고 보급 대수도 적었다.

사테라뷰의 시제품

마이 캐릭터를 조작해서 마을 주민과 이야기하고 건물에 들어가 서비스를 받을 수 있다.

사테라뷰 오리지널 타이틀 『커비의 장난감 상자』(1996년)

버철보이의 상업적 실패

비디오 게임의 원점으로 돌아가다

1995년 7월 21일, 닌텐도는 종래의 비디오 게임과는 방향성이 다른 32비트 머신 『버철보이』를 발매했다. 차세대 기기라 불리는 플레이 스테이션과 세가 새턴의 존재, 시대에 뒤떨어진 듯한 빨간색 일색의 영상에 망설인 유저들도 많았다. 버철보이는 호화로운 영상과 복잡해지는 게임 트렌드에 비추어 다시 원점으로 돌아가자는 의미를 담은 닌텐도의 도전이었다. 슈퍼 패미컴이 대히트하고 닌텐도64의 발매가 예정되어 있는 등, 닌텐도는 착실히 업적을 쌓아왔다. 하지만 요코이 군페이는 상황을 냉정하게 분석했고 다음과 같은 생각으로 버철보이를 개발했다고 한다. 「패미컴에서 슈퍼 패미컴으로 옮겨갈 때 이렇게 어려운 게임은 더 이상 따라갈 수 없다는 사람들이 꽤 나왔어요. 새로운 게임을 플레이하는 사람은 기꺼이 비용을 지불하니까 매출은 좋아 보이지만 게임 인구는 줄어들고 있어요. 닌텐도64에서도 같은 일이 생긴다고 봐요. 닌텐도

『버철보이』(1995년)

『갤럭틱 핀볼』
(1995년)

가 비디오 게임을 따라가는 한, 미래는 없다고 생각해요. 다시 한 번 슈퍼 패미컴과 패미컴 유저를 위한다면 어떻게 해야 할까요?」[1] 버철보이는 닌텐도64와는 다른 방향으로 3D의 가능성을 추구했다. 어려운 게임을 원하는 게이머 지향이 아닌, 초보자를 대상으로 한 것이다. 개발은 1992년 리플렉션 테크놀로지의 항공기 설계 도면에 쓰이는 「프라이베이트 아이」라 불리는 LED에서 시작되었다. 프라이베이트 아이의 깨끗한 빨간색 영상을 본 요코이는 어둠 속에서 무한히 넓어지는 공간을 표현할 생각을 한다. 좌우의 눈 각각에 시각차가 있는 영상을 내보내 3D 영상을 실현한 것이다. 처음에는 선글라스 정도의 본체를 생각했지만, 전자파와 안전성의 문제로 테이블에 놓고 고글을 들여다보는 형태가 되었다. 요코이는 휴대기에서 거치기로 바뀐 점에 위기를 느꼈지만 야마우치는 버철보이의 참신한 발상이 마음에 들어 발매를 결단한다. 야마우치는 매일같이 미야모토와 요코이에게 「3D는 어때?」 「튀어나오는 거야?」라고 물었다고 한다. 결국 미야모토는 닌텐도64로, 요코이는 버철보이로 야마우치의 생각에 답했다.

버철보이의 실패 원인

닌텐도는 모노 3D 영상으로는 어필하기 어렵다고 판단해 전국 점포에 시연대를 설치한다. 버철보이는 당초 300만 대 출하를 목표로 했지만 실제로 팔린 것은 15만 대 정도였다고 한다. 닌텐도 게임기로서는 완전한 실패였다. 닌텐도 관계자는 다음과 같이 분석한다. 「버철보이는 실제로 플레이해 보지 않으면 그 재미를 알 수 없고 즐기는 모습도 일상적이지 않아요. 게다가 버철보이의 성능을 이끌어낼 소프트가 준비되지 않았던 것도 문제였죠. 또한 발매와 동시에 시행된 제조물책임법도 부정적으로 작용해 눈에 나쁠 것 같은 이미지가 형성되었어요. 하지만 요코이는 이미 미국의 안과 의사를 통해 확인을 받았어요. 「눈이 피곤하다」라는 것도 일상적으로 쓰지 않는 눈 근육을 사용하는 데 따른 기분 좋은 피로라고 해요. 야마우치는 요코이에 대해 '선진 기술을 부정하고 예전 게임의 재미로 차별화를 하려고 했다'라고 평가하고 '버철보이가 실패한 것은 소프트가 약했던 점 이외에 하드웨어의 정비가 미숙했기 때문이며 좀 더 시간을 들여서 개발했어야 했다(중략)'라고 생각했어요. 너무 빨리 어중간하게 내버렸다는 반성은 있어요.」[2]

※1 『요코이 군페이 게임관』 (아스펙트 간행 1997년)
※2 경제계 『닌텐도의 야마우치 히로시 사장, 경영 불안설에 대반론!』(1996년 9월 24일)에서

게임이 바뀐다, 64가 바꾼다

닌텐도 64의 탄생

1995년 11월, 닌텐도는 초심회에서 64비트 기기 『닌텐도64』의 모습을 세계 최초로 공개했다. 닌텐도64 개발의 코드네임은 「프로젝트 리얼리티」로 1993년 8월에 시작되었다. 당시 가정용 게임기 시장은 닌텐도의 과점 상태였는데, 1994년부터 차세대 기기라 불리는 대용량 CD-ROM을 사용한 32비트 게임기가 등장했다. 마츠시타 전기의 『3DO REAL』을 선두로 소니의 『플레이 스테이션』, 세가의 『세가 새턴』이 등장했고, 게임 외에 영상과 음악 등을 즐길 수 있는 「멀티미디어」가 각광받았다. 그런 차세대 기기의 경쟁을 두고 닌텐도는 독자적인 길을 걸었다. 세계 최고의 영상 기술을 가진 슬리콘 그래픽스와 제휴하여 플레이어의 지시에 맞춰 게임 화면을 순간적으로 렌더링하는 풀 3D 영상을 실현한 것이다. CPU는 초고속 화상 처리가 가능한 64비트를 채용했고, 컨트롤러는 3차원 공간을 마음대로 조작할 수 있는 아날로그 입력장치 「3D 스틱」을 채용했다. 양손으로 균일하게 잡는 것이 아니라, 한 손은 제대로 잡고 다른 한 손은 보조하면서 게임 세계에 집중할 수 있도록 했다. 또한 우측, 좌측, 패미컴 포지션이라는 세 가지 방법으로 잡을 수 있다.

닌텐도64는 당초 『울트라64』(통칭 『울트라 패미컴』)라는 이름으로 발표되었다.

여기에 4개의 C버튼 유니트를 채용해 카메라 워크를 바꿀 수도 있다. 뒷면에는 카메라의 시점을 되돌리는 「Z주목」 등에 쓰이는 「Z트리거」와 메모리팩과 진동팩을 연결하는 확장 슬롯을 설치했다. 컨트롤러 단자를 4개 장비해 4인 동시 플레이를 지원하고 미디어는 롬팩을 채용했다. 전송 속도가 빠르고 3D의 실시간 표현에 맞기 때문이라고 한다. 또한 팩에 칩을 달아 새로운 시도를 할 수도 있다. 미야마토 시게루는 『마리오 카트64』의 4인 동시 플레이는 롬팩이어서 가능했다고 한다.

닌텐도 64의 설계 철학

늘 「게임의 본질은 무엇인가」를 생각해온 닌텐도의 답변은 소프트의 「물적 확대」가 아닌 「질적 전환」이

닌텐도64의 핵심이었던 컨트롤러. 중앙에 3D 게임을 플레이하기 위한 3D 스틱을 설계했다.

닌텐도64가 세계 최초로 공개되었을 당시의 이벤트 고지

었다. 소프트 제조사의 진입 장벽을 낮춰 다수의 서드파티를 모은 소니와는 대조적으로, 닌텐도는 '세컨드 파티'라는 「소수정예」로 소프트를 공급했다. 게임 제작자에게 새로운 소재와 도구를 제공해 높은 수준의 소프트를 만들게 하겠다는 의도였다. 야마우치는 「플레이해서 즐거운가, 재미있는가를 판단하는 것이 비디오 게임」이라며 타 회사와의 차별점을 강조한다. 또한 그는 「유저가 원하는 것은 독창적이고 지금까지 체험해본 적 없는 듯한 재미있는 소프트」라면서, 닌텐도64를 발매한 것은 비디오 게임 시장을 지키기 위함이었다고 말한다.

발매 후의 과정

닌텐도64는 「게임이 바뀐다, 64가 바꾼다」란 캐치 플레이즈와 함께 1996년 6월 23일 발매된다. 처음에는 1995년 말 발매 예정이었지만, 4개월 뒤인 1996년 4월 21일로

연기된다. 거기서 또 2개월을 미루어 발매가 되었다. 출하대수는 발매 1주일에 30만 대, 2개월에 70만 대를 기록하며 기세를 올렸지만 이후 판매가 둔화된다. 96년 말까지 출하대수 360만 대를 전망했지만 실제로 팔린 것은 절반인 180만 대. 가격 면에서 4만 엔 전후인 플레이 스테이션과 세가 새턴에 비해 닌텐도64는 25,000엔으로 저렴했다. 하지만 발매 직전에 PS와 SS가 2만 엔 이하로 가격을 인하해서 닌텐도64는 경쟁력을 잃어버린다. 거기다 기기 발매로부터 3개월 동안 신작 소프트가 나오지 않았고 「소수정예」를 고집한 것이 발목을 잡아 서드파티의 이탈을 불러온다. 닌텐도와 밀접한 관계를 맺어오던 스퀘어도 대용량을 이유로 PS로 옮겨간다. 이후 닌텐도64의 파워를 활용하지 못했던 소프트 제조사들도 차례차례 PS로 옮겨간다. 닌텐도64의 소프트 개발은 상당한 시간과 체력, 기술, 재능을 필요로 했기에 서드파티는커녕 닌텐도 스스로도 힘들어했다. 닌텐도는 리쿠르트와 함께 크리에이터를 지원하는 회사 「메리갈 매니지먼트」를 설립해 세컨드파티의 확대를 노렸지만, 97년 말의 타이틀 숫자는 고작 50개 남짓했다. 반면 PS는 1,000개 이상의 타이틀을 갖추고 닌텐도64와의 차이를 크게 벌렸다. 1997년 3월 14일, 닌텐도는 이례적으로 본체 가격을 16,800엔으로 인하했고, 1998년 7월에는 다시 14,000엔

3D 공간의 샌드박스를 자유롭게 돌아다니는 닌텐도64의 런칭 소프트 「슈퍼마리오64」

닌텐도64 발표 후의 「프로젝트 리얼리티」의 데모 화면 (1994년 1월 트레이드 쇼에서)

으로 내렸지만 큰 효과는 없었다. 패미컴과 슈퍼 패미컴을 플레이하며 자란 게이머들 다수가 타사의 게임기로 이동해 닌텐도64는 일본과 아시아에서 고전을 면치 못한다. 한편 북미에서는 「슈퍼마리오64」와 「골든아이 007」 등 인기 소프트에 힘입어 호조를 띤다. 닌텐도64는 일본에서 554만 대, 해외에서 2738만 대 출하되었다. 일본에서는 PS와 SS보다도 적어서 SCE에게 업계 1위를 넘겨주었지만, 북미의 실적으로 비즈니스로서는 큰 문제가 없었다. 야마우치는 말년에 「소프트 체질이 아닌 새로운 개발자들이 닌텐도64 같은 것을 만들어버렸다」라며 반성했다고 한다.

기록이 가능한 64DD

64DD는 닌텐도64와 함께 「NINTENDO64 DISK DRIVE」라는 이름으로 공개됐지만, 닌텐도64의 보급이 부진한 탓에 여러 번 연기되었다. 1999년 6월, 닌텐도는 리쿠르트와의 공동출자 회사 「랜드

넷 디디」를 설립하여 「64DD」란 정식 명칭으로 발매한다. 점포 판매가 아닌 신용카드 결제에 의한 회원제의 구독 방식으로 판매되었다. 64DD는 종래의 완결형 게임과는 달리, 인터넷 접속에 의해 게임이 덮어쓰여지는 머신이다. 덮어쓰기에 의한 추가/갱신으로 하나의 게임을 오랫동안 즐길 수 있는데, 회원수가 늘지 않아 고작 1년 만에 서비스가 종료된다. 인터넷에 접속하기 어렵고, 처음에는 회비가 신용카드 결제로 한정되었으며, 이미 닌텐도64의 후속기기가 발표되었던 점이 보급에 걸림돌이 되었다. 당시 10만 명 한정이었던 행사에 15,000명 정도가 응모했다고 한다. 주변기기로는 실패로 끝났지만, 아이디어는 살아남아 훗날 하드웨어와 소프트 개발에 활용되었다.

발표에서 3년 이상이 지난 후에 랜드넷 디디가 발매한 「64DD」

닌텐도 게임큐브와 게임보이 어드밴스

게임큐브 탄생과 과정

신규 참여로 가정용 게임기 시장 1위를 달성한 SCE는 2000년 PS의 후속 기기인 『Play Station2』를 발매한다. PS와의 호환성과 당시 보급되기 시작한 DVD플레이어 기능을 채용하여, 발매 직후부터 폭발적인 인기를 모았다. 한편 닌텐도는 2001년 9월 14일 『닌텐도 게임큐브』를 발매한다. 본체 디자인은 작고 심플해서 한 손으로 가볍게 플레이할 수 있다. 닌텐도는 게임큐브에 대해 타사처럼 어떤 분야의 패권을 노리는 것이 아니라, 게임을 플레이하기 위한 최고의 하드웨어를 목표로 했다고 한다. 게임큐브의 개발 코드 네임은 「돌핀」인데 그 시작은 '닌텐도64에 대한 반성'이었다.

제작자에게 너무 높은 요구를 해서 소프트 부족에 빠진 닌텐도64의 전례에 비추어 게임큐브에서는 개발하기 쉬운 점을 중시했다. 성능의 최대치인 숫자보다 실행 성능에 중점을 두어 서드파티의 부담을 줄이고자 했다. 게임큐브의 내부 구조는 '돌핀(돌고래)'에 빗대어 'Gekko(월광), Flipper(물갈퀴), Splash(물보라)'의 3가지 부품이 기판 위에서 '돌고래가 물보라를 치는 것' 같은 구성으로 배치되어 있다. 또한 마츠시타전기산업과 제휴하여, 닌텐도의 게임기로서는 처음으로 광디스크를 채용한다. 8cm 사이즈의 디스크에는 마츠시타 전기가 독자적으로 만든 저작권 보호기술과 불법복사 방지 기능이 적용되었다. 본체 전면에는 4메가bit 플래시 메모리 「디지카드」 슬롯이 준비되었고, SD카드 어댑터를 쓰면 SD카드도 사용 가능하다. 또한 D단자

제품 발표회의 데모에 나온 「슈퍼마리오 128」

대응의 디지털 비디오 케이블도 쓸 수 있었고, 바닥면에는 브로드밴드 어댑터와의 연결 단자도 있다. 한편 컨트롤러는 닌텐도64가 목표로 했던 「누구라도 심플하게, 누구라도 다양하게」에 재도전한다. 좌측에는 아날로그 스틱과 십자버튼, 우측에는 A버튼을 둘러싸는 3개의 버튼, 아래에 C스틱을 채용한다. 측면에는 아날로그의 L, R버튼과 Z트리거가 채용되어 진동 기능도 표준으로 장비하고 있다. 닌텐도64와 같이 컨트롤러 포트를 4개 준비하여 GBA를 컨트롤러로 쓸 수도 있다. 언뜻 복잡해 보이지만 기본적으로는 스틱 1개와 A버튼을 누르면 플레이할 수 있다. 게임큐브 발표 시 128명의 마리오가 움직이는 「마리오128」의 데모가 미야모토 시게루에 의해 공개되었다.

32비트 휴대용 게임기 『게임보이 어드밴스』

2001년 3월 21일, 닌텐도는 휴대용 게임기에서도 12년 만에 풀 체인지 된 『게임보이 어드밴스』

닌텐도 게임큐브(2001년)

닌텐도 게임큐브의 광고지. 다양한 컬러 배리에이션이 등장했다.

를 투입했다. GBA 개발은 GB컬러 발표 후인 98년에 시작되었다. 초기 게임보이로부터 10년 이상이 경과되어 새로운 휴대용 게임기의 등장이 점쳐지고 있었다. GBA는 단순히 최신 기술을 적용한 것이 아니라 GB 소프트와의 하위 호환을 중시했다. 성능이 좋은 부품을 쓰면서도 제작 단가를 억제하여 본체 가격을 1만 엔 아래로 맞췄다. GB와 GBA 소프트의 구별은 GBA 소프트에 홈을 내서 본체가 구조적으로 판단하도록 했다. CPU는 32비트가 되었고, 전지가 줄어들면 램프 색상이 바뀌는 LED 표시와 L, R버튼, 와이드 기능(GB 소프트가 와이드 화면이 된다) 등을 채용했다. 스크린은 32,768색 표시를 지원하는 반사형 TFT 컬러 액정이 채용되어 GB컬러의 약 1.5배까지 화면 사이즈가 커졌다. 예전처럼 세로형이면 본체 사이즈가 커지기 때문에 디자인을 가로형으로 바꿨다. 확대 · 축소 · 회전 기능, 영상의 겹치기, 반투명 처리 등의 표시 능력도 갖추었다. 슈퍼 패미컴 급 소프트 개발이 간단하게 이루어지는 「궁극의 2차원 게임 머신」을 목표로 한 것이다. 또한 여러 명이 동시에 플레이하기 위해서는

여러 개의 소프트가 필요했지만, GBA에서는 소프트 1개로 최대 4인 동시 플레이가 가능하다. 게임큐브와 연동한 플레이도 지원하며 GBA를 컨트롤러로 쓸 수도 있다. 게임큐브 소프트 『젤다의 전설 4개의 검+』의 경우, GBA를 연결하면 플레이어 4명이 각각 개별적인 모니터를 가지고 자유롭게 조작할 수 있다. 이렇게 본체 가격 9,800엔에 발매된 GBA는 순조롭게 보급되어 일본에서는 1696만 대, 해외에서는 8151만 대를 판매했다. 한편 SCE도 휴대용 게임기 시장에 참여하여 고성능으로 음악과 영상을 즐길 수 있는 『PSP(Playstation Portable)』를 발매한다. GBA에 필적할 정도의 수량을 판매했다.

모바일 시스템 GB

2001년 1월 27일, 닌텐도는 GB컬러와 GBA를 휴대전화와 PHS에 연결하여 여러 통신 서비스를 받을 수 있는 『모바일 어댑터GB』를 발매한다. 월 이용료를 내면

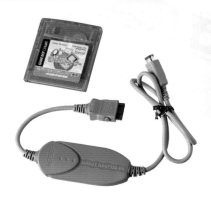

『모바일 어댑터GB』(2001년)

대전과 데이터 교환, DLC와 아이템의 다운로드, E메일 교환 등을 지원했다. 그에 앞서 1999년 10월, 닌텐도는 코나미와 함께 「모바일 어댑터GB」 대응 소프트를 개발하기 위한 회사 「모바일21」을 설립한다. 『모바일 어댑터GB』는 5,800엔에 판매되었지만 2001년 7월 19일에는 3,800엔으로 인하된다. GB컬러와 GBA를 합쳐 21개의 대응 소프트가 발매되었고 2002년 12월 14일 서비스가 종료된다. 통신료 절감을 위해 오래된 통신 방식을 채용한 점과 통신료가 높았던 점, 휴대전화를 갖고 있지 않은 GB 유저가 많았던 점 때문에 이용자는 늘지 않았다.

세로형에서 가로형으로 풀 체인지 된 『게임보이 어드밴스』(2001년)

『게임보이 어드밴스SP』(2003년)

『게임보이 미크로』(2005년)

계승되는 닌텐도의 DNA

야마우치의 퇴임과 이와타의 신체제

2002년 5월 24일, 닌텐도는 52년간 회사를 이끌어온 3대 사장 야마우치 히로시가 5월 말 퇴임하고 이와타 사토루가 취임한다고 발표한다. 이와타는 불과 42세였고 2년 전에 채용된 외부 임원이란 점에서 모두가 놀랐다. 야마우치는 이와타 지명 직전에 독대한 자리에서 그의 경영철학을 전달하고 「타 업종에는 절대로 손대지 말 것」이라 지시를 남겼다고 한다. 동시에 미야모토 시게루와 타케다 켄요를 포함한 6명의 이사를 세워 '집단지도체제'를 발족시켰다.

천재 프로그래머 이와타 사토루

2005년 전 세계 게임 개발자 모임인 「게임 개발자 컨퍼런스」의 기조 연설에서 이와타는 자신을 이렇게 소개했다. 「제 명함에는 사장이라 쓰여 있지만 제 마음은 게이머입니다.」 이와타는 1959년 홋카이도 삿포로에서 태어나, 학창시절 잡지에 자작 프로그램을 투고할 정도로 그 세계에서는 유명한 게임 소년이었다. 도쿄공대 2학년 때 작은 게임회사인 HAL연구소에서 아르바이트를 시작한다. 대학 졸업 후, 부모의 반대를

뿌리치고 HAL연구소에 취직해 패미컴 소프트 등의 개발에 몰두한다. 하지만 HAL연구소는 1992년 사실상 도산한다. 그때 야마우치는 「이와타를 사장으로 할 것」을 조건으로 지원을 약속했다고 한다. 33세였던 이와타는 고난에 도전해 『별의 커비』와 『대난투 스매시 브라더스』를 대히트시키며 7년 만에 부채 15억 엔을 변제한다. 소프트 개발에 있어서의 천재적 자질은 물론, 경영 정상화를 이룬 이와타를 높이 평가한 야마우치는 2000년 그를 닌텐도로 스카우트했다. 대표이사 경영기획실 실장에 취임한 이와타는 2년 후인 2002년 5월 31일 야마우치의 후계자로 지명되어 닌텐도 4대 사장으로 취임한다. 야마우치는 대표권이 없는 이사로 물러나 새로운 경영진을 지켜보았다.

심각해지는 '게임 이탈'

1990년대 중반부터 약 10년에 걸쳐 닌텐도는 소니, 세가와 치열한 게임기 경쟁을 펼치며 성장의 선봉에 있었다. 게임은 경이적인 속도로 진화했고 제조사들은 게이머들의 요청에 응하고자 고성능, 대용량화의 길을 걸었다. 그 결과, 복잡해지는 게임을 따라가지 못했던 사람들이 게임에서 이탈해 게임 시장이 축소된다.

야마우치 히로시 닌텐도 3대 사장 (64DD 『다이렉트 스튜디오』 사장 인사말에서)

야마우치도 일찍이 「대용량 게임은 안 된다. 이러다가 모두 무너진다. 중후장대한 게임은 질린다. 게임 비즈니스의 본질은 새롭고 즐거운 것을 개발하고 꾸준히 완성도를 높이는 것이다.」[1]라고 주장했다. 이와타 역시 2003년 도쿄 게임쇼의 기조연설에서 「게임에서 멀어진 유저를 되돌리는 것이 필요합니다.」라고 말했다. 사장 취임 후 1년 동안의 생각으로 닌텐도가 가야 할 방향을 알린 것이다.

기업이념이 없다는 것이 닌텐도이즘

닌텐도에는 기업이념이라는 것이 없다. 야마우치 자신이 기업이념이라는 말을 싫어했다. 이와타는 「우리는 사시나 사훈이 없어요. 없다는 것이 닌텐도이즘이죠. 사시나 사훈대로 일하면 사람들은 질릴 거예요.」[2]라고 말했다. 화투, 트럼프로 시작된 닌텐도의 체질은 오래된 것이고 야마우치도 그 틀에서 벗어나지 않는 보수적인 경영자였다고 한다. 「화투와 트럼프에서 벗어난 것은 시대가

바뀌었기 때문이에요. 어쩔 수 없이 전환한 거죠. 많은 고난을 거치며 어쨌든 살아남은 것은 운이 좋았기 때문이에요. 명확한 경영 전략이 있었던 건 아니고, 시행착오의 연속으로 거듭된 실패에서 조금씩 몸으로 배워갔던 거예요. 그것을 자산으로 어쩌다 행운을 만나 1980년부터 급성장의 파도를 탔죠. 한마디로 닌텐도는 운이 좋았을 뿐이에요.」※3. 야마우치에게 시대의 변화에 맞추어 새로운 사업을 시도한다거나 조직을 활성화시키겠다는 의식은 별로 없었다. 그저 물려받은 회사를 지키기 위해 열심히 뛰었고 필사적으로 노력한 결과 현대화가 될 수밖에 없었던 것이다. 가업을 이은 야마우치는 카드에서 아이디어 장난감을 거쳐 전자 완구에 진출했고 그의 말대로 파도를 잘 타게 되었다. 「장난감 업계라는 것이 결국 하나의 캐릭터가 판매되는 동안은 그것만으로 장사하려는 경향이 있어요. 그래서 아무도 전자 쪽을 생각하지 않았죠. 하지만 나는 다른 회사와 같은 것을 하려면 안 하는 게 낫다는 생각이었죠. 그래서 전자 쪽으로 갔어요. 하지만 잘 생각해보면 장난감 업계에서 다른 회사와는 다른 길을 가자고 했다면 그것밖에 남지 않았던 거였어요.」※4 그의 말이다.

운을 중시하는 경영과 소프트 체질

「오락 산업은 다른 회사와 비슷해서는 절대 안 된다.」 야마우치에서 이와타로 이어지는 말이다. 닌텐도는 스스로의 조직 확대에 늘 신중하다. 「지금보다 10배로 사원을 늘리면 '닌텐도다움'을 지킬 수 없어요. 강한 부분에 집중하고 그렇지 못한 부분은 적절히 버릴 수 있어야 적은 인원으로 대기업과 싸울 수 있습니다.」※5라고 이와타는 말한다. 이런 자세는 경영 방침에서도 드러난다. 닌텐도의 재무 상태는 건전하고 2000년대에는 1조 엔 가까운 현금을 보유했다. 패미컴 발매 이후엔 무차입 경영을 지속하고 있다. 거액의 현금은 미래의 리스크 대응뿐 아니라 신용 보증 면에도 큰 의미를 가진다. 협력업체에게 미수금이 생기지 않는다는 믿음을 주므로 보다 높은 기준을 요구할 수 있다. 안이한 규모 확대와 흡수합병도 없고 상품이 많이 팔린다고 화기애애한 분위기가 되는 것도 아니다. 건물도 낭비 없고 효율이 좋으면 그만이라고 생각한다. 좋은 상품과 철저한 품질관리가 비용 절감의 기본이라 생각한다. 야마우치가 「타 업종에 절대 손대지 마라」는 말을 남긴 것은 자신의 처절한 경험에서 비롯되었다. 「실의태연, 득의냉연」(일이 제대로 안 될 때는 서두르지 말고 느긋하게 행동하고, 잘 나갈 때는 방심하지 말고 진실하게 행동하라)이 야마우치의 좌우명이다. 모 아니면 도인 오락산업의 본질에 어느 정도 거리를 둔 경영으로 밸런스를 맞

이와타 사토루 닌텐도 4대 사장 (닌텐도 이와타 사장의 Mii에서)

추고 있다. 이와타 역시 「오락상품이 생활필수품은 아니죠. 사람들은 설명서도 읽지 않아요. 모르는 건 전부 만든 사람 탓이죠. 그 엄격함에 길들여져 왔어요. 놀람을 줄 수 없는 상품은 팔리지 않죠.」※6라고 말한다.

오락산업은 생활필수품을 보다 저렴하게 만드는 하드웨어 산업과 체질적으로 다르다. 독창성이 우선시되는 소프트 체질이 필요한 것이다. 야마우치가 반세기 걸쳐 이룬 가치관은 「운」과 「소프트 체질」이라는 말로 집약되어 닌텐도에 흐르고 있다. 「오락에 철저할 것」, 「독창적이어라」, 「생필품과 다르다」, 「분수를 알라」와 같은 닌텐도 철학은 이와타들에게 이어지고 있다. 그래서 닌텐도는 변화에 맞춰 유연히 흘러가면서도 그 중심은 흔들리지 않는다.

※1 닌텐도 경영방침 설명회(2000년 9월 8일)에서
※2 ※5 ※6 니케이 비즈니스 「닌텐도는 왜 강한가 '고작 오락'의 산업 창출력」(2007년 12월 17일호)에서
※3 ※4 타카하시 켄지 저 「닌텐도 상법의 비밀」(쇼덴샤)에서

닌텐도의 완전한 부활, 닌텐도DS

2화면 & 터치펜의 새로운 게임기

DS가 태어난 곳은 닌텐도 본사에서 가까운 골프장 내의 이탈리안 레스토랑이었다고 한다. 게임큐브의 고전으로 유저의 게임 이탈이 일어나던 가운데, 이와타와 미야모토는 「왜 모두가 게임을 하지 않는가」라는 문제의식을 공유하며 논의를 거듭했다. 게임기를 멀리하는 요인 중 하나는 컨트롤러의 복잡함에 있었다. 야마우치가 「2화면의 휴대형 게임기」를 요구하고 있어 그것도 난이도를 끌어올리고 있었다. 레스토랑에서 식사를 하던 중, 이와타는 미야모토에게서 나온 '터치 스크린'이라는 아이디어를 바로 채용한다. 2화면, 터치스크린에 이어 마이크 입력, 무선통신이라는 아이디어가 속속 나와 인터페이스의 쇄신을 이루었다. 초보자와 게임을 해본 경험이 없는 사람도 같은 스타트 라인에서 플레이하는 것을 목표로 했다. 한편으로 가정용 게임기에서 다루는 소재를 넓히는 것에도 주력한다. 새로운 시도가 필요한 새로운 장르의 소프트 제작으로 유저층의 확대를 노렸다.

Touch! Generations로 폭넓은 세대에 접근

DS는 2004년 12월 발매 후 순조로운 스타트를 보였지만 구매자가 확대되지 않았다. 상황이 변한 것은 발매 5개월째로, 이와타가 상품화 한 『뇌를 단련하는 어른의 DS트레이닝』(이하 뇌단련)이 재미있다는 입소문이 퍼졌다. 당시 뇌단련 소프트 구입자 10명 중 6명이 본체와 함께 구입했다고 한다. 2005년 9월 '경로의 날'에는 게임 역사에 없던 신드롬이 일어났다. 고령자 선물용으로 뇌단련과 DS 본체가 판매되었기 때문이다. 뇌단련은 터치펜으로 글씨를 쓰거나 목소리를 입력하는 등의 직관적 조작과 게임 감각으로 즐기는 뇌연령 측정 등이 화제가 되어 대히트를 기록한다. 남녀노소를 가리지 않는 인기로 DS 보급에 기폭제가 되었다. 그 외에도 터치펜으로 강아지와 교감하는 『nintendogs』가 전 세계에서 크게 히트한다. 「엇갈림 통신」이라 불리는 무선통신으로 새로운 소통도 만들어졌다. 이렇게 세대를 뛰어넘어 모두가 즐기는 소프트 시리즈는 「Touch! Generations」로 명명되어 요리와 영어학습 등 지금까지 없었던 새로운 장르로 게임의 영역을 넓혀갔다. 닌텐도는 「게임 인구의 확대」를 기본 전략으로 삼아 세대와 성별을 넘어 누구나 즐기는 소프트 개발에 박차를 가한다.

1억 5402만 대를 판매하다

DS는 발매 9개월째에 300만 대, 12개월째엔 500만 대를 돌파한다. 2005년 말에는 통신 플레이를 지원하는 「닌텐도 온라인 커넥션」 서비스를 시작하여, 첫 번째 대응 소프트인 『놀러오세요 동물의 숲』이 500만 개를 판매하는 대히트를 기록한다. 이어지는 『마리오 카트DS』도 400만 개 가까이 판매된다. 2006년 3월 2일에는 DS의 경량판인 『닌텐도DS Lite』가 발매되어 판매점에 사려는

『닌텐도DS』의 개발 코드네임은 「니트로」였다.

DS 보급에 큰 역할을 담당했던 통칭 『뇌 단련』. 여성과 노년층에게도 사랑받았다.

전 세계에서 대히트한 터치펜으로 강아지와 소통하는 『nintendogs』

DS의 책자. 우타다 히카루의 TV 광고 멘트 「만져 봐도 되나요?」는 화제가 되었다.

다양한 세대에 어필한 소프트 시리즈 「Touch! Generations」

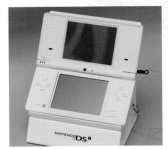

나만의 게임기 「마이DS」, 1인 1대의 보급을 목표로 한 「닌텐도DSi」(2008년)

사람이 쇄도한다. 전국적 물량 부족 사태와 함께 「닛케이 트렌디가 선정한 2006년 히트상품 제1위」에 선정되는 등 DS의 인기는 사회적 신드롬이 되었다. 발매 20개월째는 1000만 대를 돌파했다. 2008년 11월 1일, 닌텐도는 일본에서 2300만 대가 판매된 DS를 1인 1대까지 보급시키고자 상위 모델인 「닌텐도DSi」를 발매한다. 카메라와 음악 재생 기능을 채용하여 「DSi웨어」 등의 다운로드 서비스를 시작했다. 그 후 화면 사이즈를 크게 늘린 「닌텐도DSi LL(XL)」도 발매한다. 최종적으로 DS 시리즈는 일본에서 3299만 대, 전 세계에서 1억 5402만 대가 판매되어 세계에서 가장 많이 팔린 게임기가 되었다.

원 맨 체제에서 집단지도 체제로

DS가 기세를 올리기 시작했던 2005년 6월, 야마우치는 이사를 퇴임하고 상담역으로 물러났다. 퇴임 시 닌텐도 측에서 위로금 12억 7천만 엔을 제시했지만 사업에 쓰는 것이 좋겠다며 거절한다. 야마우치는 현역 시절 각 사업부의 리더를 경쟁시키며 능력을 끌어내는 조직관리를 해왔다. 그래서 닌텐도의 사업부간 연계는 느슨하고 분위기도 안 좋았다고 한다. 외부 영입 인재인 HAL

일본 각지에 설치된 「DS스테이션」. 네트워크를 이용한 서비스를 지원했다.

연구소 출신의 이와타만이 유일하게 연계를 중시했다. 야마우치의 오랜 경험에 의한 직감적 판단은 현장에 큰 부담을 주기도 했지만 이와타가 알기 쉽고 친절하게 설명해주어 완충 작용을 했다. 「제 역할은 야마우치의 판단을 과학적으로 설명하는 것입니다」[※]라고 할 정도로 이와타의 존재감은 컸다. 개발이 막혔던 「MOTHER2」의 재구축과 포켓몬의 해외 진출 등, 이와타가 이룬 업적은 대단하다. 고령에 기력과 체력이 떨어져 있던 야마우치는 이와타를 후계자로 지명하고 은퇴를 결정한다. 이와타는 게임기와 소프트 모두에 정통한 현장형 리더로 어떤 일이라도 독단적으로 판단하지 않고, 말단 사원이라도 소통을 게을리 하지 않았다. 야마우치는 경영 스타일 쇄신에 대해서는 다음 세대에게 기대를 걸었다. 이와타를 포함한 신 경영진은 야마우치의 기대에 훌륭히 보답하며 닌텐도를 크게 발전시켜 나갔다.

※ 4gamer 「이와타 씨는 최후의 최후까지 문제 해결에 달려들었다」(2015년 12월 29일)에서

중학교 교재에도 활용된 「닌텐도DS Lite」 (2006년)

거실로의 복귀를 목표로 한 Wii

몸을 움직여 플레이하는 Wii

2004년 6월, 이와타는 E3(Electronic Entertainment Expo)에서 코드네임이 「레볼루션」인 새로운 거치형 게임기의 개발을 발표한다. 「게임 인구의 확대」를 향해, 닌텐도는 고성능과 대용량화라는 스펙 경쟁에서 탈피해 다시 한 번 놀이의 원점으로 돌아가 누구나 즐길 수 있는 게임을 만들고자 했다. 이러한 방침과 가격 요인을 감안해, Wii는 게임큐브의 기본 구조를 따라가면서 호환성을 유지했다. 이와타는 개발진에게 DVD 케이스 2~3장 크기의 본체 사이즈를 요구했고 선진기술을 활용해 본체 사이즈를 얇고 작게 만들었다. 사이즈가 작으면 소비전력이 절감될 뿐 아니라 게임기 자체도 부담스럽지 않게 된다. 재질에도 신경 써서 지금까지 닌텐도 게임기에는 없었던 광택이 있는 화이트를 채용했다. TV 옆에 놓아도 위화감이 없는 디자인으로

완성된 것이다. 디스크를 넣는 곳도 슬롯 타입이 채용되어 세워서도 눕혀서도 설치할 수 있게 되었다. 컨트롤러는 DS와 마찬가지로 게임 초보자에게는 직관적이고 알기 쉽도록, 게이머에게는 신선하고 놀라움이 느껴지도록 했다. 「부담스럽지 않다」「무선이어야 한다」는 방침 아래 심플함을 추구했다. 양손으로 들어야 하는 부담에서 벗어나 봉 모양의 컨트롤러를 한 손으로 조작할 수 있게 했다. 또한 포인터에 응답성이 높은 센서를 채용해 서서히 플레이 스타일을 확립해 나간다. 내부에는 기울임과 움직임을 감지하는 가속도 센서와 스피커를 채용했다. 여러 컨트롤러를 합체시켜서 쓸 수 있는 확장단자도 채용한다. 새로운 조작 도구로는 눈차크가 동봉되었다. 이와타는 이 신형 컨트롤러에 「Wii리모콘」이란 이름을 붙였고 그 특성을 살린 소프트들을 준비한다. 골프, 테니스, 야구 등을 소재로 만든 「Wii Sports」는 Wii리모콘을 흔들어서 실제로 플레

이하는 듯한 감각을 즐길 수 있다. 모든 버튼을 조작해야 하는 기존 게임과는 완전히 다른 즐거움을 목표로 했다. 게이머들을 위해서 게임큐브용으로 개발한 『젤다의 전설 황혼의 공주』를 Wii용으로 준비했다. 본체 명칭은 게임기답지 않으면서 더 이상 줄일 수 없는 단어, 거기다 영어의 'We'도 의미하는 『Wii』로 결정한다. 2006년 12월 2일 발매된 『Wii』는 첫날부터 폭발적인 기세로 팔려 나갔다. 누구라도 알기 쉬운 참신한 조작 방법이 화제를 불러 모아, 거실에서 함께 모여 플레이하는 모습이 세계 각지에서 연출되었다.

인터넷 접속을 이용한 서비스 전개

「TV의 채널이 늘어난 것 같은 기계로 만들고 싶다」라는 이와타의 말에서 「매일 즐겁게」라는 콘셉트가 만들어졌다. Wii에 쇼핑과 일기예보, 뉴스 등의 콘텐츠를 올

저 전력에 콤팩트, 모든 가족 구성원에게 받아들여지는 디자인을 목표로 한 「Wii」 본체

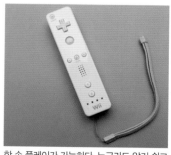
한 손 플레이가 가능하다. 누구라도 알기 쉽고 혁신적인 컨트롤러였던 「Wii리모콘」

Wii의 새로움을 충분히 어필했던 「Wii Sports」. 여러 가지 게임을 간략하게 정리한 패키징은 발명한 것이라고 한다.

리고 「Wii 채널」을 개설했다. 또한 전원을 끈 상태에서도 인터넷에서 정보를 수집할 수 있는 「Wii Connect24」를 채용했다. 여기에 패미컴과 닌텐도64 등 과거의 게임을 플레이할 수 있는 「버철 콘솔」도 도입했다. 2008년 3월 25일에는 콤팩트한 신작을 다운로드해서 플레이하는 「Wii 웨어」도 시작한다. 2008년 9월에는 이와타가 개발자와 직접 인터뷰하는 「사장이 묻는다」를 자사의 홈페이지에 연재하기 시작한다. 위트 있는 질문과 유머 넘치는 답변, 사장이 사원인 개발자와 대등한 위치에서 대화하는 모습에 팬들은 즐거워했다. 같은 시기에 발매된 PS3가 고전하는 가운데 Wii는 순조롭게 판매되어 발매 약 1개월 만에 100만 대를 돌파한다. 2년 후인 2008년 1월에는 500만 대, 12월에는 약 780만 대를 돌파했으며 온라인 접속은 40%에 이르렀다. 지금까지 없었던 새로운 게임 소프트도 속속 등장하여 히트작이 양산되었다. 그중에도 미야모토가 만든 「Wii Fit」은 일본에서만 353만 대가 판매되는 대히트 상품이 된다. 동봉된 주변기기 「밸런스 Wii 보드」에 올라가 체중 측정과 운동을 하는 소프트인데, 건강에 도움이 된다는 유용성과 새로움이 인기를 모아 일본에서 가장 많이 팔린 체중계가 되었다.

DS와 Wii의 더블 히트로 최고 이익을 달성

세계에서 가장 많이 팔린 체중계 「Wii Fit」

2009년 닌텐도의 실적은 역대 최고 매출 1조 8386억 엔, 영업이익 5552억 엔을 기록했다. 일본 제조업에서는 도요타를 제치고 1등을 기록한 것이다. 하지만 닌텐도는 DS와 Wii가 아무리 잘 팔려도 이른바 「금욕 경영」을 유지한다. 「운과 순풍 덕분에 비즈니스가 2년 전의 3배 규모가 되었어요. 이럴 때 자만심과 교만함이 나올 만합니다. 2년 전, 3년 전의 자세를 전혀 바꾸지 않고 유지할 수 있을까요? 게임업계는 타 산업보다 드라마틱한 변화가 훨씬 일어나기 쉽다는 사실을 명심하고 경영에 임해야 한다고 생각해요.」[1] 이와타는 스스로를 이렇게 훈계한다. 오락의 세계에서 살아남은 닌텐도는 「운」을 중시하는 기업 풍토가 깔려 있어 늘 겸허한 자세를 유지하고자 한다. DS가 그렇게 팔려 나가도 이와타는 이렇게 말했다. 「행운 덕을 본 부분도 있어요. 올바른 행동을 한다 해도 항상 결과가 좋다고 할 수 없죠. 사람들이 무엇을 재미있어 하는지, 특히 상품이 무엇으로 히트하는지에 대해서는 우리들의 힘이 닿지 않는 부분이 크니까

요.」[2] 야마우치 시대부터 「오락산업은 상품이 곧 광고」란 생각을 갖고 있었다. 학습과 건강을 소재로 한 새로운 장르의 소프트가 히트해도 「어디까지나 게임이니까요」라며 게임회사의 영역에서 벗어나려 하지 않는다. 「우리의 의도는 고객을 기쁘게 하는 것입니다. 재미있어서 싱글벙글도 좋고, 부모와 아이의 대화가 늘어나서 싱글벙글도 좋습니다. 건강해진 아저씨의 싱글벙글도 있습니다. 그러니 사원도, 거래처도, 주주도 모두 싱글벙글이죠. 닌텐도는 '미소 창조 산업'이고, 그것이 오락산업의 마땅한 모습이 아닐까 생각합니다.」[3] 이와타는 이렇게 「닌텐도다움」을 지키고자 했다. 2013년 야마우치가 사망하자 이와타는 다음과 같은 조사(弔詞)를 남겼다. 「그에게 배운 '남과 다르기에 가치가 있다'라는 가치관을 오락의 본질로서 소중히 지킬 것이며, 동시에 그가 해왔듯이 닌텐도의 모습을 시대에 맞추어 유연하게 바꾸어 나가는 것으로서 닌텐도 전체가 그의 혼을 이어 나갈 것입니다.」

※1 사장이 묻는다 「Wii 프로젝트 번외편」(2006년 10월 5일)에서
※2 닌텐도 경영방침설명회(2007년)에서
※3 닛케이 비즈니스 「닌텐도는 왜 강한가 '고작 오락'의 산업 창출력」(2007년 12월 17일호)에서

색인(가나다순)

이 페이지에 게재된 것은 비매품과 한정품 등을 제외한 소프트이다.
또한 공간 관계상 타이틀들의 일부를 생략한 경우도 있다.

■ Wii

■ Wii웨어

참고문헌

● 서적

『아타리의 실패를 읽다』(스코트 코엔 저, 다이아몬드사 간행, 1985년)

『닌텐도 상법의 비밀 어떻게 '동심'을 잡았는가』(타카하시 켄지 저, 쇼덴샤 간행, 1986년)

『비디오 게임 전자유희대전』(UPU 간행, 1988년)

『닌텐도 대전략』(나카타 히로유키 저, JICC북클럽 간행, 1990년)

『게임연감(1983년~1991년)』(아스키 무크 간행, 1992년)

『게임 오버』(데이빗 셰프 저, 카토카와 쇼텐 간행, 1993년)

『전자유희시대 – 비디오게임의 현재』(빌리지 센터 출판국 간행, 1994년)

『세가 VS 닌텐도 · 새로운 시장에서 이기는 자는 누구인가』(쿠니토모 류이치 저, 코우쇼 간행, 1994년)

『NHK스페셜 신 · 전자입국4 비디오게임 거부의 공방』(아이다 료 · 타이쇼카쿠 저, 일본방송협회 간행, 1997년)

『요코이 군페이 게임관』(아스펙트 간행, 1997년)

『걸어온 싸움, 응하겠습니다. 닌텐도 승리에의 청사진』(다케다 료 저, KK베스트 셀러즈, 1996년)

『게임대국 일본 신들의 흥망 2조 엔 시장의 미래를 닦은 남자들』(타키다 세이이치로 저, 청춘출판사 간행, 2000년)

『It's the Nintendo』(다케다 료 저, 티츠출판 간행, 2000년)

『교토건강산업 그 독창적인 궤적』(교토신문출판센터 간행, 2003년)

『패밀리 컴퓨터 1983~1994』(오오타출판 간행, 2003년)

비디오 게임과 디지털 과학전(요미우리 광고 간행, 2004년)

『닌텐도 '놀라움'을 낳는 방정식』(이노우에 리 저, 일본경제신문사 간행, 2009년)

『게임의 아버지 · 요코이 군페이전 닌텐도의 DNA를 창조한 남자』(마키노 타케후미 저, 카도카와 쇼텐, 2010년)

『게임은 왜 재밌지요?』(카도카와 아스키 총합연구소 간행, 2016년)

『테트리스 이펙트 세계를 유혹한 게임』(댄 아카맨 저, 하쿠요샤 간행, 2017년)

● 잡지

닛케이 일렉트로닉스 「패미컴 개발 이야기」(1994년 1월31일호~1995년 9월 11일호)

게임비평 Vol.4 「닌텐도 이마니시 씨 인터뷰 닌텐도는 지금 무엇을 생각하고 있는가?」(1995년)

WIRED 「64비트 기기 개발 특집」(1996년 3월호)

경제계 「닌텐도 야마우치 히로시 사장 경영 불안설에 대반론!」(1996년 9월 24일)

월간 64드림 「닌텐도 스페이스월드98 야마우치 사장의 강연」「슈퍼 패미컴 10주년 대특집」(1998년 2월호)

지엠 「특집 닌텐도」(1999년 Vol.5)

월간 64드림 「게임보이 10년간의 걸음」(1999년 6월호)

월간 닌텐도 드림 「이와타 사토루 드림 인터뷰」(2000년 6월호)

월간 닌텐도 드림 「닌텐도 신제품 발표회 완전 리포트」(2000년 11월호)

월간 닌텐도 드림 「이마니시 히로시가 말하는 패미컴 탄생비화」(2003년 8월 21일호)

닛케이 비즈니스 「편집장 인터뷰 이와타 사토루 씨(닌텐도 사장)」(2005년 10월 17일호)

닛케이 비즈니스 「제2 특집 「아이 엄마」를 노려라! 닌텐도가 Wii에 거는 거실전략」(2006년 11월 27일호)

닛케이 비즈니스 「닌텐도는 왜 강한가 '고작 오락'의 산업 창출력」(2007년 12월 17일호)

월간 닌텐도 드림 「패미컴의 아버지 우에무라 마사유키 씨, 크게 말하다」(2013년 10월호)

월간 닌텐도 드림 부록 「NINTENDO PRODUCT CATALOG 1989–2013」(2013년 12월호)

● 신문

닛케이산업신문 「닌텐도 사장 야마우치 히로시 씨─놀이의 명인」「소프트 생명」, 기술 독점으로 대박(톱 연구)」(1986년 4월 11일 게재)

요미우리 신문 「주식 홈 트레이드의 뜨거운 싸움」(1988년 5월 19일 게재)

아사히 신문 「닌텐도 사장 이와타 사토루 씨(프론트 런너)」(2004년 6월 19일 게재)

● Web

주주, 투자자용 정보 「연결 지역별 발매 타이틀 숫자의 추이표」「게임 전용기 판매실적」(2018년 12월 시점)

거의 일간 이토이신문 「사장에게 배워라! 이와타 사토루씨」(https://www.1101.com/president/iwata–index.html)

「나무 위의 비밀기지」(https://www.1101.com/nintendo/)

「쿠다라기가 재밌으니까 했을 뿐이야」 플레이 스테이션의 공로자에게 듣는 탄생 비화【마루야마 시게오×카와카미 노부오】(https://news.denfaminicogamer.jp/interview/ps_history)

사장이 묻는다 「Wii 프로젝트 번외편」(https://www.nintendo.co.jp/wii/ topics/interview/vol_ext/index.html)

닌텐도 경영방침설명회 2007년(https://www.nintendo.co.jp/ir/events/071026/index.html)

● 강연 등

제2회 패미컴 게임보이 전시회 야마우치 히로시 특별강연회(1990년)
제7회 초심회 소프트 전시회 야마우치 강연(1995년 11월 24일)
닌텐도 경영방침 설명회(2000년 9월 8일)
닌텐도 경영방침 설명회(2002년 6월 6일)
닌텐도 경영방침 설명회(2006년 6월 7일)

※게임 소프트 소개 페이지에 게재된 타이틀 숫자는 닌텐도가 웹사이트에 공개하고 있는 아래의 공식데이터를 기준으로 했다.

주주, 투자자용 정보 「연결 지역별 발매 타이틀 숫자의 추이표」
하드웨어/자사 타이틀 숫자(OEM, 로얄티 계약을 제외함)
GB/63개(+3개), GBA/107개(+8개), DS/132개(+3개), FC/49개, SFC/30개(+25개), N64/43개(+2개), GC/55개, Wii/76개
※괄호 추가분은 재판과 다운로드 버전 등 특수한 소프트를 포함한다.
※발매일, 가격, 한정/비매품 정보는 닌텐도 공식 사이트, 패키지 기재정보, 당시의 뉴스사이트(패미통.com, IT Media, 인사이트, GameWatch) 및 닌텐도 온라인 매거진「N.O.M』, 광고, 취급설명서, 광고지, 게임 잡지, 당첨 통지 등을 참조했다.

당신은 언제나 옳습니다. 그대의 삶을 응원합니다. — 라의눈 출판그룹

닌텐도 컴플리트 가이드

초판 1쇄 2021년 2월 1일

지은이 야마자키 이사오 옮긴이 정우열
펴낸이 설응도 편집주간 안은주
영업책임 민경업 디자인책임 조은교

펴낸곳 라의눈

출판등록 2014년 1월 13일 (제 2019−000228 호)
주소 서울시 강남구 테헤란로 78 길 14−12(대치동) 동영빌딩 4 층
전화 02−466−1283 팩스 02−466−1301

문의 (e−mail)
편집 editor@eyeofra.co.kr
마케팅 marketing@eyeofra.co.kr
경영지원 management@eyeofra.co.kr

ISBN : 979-11-88726-67-7 13500

任天堂コンプリートガイド - コンピューターゲーム編 -

© Isao Yamazaki & Sunfunotomo Infos Co., LTD. 2019

Originally published in Japan by Shufunotomo Infos Co., Ltd.

Translation rights arranged with Shufunotomo Co., Ltd.

Through TUTTLE-MORI AGENCY, INC. & DOUBLE J Agency

이 책의 한국어판 저작권은 더블제이 에이전시를 통해 저작권자와 독점 계약한 라의눈에 있습니다 .
저작권법에 의해 한국 내에서 보호를 받는 저작물이므로 무단 전재와 무단 복제를 금합니다 .

디자인 / 이시자키 토모, 마츠자키 유, 마이센스
촬영 / 이시다 준
자료 협력 / 타케노스케
편집 / 우치다 아키요 (주부의 벗 인포스)